"十二五"职业教育国家规划教材 修订版

经全国职业教育教材审定委员会审定

中国焊接协会弧焊机器人操作培训与资格认证推荐用书

焊接机器人编程及应用

WELDING ROBOT PROGRAMMING AND APPLICATION

主　编　兰　虎　张璞乐　孔祥霞

副主编　杨　猛　徐双钱　王　锋

参　编　杨　金　葛国政　孙登科　付礼成　余淑江

主　审　邱葭菲

第 2 版

机械工业出版社

CHINA MACHINE PRESS

本书是面向智能制造工程技术人员新职业，结合培养复合型高技术技能人才的实践教学特点，并融入编者十余载对工业（焊接）机器人应用的实践总结及教学经验编写的。

全书共分为八个项目，包含探寻工业机器人的庐山真面目、揭开焊接机器人的神秘面纱、初识焊接机器人的任务编程、焊接机器人工具坐标系的设置、焊接机器人的直线轨迹编程、焊接机器人的圆弧轨迹编程、焊接机器人的摆动轨迹编程以及焊接机器人的动作次序编程，囊括焊接机器人（系统）的运动轨迹、工艺条件和动作次序等核心编程内容。每个项目下设两个学习任务，通过"学习目标""学习导图""任务提出""知识准备""任务分析""任务实施""拓展阅读""知识测评"等八大环节的教学设计，促进智能装备与产线应用领域的知识学习及技能培养达成。

为方便"教"和"学"，本书配有课程大纲、多媒体课件、知识测评答案、仿真及微视频动画（采用二维码技术呈现，扫描二维码可直接观看视频内容）等数字资源包，凡选用本书作为教材的教师均可登录机械工业出版社教育服务网（http://www.cmpedu.com）注册后免费下载。

本书内容丰富、结构清晰、形式新颖、术语规范，既适合作为职业院校装备制造大类、电子信息大类等与智能制造密切相关专业的教材或企业培训用书，也可作为职业院校和成人教育学校同类专业学生的实践选修课教材，还可供工程技术人员参考。

图书在版编目（CIP）数据

焊接机器人编程及应用/兰虎，张璞乐，孔祥霞主编. —2版. —北京：机械工业出版社，2022.7（2024.8重印）

"十二五"职业教育国家规划教材：修订版

ISBN 978-7-111-71132-2

Ⅰ. ①焊… Ⅱ. ①兰… ②张… ③孔… Ⅲ. ①焊接机器人 – 程序设计 – 高等职业教育 – 教材 Ⅳ. ① TP242.2

中国版本图书馆 CIP 数据核字（2022）第 113945 号

机械工业出版社（北京市百万庄大街 22 号 邮政编码 100037）

策划编辑：王海峰   责任编辑：王海峰 赵文婕

责任校对：张晓蓉 王 延 封面设计：张 静

责任印制：常天培

固安县铭成印刷有限公司印刷

2024 年 8 月第 2 版第 5 次印刷

184mm×260mm·16 印张·356 千字

标准书号：ISBN 978-7-111-71132-2

定价：65.00 元

电话服务   网络服务

客服电话：010-88361066   机 工 官 网：www.cmpbook.com

　　　　　010-88379833   机 工 官 博：weibo.com/cmp1952

　　　　　010-68326294   金 书 网：www.golden-book.com

封底无防伪标均为盗版   机工教育服务网：www.cmpedu.com

当前，机器人产业蓬勃发展，正极大地改变着人类生产和生活方式，为经济社会发展注入强劲动能。通过持续创新、深化应用，全球机器人产业规模快速增长，集成应用大幅拓展。自2013年来，我国工业机器人市场已连续八年稳居全球第一，2020年制造业机器人密度达到246台/万人，是全球平均水平的近2倍。《"十四五"机器人产业发展规划》亦明确指出，进一步拓展机器人应用的深度和广度，开展深耕行业应用、拓展新兴应用、做强特色应用的"机器人+"应用专项行动，到2025年，制造业机器人密度实现翻番。

然而，目前我国智能制造和机器人产业技术技能人才匮乏，这或将成为制约智能制造发展和制造强国建设的"卡脖子"难题。中国工程院院士周济指出，从系统构成的角度看，智能制造系统也始终都是由人、信息系统和物理系统协同集成的人—信息—物理系统，其中制造是主体、智能是主导、人是主宰。新一代智能制造更加突出人的中心地位。智能制造场景之创新、技术之融合、协同之丰富对产业技术技能人才提出了极高要求，不仅需要具备数字技术与生产制造的跨领域知识储备，而且需要懂得如何与机器或数字化工具协同工作，还需要在机器或数字语言与实际制造场景做好"翻译"，如此高复合型技术技能人才虚位以待、高薪难求已是不争的事实。

在此背景下，编者结合智能制造工程技术人员知识学习和技能培养的教学诉求，融入编者十余载对工业机器人应用的实践总结及教学经验，通过产教深度融合、校校紧密合作的协同形式编写了本书。

党的二十大报告指出：推动战略性新兴产业融合集群发展，构建新一代信息技术、人工智能、生物技术、新能源、新材料、高端装备、绿色环保等一批新的增长引擎。我国经济已由高速增长阶段转向高质量发展阶段，正处在转变发展方式、优化经济结构、转换增长动力的攻坚期，急需源源不断的大国工匠和高技能人才，提供人力资源和智力支持。本书在准确把握当前科技革命和产业变革蓄势待发，特别是数字技术加速演进背景下机器人工程教育改革发展内外部环境发生的深刻变化，通过教材体系设计、知识模块重构、项目任务驱动和数字资源赋能等系统化建设，推动机器人战略性新兴产业人才自主培养质量。

本书特点如下：

（1）瞄准智造职业方向，做"好"教材顶层设计　根据智能制造工程技术人员国家职业技术技能标准，结合编者对工业机器人应用的实践总结及教学经验，面向智能装备与产线开发和应用两个职业方向，构建体现新时代类型特色的精品套系教材。截至目前，已出版的系列教材有《工业机器人基础》《工业机器人技术及应用（第 2 版）》《焊接机器人编程及应用》等。

（2）立足岗课赛证融通，做"优"任务知识体系　及时将行业和企业的焊接新技术、新工艺、新装备等创新要素纳入课程教学内容，将高校、企业承办的热点焊接赛事和工程案例等编入教材，深度对接教育部 1+X 证书制度试点工作，通过机器人与焊接工艺深度融合、通用行业知识与专业品牌实践深度融合，并以任务模块为载体，打破传统学科知识体系的实践导向教材编写体例，强化教材内容的科学性、前瞻性和适应性。

（3）增强学习过程互动，做"活"理实虚一体化　遵循职业岗位工作过程，以学生学习过程为中心，为教材的每个项目设置"学习目标""学习导图""任务提出""知识准备""任务分析""任务实施""拓展阅读"和"知识测评"等八大互动教学环节，让教学方法"活"起来。"学习目标"与"学习导图"，给学生一张标有目的地的"知识地图"，学生在了解各项目学习内容的同时，将项目知识点之间的内在联系梳理清楚，不断激发学生的求知欲；"任务提出"与"知识准备"，提炼与项目内容相适应的工程案例和知识储备，由任务需求作为牵引，激发学生的学习兴致；"任务分析"与"任务实施"，针对作业质量优化，提供不同的"虚实嫁接"解决方案或设置开放性问题，供学生开展研讨，加深对知识的理解，培养学生的工程思维、语言表达能力和批判精神；"拓展阅读"，列出项目涉及领域的前沿技术和软件工具等介绍，方便学生开展探索式学习，并加入工匠人物介绍，培养学生树立爱岗敬业的精神，达到教书育人的目的；"知识测评"，对项目的重要知识点进行练习测试，也方便学生期末复习。

（4）面向移动泛在学习，做"强"立体资源配套　主动适应"互联网＋"发展新形势，广泛谋求校企、校校合作，采取多元合作共同开发富媒体新形态教材。借助国家级智能制造产教融合实训基地，集聚典型工程案例、竞赛任务、微视频等数字教学资源。书中所有任务均源自工程案例和竞赛任务，并配套有课程大纲、多媒体课件、知识测评答案、仿真及微视频动画等教学资源，方便学生随时随地观看和学习，有效夯实教材的实用性。

本书由浙江师范大学兰虎、哈尔滨理工大学张璞乐和北华航天工业学院孔祥霞任主编，浙江机电职业技术学院邱葭菲担任主审。项目 1、项目 2 由兰虎编写，项目 3、项目 4 由张璞乐和渤海船舶职业学院徐双钱共同编写，项目 5、项目 6 由孔祥霞和河北石油职业技术大学王锋共同编写，项目 7 由天津滨海职业学院付礼成、武汉船舶职业技术学院杨金和义乌工商职业技术学院余溆江共同编写，项目 8 由三河市职业技术教育中心杨猛、天津机电职业技术学院葛国政和陕西工业职业技术学院孙登科共同编写。张璞乐、杨猛和付礼成负责教材配套仿真及微视频资源录制。

　　从内容构思、大纲起草、案例收集、样章编写、编委组织、合稿修稿、定稿出版，本书的修订工作历时两年之久，衷心感谢参与本书编写的所有同仁的呕心付出！特别感谢国家发展和改革委员会"十三五"应用型本科产教融合发展工程规划项目"浙江师范大学轨道交通、智能制造及现代物流产教融合实训基地"、教育部第二批新工科研究与实践项目"产教深度融合背景下多元协同育人创新平台建设探索与实践"、教育部产学合作协同育人项目"'工业机器人编程'金课及新形态教材建设"、浙江省普通高校"十三五"新形态教材建设项目"工业机器人编程"、宁波摩科机器人科技有限公司重大课题（2020330701000590）和浙江师范大学教材建设基金等给予的经费支持！感谢傅宇航等本科学生绘制教材配套的三维图形！

　　由于编者水平有限，书中难免有不当之处，恳请读者批评指正，可将意见和建议反馈至 E-mail：lanhu@zjnu.edu.cn。

编　者

二维码索引

（续）

CONTENTS

目 录

项目1　探寻工业机器人的庐山真面目

自工业革命以来，人力劳动已逐渐被机械所取代，而这种变革为人类社会创造出巨大的财富，极大地推动了人类社会的进步。工业机器人的出现是人类利用机械进行社会生产历史的一个里程碑。全球诸多国家半个多世纪的机器人使用实践表明，工业机器人的普及是实现生产自动化、提高生产率、推动企业和社会生产力发展的有效手段。

本项目参照1+X"焊接机器人编程与维护"职业技能等级要求，通过介绍工业机器人及其系统组成，使学生熟知工业机器人的机械结构和常用术语，掌握工业机器人系统的核心要素和典型应用。根据焊接机器人编程员岗位工作内容，本项目一共设置两项任务：一是工业机器人认知；二是工业机器人系统认知。

学习目标

知识目标

1）能够描述工业机器人的内涵及特征。
2）能够阐明发展工业机器人的缘由。
3）能够辨识工业机器人的系统组成部分。

素养目标

1）通过对工业机器人先进制造装备和技术的认知学习，了解该领域的"卡脖子"问题，培养学生的爱国主义情怀。

2）通过对工业机器人的系统组成、分类及应用的学习，使学生提升对专业知识的学习兴趣，增强对专业知识的学习动力。

学习导图

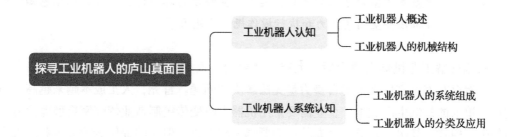

▶ 任务 1.1 工业机器人认知

知识准备

1.1.1 工业机器人概述

1. 什么是工业机器人

机器人的问世已有几十年，其应用已渗透到人类生产和生活的方方面面，如今机器人已可以完成一些以前认为是不可能通过机器完成的事情。那么究竟什么才是机器人？现在，这个问题已经越来越难回答，究其原因在于机器人涉及"机器"和"人"两个要素，其内涵和功能仍在快速发展和不断创新之中，成为一个暂时难以回答的哲学问题。对于工业机器人，各国科学家从不同角度出发，给出了不同的定义，以下为一些具有代表性的关于工业机器人的定义。

1）国际标准化组织（ISO）将工业机器人定义为"一种自动的、位置可控的、具有编程能力的多功能机械手，这种机械手具有几个轴，能够借助于可编程序操作来处理各种材料、零件、工具和专用装置，以执行各种任务"。

2）GB/T 12643—2013《机器人与机器人装备 词汇》将工业机器人定义为"一种自动控制的、可重复编程、多用途的操作机，可对三个或三个以上轴进行编程"。它可以是固定式或移动式，在工业自动化（包括但不限于制造、检验、包装和装配等）中使用。工业机器人包括操作机、控制器和某些集成的附加轴。

3）美国机器人协会将工业机器人定义为"一种用于移动各种材料、零件、工具和专用装置的，用可重复编制的程序动作来执行各种任务的多功能操作机"。

4）日本科学家森政弘与合田周平提出，"工业机器人是一种具有移动性、个体性、智能型、通用性、半机械半人性、自动性、奴隶性等七个特征的柔性机器"。

作为先进制造业的关键支撑装备，工业机器人除拥有"机械"和"人"的两大属性外，还具有三个基本特征：一是结构化，工业机器人是在二维平面或三维空间模仿人体肢体动作（主要是上肢操作和下肢移动）的多功能执行机构，具有形式多样的机械结构类型，并非一定"仿人型"；二是通用性，工业机器人可根据生产需求灵活改变程序，控制"身体"完成一定的动作，具有执行不同任务的实际能力；三是智能化，工业机器人在执行任务时基本不依赖于人的干预，具有不同程度的环境适应能力，包括感知环境变化的能力、分析任务空间的能力和执行操作规划的能力等。

2. 为何发展工业机器人

深刻理解工业机器人概念后，大家不禁要问：人类为什么需要机器人？在当今世界，依然存在着许多仅靠人类自身力量无法解决的问题。首先，人工成本越来越高，而制造业追求的是低生产成本，企业需要采用机器人改变传统制造业依赖密集型廉价劳动力的生产模式；其次，人类社会老龄化问题越来越严重，但能够提供老龄化服务的人力资源却越来越少,人类需要使用智能机器提供优质服务,机器人则首当其冲;再者人类探索深海、太空等极端环境的活动越来越频繁,并且核事故、自然灾害、危险品爆炸以及战争等突发情况屡屡发生,而人类在此类环境中的生存能力低且代价高,需要机器人帮助人类完成仅依靠人力难以完成的任务。发展工业机器人的主要目的是在不违背"机器人三原则[⊖]"的前提下,让机器人在生产中协助或替代人类工作,把人类从劳动强度大、工作环境恶劣、危险性高的工作中解放出来,实现生产自动化和柔性化。目前,我国机器人产业正处于爆发的临界点(图1-1),人工成本的逐年上升,机器人购置与维护成本的逐年下降,人口老年化程度的日趋加深,都将给以机器人为代表的"数字化劳动力"带来广阔的市场发展空间。

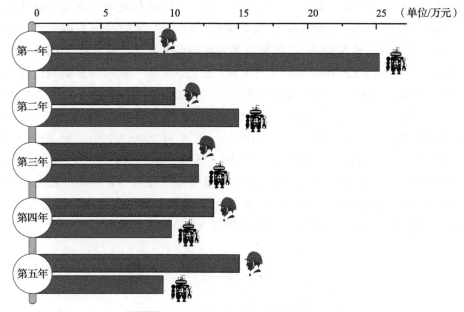

图 1-1 使用机器人与工人的年均成本比较

3. 工业机器人的发展概况

"机器人"(Robot)一词是1920年由捷克著名剧作家、科幻文学家、童话寓言家卡雷尔·恰佩克首先提出的,它成为机器人的起源并一直沿用至今。1954年,美国人乔治·德沃尔(G. C. Devol)成功申请"通用机器人"专利。1959年,美国发明家约瑟夫·恩格尔伯格(J. F. Engelberger)研制出世界上首台真正意义上的工业机器人Unimate(图1-2)。该机器人外形酷似坦克炮塔,采用液压

图 1-2 世界首台数字化可编程工业机器人 Unimate

<hr />

⊖ "机器人三原则"是由美国科幻与科普作家艾萨克·阿西莫夫(Isaac Asimov)于1940年提出的机器人伦理纲领:第一,机器人不得伤害人类,也不得见人类受到伤害而袖手旁观;第二,机器人应服从人类的一切命令,但不违反第一原则;第三,机器人应保护自身的安全,但不得违反第一、第二原则。

驱动的球面坐标轴控制，具有水平回转、上下俯仰和手臂伸缩三个自由度，可用于点对点搬运工作。1961 年，美国通用汽车公司首次将 Unimate 应用于生产线，安置在压铸件叠放等部分工序上，这标志着第一代可编程控制再现型工业机器人的诞生。此后，机器人技术不断进步，产品不断更新换代，新的机型、新的功能不断涌现并活跃在不同领域。悉数国际主流的工业机器人产品，其发展方向无外乎两类：一是负载大、精度高、速度快的"超级机器人"；二是以柔性臂、双臂、人机协作等为代表的"灵巧机器人"。下面通过历年荣获世界三大设计奖[⊖]的"四大家族"机器人创意产品展示工业机器人的发展水平。

（1）超级机器人　在汽车工业、铸造工业、玻璃工业以及建筑材料工业等领域，经常会遇到诸如铸件、混凝土预制件、发动机缸体、大理石石块等一些重型部件或组件的搬运作业，德国 KUKA（2021 年被我国美的（Midea）集团股份有限公司（后简称 Midea 公司）收购）和日本 FANUC 两家机器人制造商针对这一需求研制出各自的"明星级"重载型机器人。KR 1000 titan（图 1-3a）是世界上第一款六轴重载型机器人，额定负载为 1000kg（负载与自重之比约为 0.2），位姿重复性为 ±0.1mm，最大水平移动距离为 3200mm，最大垂直移动距离为 4200mm，工作空间达 79.8m³。另一款额定负载超过 1000kg 的机器人非 FANUC M-2000iA（包含 M-2000iA/900L、M-2000iA/1200、M-2000iA/1700L、M-2000iA/2300 机型）莫属。其中，M-2000iA/2300（图 1-3b）的额定负载为 2300kg（负载与自重之比约为 0.2），位姿重复性为 ±0.3mm，最大水平移动距离为 3700mm，最大垂直移动距离为 4600mm。此款"黄色大力士"通过与 FANUC iRVision（内置视觉功能）组合搭配，可实现机器人作业的高可靠性。

精彩视频

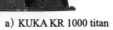

a) KUKA KR 1000 titan

b) FANUC M-2000iA/2300

图 1-3　重载型工业机器人

除像 KR 1000 titan 这样的重载型地面固定式机器人之外，还有 KUKA omniMove、KMP1500、Triple Lift 等重载型全向自主移动式机器人，主要用来实现船舶、航空航

⊖　素有"产品设计界的奥斯卡奖"之称的世界三大设计奖：德国"红点奖"（Red Dot Award）、德国"iF 设计奖"和美国"IDEA 奖"（International Design Excellence Awards）。

天、风力发电、轨道交通等领域大尺寸产品的多品种、小批量灵活型生产。KUKA omniMove 移动平台（图 1-4）的轮系采用麦克纳姆轮[⊖]设计，其上装有的各个筒形滚轮可以相互独立移动，并使用激光雷达进行自主导航（无须地面人工标记），即使在狭窄的空间内也可以从静止状态瞬时沿任意方向灵活移动。基于良好的模块扩展能力，通过尺寸缩放调整，可以以毫米级精度运送长度约为 35m、宽度约为 10m、质量为 90000kg 的巨型部件。

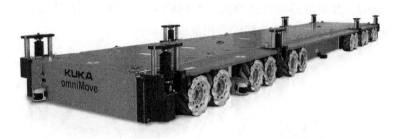

图 1-4　重载型全向自主移动机器人 KUKA omniMove

2015 年，日本 Yaskawa 公司开发出迷你型工业用六轴台式机器人 MOTOMAN-MOTOMINI（图 1-5a），本体质量仅为 7kg，额定负载为 0.5kg，位姿重复性为 ±0.02mm，最大水平移动距离为 350mm。与该公司 2013 年推出的额定负载为 2kg、高度为 0.57m、质量为 15kg 的紧凑多功能型机器人 MOTOMAN-MHJF（图 1-5b）相比，此款机器人大幅实现小型轻量化，动作速度也提高到原来的两倍以上，同时将特定动作的节拍缩短 25%，进一步满足计算机、通信和其他消费类电子产品对柔性生产和灵活制造的需求。

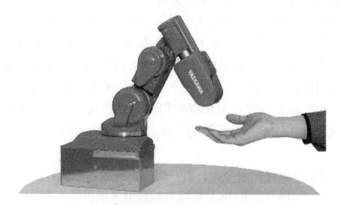

a) MOTOMAN-MOTOMINI　　　　　　　　b) MOTOMAN-MHJF

图 1-5　小型轻量级工业机器人

在农副食品加工业、食品制造业、医药制造业、电气机械和器材制造业以及 3C（计

算机、通信和其他电子设备）制造业中，普遍存在着分拣、拾取、装箱和装配等大量的重复性工作。为此，以日本 FANUC 为代表的机器人公司推出适合轻工业高速搬运和装配用的并联连杆机器人 M-1iA（额定负载为 0.5 ～ 1kg）、M-2iA（额定负载为 3 ～ 6kg）和 M-3iA（额定负载为 6 ～ 12kg），如图 1-6 所示，FANUC 高速并联连杆机器人（俗称"拳头"机器人）不仅可以被安装在狭窄空间，而且可以被安装在任意倾斜角度上，采用完全密封的构造（IP69K）能够应对高压喷流清洗，通过视觉传感器（内置视觉功能 FANUC iRVision）、力觉传感器与机器人功能的联动，可以实现智能化控制，扩大机器人在物流、装配、拾取及包装生产线的适用范围。

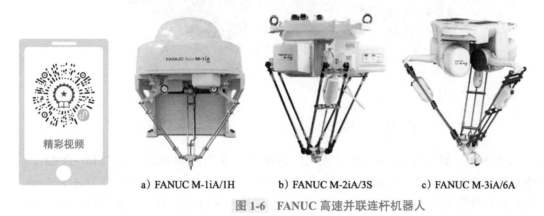

精彩视频

a) FANUC M-1iA/1H   b) FANUC M-2iA/3S   c) FANUC M-3iA/6A

图 1-6　FANUC 高速并联连杆机器人

（2）灵巧机器人　自 2005 年开始，日本 Yaskawa 公司通过在工业机器人"肘部"增加一个关节，陆续发布 SIA 系列的八款七轴（MOTOMAN-SIA30D，图 1-7a）驱动、再现人类肘部动作的"独臂"机器人产品，额定负载为 5 ～ 50kg。在此基础上，Yaskawa 公司又开发出模仿人类双臂结构和交互行为的六款 SDA 系列"双臂协作"机器人。MOTOMAN-SDA10D（图 1-7b，机器人合计 15 轴）拥有一个类似于腰部的回转轴及在回转轴上各有七轴驱动的双臂，每支手臂可握持 10kg 的重物（负载与自重之比约为 0.1），单臂最大水平移动距离为 700mm，最大垂直移动距离为 1400mm，位姿重复性为 ±0.1mm，可以灵活地完成较为复杂的单臂动作和双臂组合动作，实现单臂机器人难以完成的动作及应用，如在较远工位间传递工件、快速翻转、协同装配和测试等。

在追求绿色、高效、安全和生产多样化的今天，新一代协作机器人将能够直接与人类员工并肩工作，实现互补协作。2014 年，KUKA 系列七轴轻型灵敏机器人 LBR iiwa[⊖]的质量不超过 30kg，但其手腕部可搬运的最大质量可达 14kg，位姿重复性为 ±0.1mm。通过与不同的机械系统组装，特别适用于柔性、灵活度和精准度要求较高的行业（如电子、精密仪器等）。为进一步提高产品在灵活度方面的强大优势，我国 Midea 公司还推出了轻型移动式物流机器人 KUKA Mobile Robotics iiwa——一款由自主移动平台

⊖　LBR iiwa 荣获 2014 年度美国 IDEA 奖"金奖"；荣获 2014 年度德国红点奖"最佳产品设计奖"。

（AGV）搭载的轻型机器人（图 1-8a），能够完成按需抓取、分拣和运输任务，非常适合在空间狭窄、对机器人灵活性要求较高的场所工作，如拥挤的仓库、狭窄的走廊和船舱、设备密布的车间等。同年，瑞士 ABB 公司开发出集柔性机械手、进料系统、工件定位系统和高级运动控制系统于一体的协作型小件装配双臂机器人。作为全球首款真正实现人机协作的双臂机器人，YuMi[⊖]（ABB IRB 14000-0.5/0.5，图 1-8b）拥有一副轻量化的刚性镁铝合金骨架和被软性材料包裹的塑料外壳，能够很好地吸收外部的冲击，其紧凑型外观设计和仿生柔性协调动作，让其人类"伙伴"感到安全舒适。

a) MOTOMAN-SIA30D　　　　　b) MOTOMAN-SDA10D

图 1-7　单 / 双臂七轴工业机器人

a) KUKA Mobile Robotics iiwa　　　　b) ABB IRB14000-0.5/0.5

图 1-8　新一代人机协作机器人

1.1.2 工业机器人的机械结构

1. 工业机器人的常用术语

机器人术语可以分为通用术语、机械结构、几何学和运动学、编程和控制、性能、感知与导航等方面。

⊖　YuMi 荣获 2015 年度德国红点奖"最佳产品设计奖"。

（1）操作机（Manipulator） 也称机器人本体。用来抓取和（或）移动物体，是由一些相互铰接或相对滑动的构件组成的多自由度机器。

（2）末端执行器（End Effector） 为使机器人完成其任务而专门设计并安装在机械接口处的装置，如焊枪、焊钳、喷枪和夹持器等。

（3）示教盒（Teach Pendant，TP） 也称示教编程器、示教器。与控制系统相连，用来对机器人进行编程或使机器人运动的手持式单元。

（4）工具中心点（Tool Center Point，TCP） 参照机械接口坐标系，为一定用途而设定的点。

（5）位姿（Pose） 空间位置和姿态的合称。操作机的位姿通常指末端执行器或机械接口的位置和姿态。

（6）自由度（Degree of Freedom，DOF） 用以确定物体在空间中独立运动的变量（最大数目为 6）。通常作为机器人的技术指标，反映机器人动作的灵活性，可用轴的直线移动、摆动或旋转动作的数目来表示。

（7）工作空间（Working Space） 也称工作范围。工业机器人手腕参考点所能掠过的空间，是由手腕各关节平移或旋转的区域附加于该手腕参考点的。工作空间小于操作机所有活动部件所能掠过的空间。

（8）额定负载（Rated Load） 也称持重。正常操作条件下作用于机械接口或移动平台且不会使机器人性能降低的最大负载，包括末端执行器、附件、工件的惯性作用力。

（9）最大单轴（路径）速度（Maximum Individual Axis（Path）Velocity） 单关节（单轴）速度是单个关节（轴）运动时指定点所产生的速度，单位为（°）/s。

（10）位姿准确度（Pose Accuracy） 从同一方向趋近指令位姿时，指令位姿和实到位姿均值间的差值。

（11）位姿重复性（Pose Repeatability） 从同一方向重复趋近同一指令位姿时，实到位姿散布的不一致程度。

2. 工业机器人的机械构形

机器人操作机的结构形式多种多样，完全根据任务需要而定，其追求的目标是高精度、高速度、高灵活性、大工作空间和模块化。工业机器人的机构特征可通过合适的坐标系加以描述，如三轴工业机器人可采用直角坐标、圆柱坐标、球坐标/极坐标，四轴及以上工业机器人可采用关节坐标。从全球机器人装机数量来看，直角坐标型机器人和关节型机器人应用更为普遍。

（1）直角坐标型机器人 也称笛卡儿坐标机器人（Cartesian Robot），如图 1-9 所示，它具有空间上相互独立垂直的三个移动轴，可以实现机器人沿 X 轴、Y 轴、Z 轴三个方向调整手臂的空间位置（手臂升降和伸缩动作），但无法变换手臂的空间姿态。作为一种成本低廉、结构简单的自动化解决方案，直角坐标型机器人一般用于机械零件的搬运、上下料和码垛作业。

（2）圆柱坐标型机器人 圆柱坐标型机器人（Cylindrical Robot）如图 1-10 所示，它同样具有空间上相互独立垂直的三个运动轴，但其中的一个移动轴（X 轴）被更换成转动轴，能实现机器人沿 θ 轴、r 轴、Z 轴三个方向调整手臂的空间位置（手臂转动、升降和伸缩动作），但无法实现空间姿态的变换。此种类型的机器人一般被用于生产线末端的码垛作业。

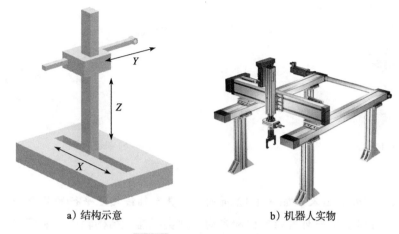

a）结构示意   b）机器人实物

图 1-9 直角坐标型机器人

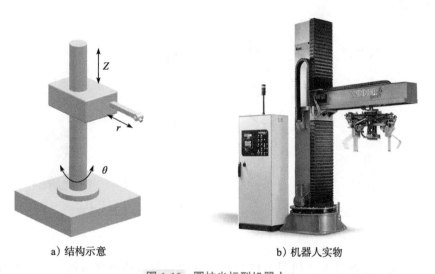

a）结构示意   b）机器人实物

图 1-10 圆柱坐标型机器人

（3）球坐标型机器人 又称极坐标机器人（Polar Robot），如图 1-11 所示，它具有空间上相互独立垂直的两个转动轴和一个移动轴，不仅可以实现机器人沿 θ 轴和 r 轴两个方向调整手臂的空间位置，而且能够沿 β 轴变换手臂的空间姿态（手臂转动、俯仰和伸缩动作）。此种类型的机器人一般可用于金属铸造中的搬运作业。

（4）关节型机器人 上述三轴工业机器人仅模仿人手臂的转动、仰俯或（和）伸缩动作，但在焊接、涂装、加工和装配等加工工序中需要（腕部、手部）灵活性更高的机器人。关节机器人（Articulated Robot）通常具有三个以上运动轴，包括串联式机器人（平面关节型机器人、垂直关节型机器人）和并联式机器人。

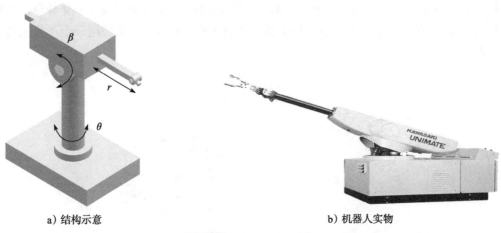

a）结构示意   b）机器人实物

图 1-11　球坐标型机器人

1）平面关节型机器人。如图 1-12 所示，它具有轴线相互平行的两个转动关节和一个圆柱关节，可以实现平面内的定位和定向。此类机器人结构轻便、响应快，水平方向具有柔顺性且垂直方向拥有良好的刚性，比较适合 3C 制造业中小规格零件的快速拾取、压装和插装作业。

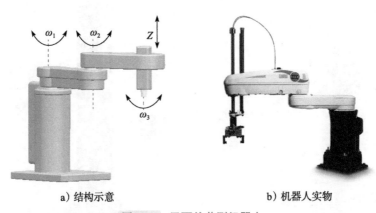

a）结构示意   b）机器人实物

图 1-12　平面关节型机器人

2）垂直关节型机器人。如图 1-13 所示，它能模拟人的手臂功能，一般由四个以上的转动轴串联而成，通过臂部（3～4 个转动轴）和腕部（1～3 个转动轴）的转动、摆动，可以在三维空间内自由变换姿态。六轴垂直多关节机器人的结构更紧凑、灵活性更高，是通用型工业机器人的主流配置，比较适合焊接、涂装、加工和装配等柔性作业。

3）并联式机器人。并联式机器人又称 Delta 机器人、"拳头"机器人或"蜘蛛手"机器人（Parallel Robot），如图 1-14 所示，它与串联杆式机器人不同的是，并联机器人操作机由数条（一般为 2～4 条）相同的运动支链将终端动平台和固定平台（静平台）连接在一起，其任一支链的运动并不改变其他支链的坐标原点。由于具有低负载、高速度和高精度等优点，并联机器人比较适合流水生产线上轻小产品或包装件的高速拣选、整列、装箱和装配等作业。

a）结构示意　　　　　　　　b）机器人实物

图 1-13 垂直关节型机器人

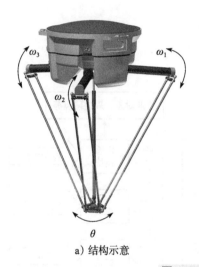
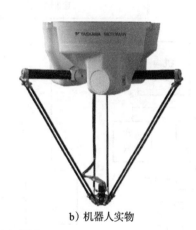

a）结构示意　　　　　　　　b）机器人实物

图 1-14 并联式机器人

▶ 任务 1.2　工业机器人系统认知

▌ 知识准备

1.2.1 工业机器人的系统组成

工业机器人系统是由工业机器人、末端执行器和为使机器人完成其任务所需的一些工艺设备、周边装置、外部辅助轴或传感器构成的系统。

1. 工业机器人

工业机器人（图 1-15）主要由机构模块、控制模块以及相应的连接线缆构成，其系统架构如图 1-16 所示。机构模块（操作机）用于机器人运动的传递和运动形成的转换，由驱动机构直接或间接驱动关节模块和连杆模块执行；控制模块（控制器和示教盒）用于记录机器人的当前运行状态，实现机器人传感、交互、控制、协作、决策等功能，由主控模块、伺服驱动模块、输入输出（I/O）模块、安全模块和传感模块等构成，各子模块之间通过 CANopen、EtherNET、EtherCAT、DeviceNet、PowerLink 等一种或几种统一协议进行通信，并预留一定数量的物理接口，如 USB、RS232、RS485、CAN、以太网等。

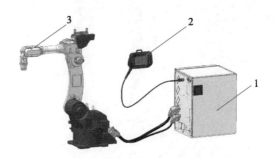

图 1-15 工业机器人的基本组成

1—机器人控制器　2—示教盒　3—操作机（机器人本体）

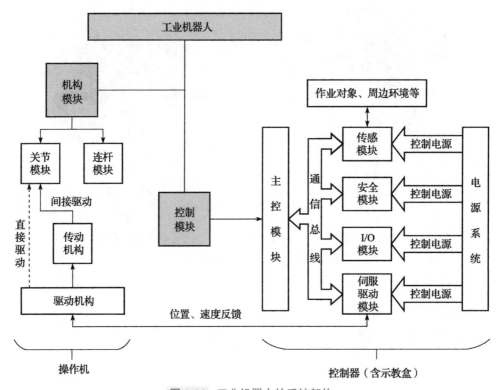

图 1-16 工业机器人的系统架构

（1）操作机　操作机是机器人执行任务的机械主体，主要由关节和连杆构成。图 1-17 所示为六轴多关节型机器人操作机的基本结构。按照从下至上的顺序，垂直串联多关节型机器人操作机由机座、腰、肩、手臂和手腕构成，各构件之间通过"关节"串联起来，且每个关节均包含一根以上可独立转动（或移动）的运动轴。为使工业机器人在不同领域发挥其作用，机器人手腕末端被设计成标准的机械接口（法兰或轴），用于安装执行任务所需的末端执行器或末端执行器连接装置。通常将腰、肩、肘三根关节运动轴合称为主关节轴，用于支承机器人手腕并确定其空间位置；将腕关节运动轴称为副

关节轴,用于支承机器人末端执行器并确定其位姿。机器人操作机可以看成是定位机构
(手臂)连接定向机构(手腕),手腕端部
末端执行器的位姿调整可以通过主、副关
节的多轴协同运动合成。

若让机器人"舞动"起来,需要给
机器人的关节配置直接或间接动力驱动装
置。按照动力源的类型不同,可将工业机
器人关节的驱动方式分为液压驱动、气压
驱动和电动驱动三种类型。其中,电动驱
动(如步进电动机、伺服电动机等)是现
代工业机器人主流的一种驱动方式。

众所周知,伺服电动机的额定转矩
或额定功率越大,其结构尺寸越大,这
同工业机器人操作机结构设计与优化的方

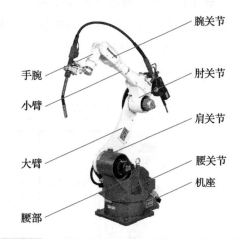

图 1-17 六轴多关节型机器人操作机的基本结构

向——提高负载与自重之比、提高能源利用率相违背。目前大多数工业机器人使用的
伺服电动机额定功率小于 5kW(额定转矩低于 30N·m),对于中型及以上关节型机器
人而言,伺服电动机的输出转矩通常远小于驱动关节所需的力矩,必须采用伺服电动
机+精密减速器的间接驱动方式,利用减速器行星轮系的速度转换原理,把电动机轴传
递的转速降低,以获得更大的输出转矩。虽然减速器的类型繁多,但应用于工业机器人
关节传动的高精密减速器属 RV 摆线针轮减速器和谐波齿轮减速器较为主流。谐波齿轮
减速器体积小、重量轻,适合承载能力较小的关节部位,通常被安装在机器人腕关节处
(图 1-18);RV 摆线针轮减速器承载力强,适合承载能力较大的关节部位,是中型、重
型和超重型工业机器人关节驱动的核心部件。

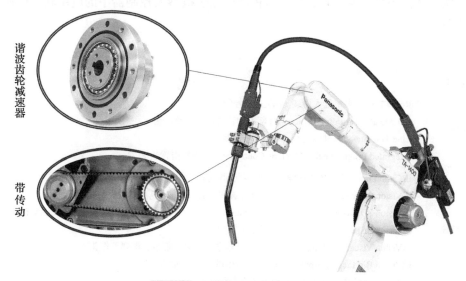

图 1-18 机器人腕关节传动机构

（2）控制器　控制器可看作工业机器人的"大脑"，是实现机器人传感、交互、控制、协作和决策等功能硬件以及若干应用软件的集合，是机器人"智力"的集中体现。在工程实际中，控制器的主要任务是根据程序指令以及传感器反馈信息支配机器人操作机完成规定的动作和功能，并协调机器人与周边辅助设备的通信，其典型硬件架构如图 1-19 所示。

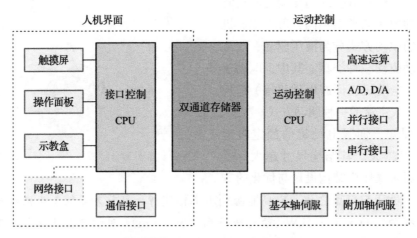

图 1-19　机器人控制器架构示意

硬件决定性能边界，软件发挥硬件性能并定义产品的行为，通过"软件革命"驱动的工业机器人创新发展成为主流趋势。目前不少优秀的工业软件公司利用从机器人制造商定制的专用机器人，搭配自己开发的应用软件包在某个细分领域独占鳌头，如德国杜尔（Dürr）、日本松下（Panasonic）等。全球工厂自动化行业领先的发那科（FANUC）机器人公司凭其强大的研发、设计及制造能力，基于自身硬件平台为用户提供应用软件、控制系统及传感系统（表 1-1），用户可借助内嵌于机器人控制器中的应用软件快速建立机器人系统。

表 1-1　工业机器人控制器的应用软件（以 FANUC 机器人为例）

功能模块	应用软件
控制系统	Robot Link　多机器人协调（同）运动控制 Coordinated Motion Function　外部附加轴的协调运动控制 Line Tracking　移动输送线（带）同步控制 Integrated Programmable Machine Controller　控制器内置软 PLC
传感系统	iRCalibration　视觉辅助单轴 / 全轴零点标定和工具中心点（TCP）标定 iRVision 2D Vision Application　工件位置和机器人抓取偏差 2D 视觉补偿 iRVision 3D Laser Vision Sensor Application　工件位置和机器人抓取偏差 3D 激光视觉补偿 iRVision Inspection Application　机器人视觉测量 iRVision Visual Tracking　视觉辅助移动输送带拾取、装箱、整列等作业 iRVision Bin Picking Application　视觉辅助散堆工件拾取 Force Control Deburring Package　力控去毛刺

（续）

功能模块	应用软件
工艺系统	HandlingTool　机器人搬运作业 PalletTool　机器人码垛作业 PickTool　机器人拾取、装箱、整列等作业 ArcTool　机器人弧焊作业 SpotTool　机器人点焊作业 DispenseTool　机器人涂胶作业 PaintTool　机器人喷漆作业 LaserTool　机器人激光焊接和切割作业

（3）示教盒　示教盒是与机器人控制器相连，用于机器人手动操作、任务编程、诊断控制以及状态确认的手持式人机交互装置。作为选配件，用户可通过计算机或平板电脑替代示教盒进行机器人运动控制和程序编辑等操作。由于国际上暂无统一标准，目前已投入市场的示教盒多属于品牌专用，如 ABB 机器人配备的 FlexPendant、KUKA 机器人配备的 smartPAD、FANUC 机器人配备的 iPendant、COMAU 机器人配备的 WiTP 等。

2. 末端执行器

末端执行器是安装在机器人手腕端部机械接口处直接执行任务的装置，它是机器人与作业对象、周边环境交互的前端。在 GB/T 19400—2003《工业机器人　抓握型夹持器　物体搬运　词汇和特性表示》中，将末端执行器分为工具型末端执行器和夹持型末端执行器两种类型。

（1）工具型末端执行器　本身能进行实际工作，但由机器人手臂移动或定位的末端执行器，如弧焊焊枪（图 1-20a）、点焊焊钳、研磨头、喷砂器、喷枪（图 1-20b）、胶枪、电动螺丝刀等。

a）机器人弧悍焊枪　　　　　　　　　　　b）机器人喷枪

图 1-20　工具型末端执行器

（2）夹持型末端执行器　夹持型末端执行器（以下简称夹持器）是一种夹持物体或物料的末端执行器。按照夹持原理的不同，可将夹持器分为抓握型夹持器和非抓握型夹持器两种类型，见表 1-2。前者用一个或多个手指搬运物体，后者是以铲、钩、穿刺和粘着，或以真空 / 磁性 / 静电等悬浮方式搬运物体。

表 1-2　夹持型末端执行器的类型及其用途

夹持器类型		驱动方式	应用场合	夹持器示例
抓握型夹持器	外抓握 / 外卡式	气动 / 电动 / 液压	主要用于长轴类工件的搬运	
	内抓握 / 内胀式	气动 / 电动 / 液压	主要用于以内孔作为抓取部位的工件	
非抓握型夹持器	气吸附	气动	主要用于表面坚硬、光滑、平整的轻型工件，如汽车覆盖件和金属板材的搬运	
	磁吸附	电动	主要用于可对磁力 / 电磁力产生感应的工件，对于要求不能有剩磁的工件，吸取后要进行退磁处理，且在高温条件下不可使用	
	托铲式	—	主要用于集成电路制造、半导体照明、平板显示等行业，如真空硅片和玻璃基板的搬运	

3. 传感器

工业机器人传感器可以分为两类：一是内部传感器，指用于满足机器人末端执行器的运动要求和碰撞安全而安装在操作机上的位置、速度、碰撞等传感器，如旋转编码器、力觉传感器、防碰撞传感器等；二是外部传感器，指第二代和第三代工业机器人系统中用于感知外部环境状态所采用的传感器，如视觉传感器、超声波传感器、接触 / 接近觉传感器等。图 1-21 所示为工业机器人视觉传感原理。智能化机器人焊接系统配备 2D 广角工业相机，能够对焊接平台上的组件进行全景拍照，识别组件类型和测量尺寸，对目标进行粗定位，以及规划机器人焊接初始路径；然后通过 3D 激光视觉精确纠正焊缝位置，识别坡口类型，并自主规划焊道排布、焊接路径、焊炬 / 焊枪姿态和工艺参数，生成多层多道焊接任务程序，实现机器人自主焊接作业。

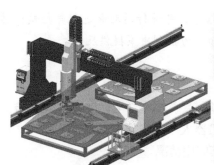

a) 2D 广角视觉全景拍照识别并定位　　　　　b) 3D 激光视觉焊缝寻位跟踪

图 1-21 工业机器人视觉传感原理

4. 周边（工艺）设备

工业机器人作为高效、柔性的先进机电装备，给它安装什么样的"手"（末端执行器）、配置什么样的周边设备、设置什么样的运动路径，它就可以完成什么样的任务。通过"机器人＋"自动化集成技术，可以让它转换成各种机器人柔性系统，如机器人折弯系统、机器人焊接系统、机器人打磨系统等，以适应当今多品种、小批量、大规模的柔性制造模式。图 1-22 所示的钣金件折弯机器人上下料系统，就是集成了数控折弯机、料架、定位架等工艺设备和装置，以及折弯工艺软件包，适用于钣金自动化折弯作业。

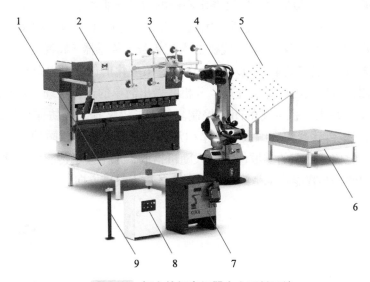

图 1-22 钣金件折弯机器人上下料系统

1—成品料架　2—数控折弯机　3—夹持器（端拾器）　4—操作机　5—重力对中定位架　6—原料料架
7—机器人控制器＋示教盒　8—周边（工艺）设备控制器　9—外部操作盒

综上所述，一套较完整的工业机器人系统主要是由机械、控制和传感三部分组成，分别负责机器人的动作、思维和感知能力。机械部分包括主体结构（执行机构）和驱动系统，通常为操作机，它是机器人完成作业动作的机械主体；控制部分包括控制器和示教盒，用于对驱动系统和执行机构发出指令信号，并进行运动和过程等控制；传感部分主要实现机器人自身以及外部环境状态的感知，为控制决策提供反馈。

1.2.2 工业机器人的分类及应用

工业机器人的分类方法很多，可以按照机械结构类型（坐标型式）、驱动方式、负载能力等进行产品分类。限于篇幅，本书仅从机器人"大脑"（智能程度）和"技能"（应用领域）两个维度，阐述工业机器人的分类及其应用情况。

1. 按技术等级划分

按照机器人"大脑"智能的发展阶段不同，可以将工业机器人分为三代：第一代是计算智能机器人，以编程、微机计算为主；第二代是感知智能机器人，通过各种传感技术的应用，提高机器人对外部环境的适应性，即"情商"得到提升；第三代是认知智能机器人，除具备完善的感知能力，机器人"智商"得到增强，可以"自主"规划任务和运动轨迹。

（1）计算智能机器人　第一代工业机器人的基本工作原理是"示教－再现"，如图1-23所示。由编程员事先将完成某项作业所需的运动轨迹、工艺条件和动作次序等信息通过直接或间接的方式对机器人进行"调教"，在此过程中，机器人逐一记录每一步操作；示教结束后，机器人便可在一定的精度范围内重复"所学"动作。目前在工业中大量应用的传统机器人多数属于此类，因无法补偿工件或环境变化所带来的加工、定位、磨损等误差，故主要被应用在精度要求不高的搬运作业场合。

（2）感知智能机器人　为解决第一代机器人在工业应用中暴露的编程烦琐、环境适应性差以及潜在危险等问题，第二代机器人配备若干传感器（如视觉传感器、力传感器、触觉传感器等），能够获取周边环境和作业对象变化的信息，以及对行为过程的碰撞进行实时检测，然后经由计算机处理、分析并做出简单的逻辑推理，对自身状态进行及时调整，基本实现人－机－物的闭环控制。例如，上文提及的协作机器人LBR iiwa（图1-24）使用力矩传感器实现编程员的牵引示教以及无安全围栏防护条件下的人机协同作业，基于视觉传感导引的零散件机器人随机拾取，采用接触传感的机器人焊接起始点寻位……类似的感知智能技术是第二代机器人的重点突破方向。

图1-23　第一代计算智能机器人

图1-24　第二代感知智能机器人——**LBR iiwa**

（3）认知智能机器人　第二代工业机器人虽具有一定的感知智能，但其未能实现基于行为过程的传感器融合进行的逻辑推理、自主决策和任务规划，对非结构化环境的自适应能力十分有限，"综合智力"提升是关键。作为发展目标，第三代机器人将借助人工智能技术和以物联网、大数据、云计算为代表的新一代物物相连、物物相通信息技术，通过不断的深度学习和进化，能够在复杂变化的外部环境和作业任务中，自主决定自身的行为，具有高度的适应性和自制能力。第三代工业机器人与第五代计算机[⊖]密切关联，其内涵和功能仍处于研究和开发阶段，目前全球仅日本本田（Honda）和软银旗下

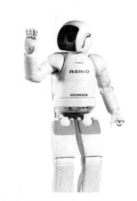

的波士顿动力（Boston Dynamics）两家公司研制出原型样机。相对于 Boston Dynamics 研发的仿人机器人（Atlas、Handle）而言，Honda 的仿人机器人 Asimo（图 1-25）更偏向于通过表演来展现技术特性，其最新款样机能够将人类的动作模仿得惟妙惟肖，能跑能走，能够上下阶梯，还会踢足球、开瓶盖、倒茶倒水，动作十分灵巧。虽然这些产品可完成诸多精细动作，但其造价昂贵、难以量产，很难将技术成果转化为商业利益，这为其发展带来诸多阻力。

图 1-25　第三代认知智能机器人——Asimo

2. 按应用领域划分

工业机器人按应用领域可以分为搬运作业／上下料机器人、焊接机器人、涂装机器人、加工机器人、装配机器人、洁净机器人等，每一大类又囊括若干小类，如图 1-26 所示。

（1）搬运机器人　搬运机器人是在工业生产过程中代替搬运装卸工人完成自动取料、装卸、传递和上下料等任务的一种工业机器人。目前世界上使用的搬运机器人逾 20 万台，被广泛用于机床上下料、辅助加工以及仓储物流等中间环节，如图 1-27 所示。

（2）焊接机器人　焊接机器人是在工业生产领域代替焊工执行焊接任务的工业机器人。它广泛应用在钢结构、工程机械、轨道交通、能源装备、汽车制造业等行业及其他相关制造业生产中，如图 1-28 所示。

（3）涂装机器人　涂装机器人是能够自动喷漆和涂釉或喷涂其他涂料的工业机器人。它是综合材料、机械、电气、电子信息和计算机等学科的柔性自动化涂装设备，被广泛应用于汽车制造业，并加快向家具和搪瓷等一般工业领域延伸，如图 1-29 所示。

（4）加工机器人　加工机器人是在切割和抛光等生产领域代替工人从事切割、铣削、抛光和去毛刺等作业的工业机器人。目前加工机器人主要应用在汽车与机车制造业、压力容器、化工机械、核工业、通用机械、工程机械、钢结构和船舶等行业，如图 1-30 所示。

⊖　第五代计算机是把信息采集、存储、处理和通信同人工智能结合在一起的智能计算机系统。它能进行数值计算或处理一般的信息，主要能面向知识处理，具有形式化推理、联想、学习和解释的能力，能够帮助人们进行判断、决策、开拓未知领域和获得新的知识。

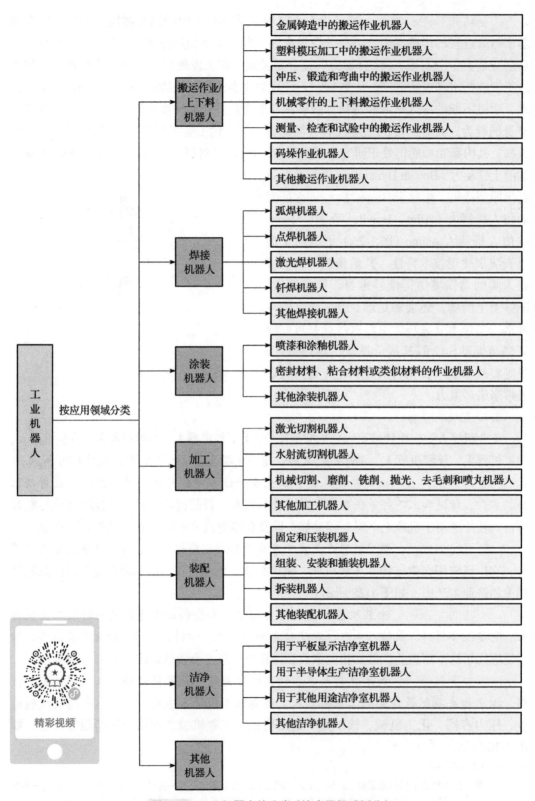

图 1-26 工业机器人的分类（按应用领域划分）

图 1-27 搬运机器人

图 1-28 焊接机器人

图 1-29 涂装机器人

图 1-30 加工机器人

（5）装配机器人 装配机器人是工业生产中服务生产线且在指定位置或范围对相应零部件进行装配的一类工业机器人。它被广泛应用于电子业、机械制造、汽车制造业等诸多行业，如图 1-31 所示。

（6）洁净机器人 相比于传统用途的工业机器人，如焊接、打磨和喷涂等，洁净机器人是一种在真空或净室环境下自动传输且不污染负载的专用机器人，主要应用于ETCH、PVD、CVD 等半导体制造领域。当前大量使用的洁净机器人以平面关节型机器人居多，如图 1-32 所示。

图 1-31 装配机器人

图 1-32 洁净机器人

综上所述，工业机器人在生产加工中的应用不仅可以降低工人的劳动强度、提高生产率和改善产品质量，而且可以大幅提升工业制造水平。同时，面对智能制造中小批量、多品种、个性化生产要求的增多，在应对这种复杂的柔性化生产趋势时，单机器人作业功能比较单一的问题日渐凸显，生产需要更加自动化、数字化、网络化和智能化。因此，机器智联、多机器人、人机协作技术及应用成为必然。

拓展阅读

大国工匠 | 高凤林：跟产品"结婚"的"金手天焊"

【工匠档案】高凤林，中国航天科技集团有限公司第一研究院 211 厂 14 车间高凤林班组组长，第一研究院首席技能专家，中华全国总工会副主席（兼）。"岗位不同，作用不同，仅此而已，心中只要装着国家，什么岗位都光荣，有台前就有幕后。"

先后获得"全国技术能手""中华技能大奖""中国质量奖""最美奋斗者"等称号，荣获 2018 年"大国工匠年度人物"。

//

"3、2、1！点火！"

"吼——！！"

伴随着一声震耳欲聋的长吟声，东风导弹发射成功，朝着设定好的坐标奔驰而去。大地因其而剧烈震动，悠远的长吟中，身穿军绿色军装的青年们挥动手中的衣帽欢呼着："东风导弹成功发射了！"

在距离不远的地方，有一个人面带微笑看着这一幕。他穿着一身蓝色的工作服，头上戴着黑色的焊接帽，一副刚刚从厂里出来的模样。旁边的人问他："亲眼看着自己参与制造的导弹飞上天是什么感觉？"

他却笑着回答："感觉很好，非常自豪，非常幸福。还想再造出更多的导弹发动机，用汗水报效祖国！"

这个穿着朴素，笑容淳朴的男人，就是高凤林，北斗卫星、导弹、嫦娥月球探测器、载人航天火箭和长征新一代运载火箭的发动机上，都烙印着他的焊接轨迹。

这样一位顶级焊接工匠，又是怎样炼成的呢？

1. 汗水和时间打造的"金手天焊"

1978 年，高凤林进入 211 厂技工学校学习，1980 年毕业后分配到首都航天机械公司发动机焊接车间，是伴随改革开放成长起来的一代人。

早期，培养一名氩弧焊工的成本甚至比培养一名飞行员还要高。当时用比黄金还昂贵的氩气培养出来的焊工，被人们称为"金手""银手"。同时，由于焊接对象是具有火箭"心脏"之称的发动机，对焊工的稳定性、协调性和领悟性更有极高的要求。

"高凤林是一颗好苗子！"早在第一次焊接实习时，发动机焊接车间的工段长就注意到这个小伙子。在操作笔记上，高凤林不仅记下操作规程，还记下了自己操作时的心理变化，以及师傅和同学们的操作特点，最后是三个大大的字——稳，准，匀。

为了练好基本功，他吃饭时拿筷子练送丝，喝水时端着盛满水的缸子练稳定性，休息时举着铁块练耐力、冒着高温观察铁液的流动规律。如果焊接需要，他可以十分钟不眨眼，这个"绝技"也是在那时练出来的。

汗水和时间，将高凤林打造成名副其实的"金手天焊"。

20 世纪 90 年代，在亚洲最大"长二捆"全箭振动塔的焊接操作中，高凤林长时间在表面温度高达几百摄氏度的焊件上操作。在他的手上，至今可见当年留下的伤疤。

国家"七五"攻关项目、东北哈汽轮机厂大型机车换热器的生产中，为了突破一项熔焊难题，高凤林在半年时间里天天趴在产品上，一趴就是几个小时，被同事戏称"跟产品结婚的人"。

"航天精神的核心就是爱国，能够用汗水报效祖国，是我的追求。"高凤林说。

2. 好工匠要将"制造"和"智造"相结合

"要当一名好工人，必须要上四个台阶，一是干得好，二是明白为什么能干好，三是能说出来，四是能写出来。"这是一位老师傅对高凤林说过的话，他记了一辈子。

曾有一段时期，车间一些年轻人思想有浮动，不安心在岗位上踏实工作。就在这时，这位老师傅找到他，说了这样一番话，让他明白航天产品离不开高素质的操作工人，当好一名工人也不是一件容易的事。

从那以后，高凤林坚定了当一名好工人的决心，在自己的岗位上不懈追求、创新突破，无数次将"不可能"变为"可能"。

早在 1996 年，针对产品特点，高凤林灵活运用所学高次方程公式和线积分公式，提出"反变形补偿法"进行变形控制，并凭借这一项工艺荣获国家科技进步二等奖，展现出技术工人身上的创新力量。

每当新火箭型号诞生，对高凤林来说，都是挑战自我的过程。最险的一次，面对十多米外随时可能爆炸的大型液氢储罐和脚底下几十米深的山涧，在故障点无法观测、操作空间非常狭小的条件下，他利用丰富经验进行"盲焊"，通过了发动机总设计师组织的"国际级大考"！

2006 年，一个由著名物理学家丁肇中教授牵头，16 个国家参与的反物质探测器项目，因低温超导磁铁的制造难题陷入困境。在国内外两拨顶尖专家都无能为力的情况下，高凤林只用两个小时就拿出方案，让在场专家深深折服。

作为2016年第二届中国质量奖的唯一个人获奖者，高凤林认为："一名好的工匠，应该是'制造'和'智造'的结合。"

3.扎根焊接岗位放飞中国梦想

全国劳动模范、全国"最美职工"、全国道德模范、北京市全国技术创新大赛唯一特等奖……集众多荣誉于一身的高凤林，已然站在人生巅峰。

站在领奖台上，聚光灯下的他彰显出新时期产业工人的自信与力量；回到车间岗位，穿上工作服的他仍然淡定专注于一线，对待工作没有一丝杂念。他始终认为，"航天是我的理想，我的根在焊接岗位上。"

如今，年近60岁的高凤林依然奋战在一线，承担长三甲系列火箭氢氧发动机的批产，长征五号芯一、二级氢氧发动机的研制生产，重型火箭发动机的预研等国家重大工程的实施任务。

与此同时，他还承担着带队伍、传技术、对内对外交流工作。"人的质量决定产品质量""要尊重产品，尊重你的工作对象"……高凤林将这些理念传递给身边的年轻人。在他看来，任何先进设备都是人的延伸，都需要人的控制，需要长期的专注和投入，不断追求产品质量及内涵，从而达到产品的最佳状态。

40多年来，他攻克难关200多项，主编了首部型号发动机焊接技术操作手册等行业规范，多次被指定参加相关航天标准的制定，主导并参与申报了9项国家专利和国防专利……

知识测评

一、填空题

1. 按照机器人"大脑"智能的发展阶段，可将机器人划分为三代，分别是 _____ 机器人、_____ 机器人和 _____ 机器人。

2. _____ 是物体能够对坐标系进行独立运动的数目，通常作为机器人的技术指标，反映机器人动作的灵活性。

3. 工业机器人主要由 _____、_____ 和 _____ 组成。

二、选择题

1. 工业机器人的基本特征是（　　）。
①具有特定的机械机构；②具有一定的通用性；③具有不同程度的智能；④具有工作的独立性
A.①②　　　　　　B.①②③　　　　　　C.①②④　　　　　　D.①②③④

2. 操作机是工业机器人的机械主体，用于完成各种作业任务，其主要组成部分包括（　　）。
①驱动装置；②传动单元；③控制器；④示教盒；⑤执行机构
A.①②　　　　　　B.①②⑤　　　　　　C.①②④　　　　　　D.①②③④

3. 人们常用（　　）技术指标来衡量一台工业机器人的性能。

①自由度；②工作空间；③额定负载；④最大单轴（路径）速度；⑤位姿重复性

A.①②③④⑤　　　B.①②⑤　　　C.①②④　　　D.①②③④

三、判断题

1. 机器人位姿是机器人空间位置和姿态的合称。（　　　）

2. 直角坐标机器人具有结构紧凑、灵活、占地空间小等优点，是目前工业机器人操作机大多采用的结构形式。（　　　）

3. 工业机器人的驱动器布置大都采用一个关节一个驱动器，且多采用伺服电动机驱动。（　　　）

4. 工业机器人的臂部传动多采用谐波减速器，腕部则采用RV减速器。（　　　）

5. 机器人控制器是人与机器人的交互接口。（　　　）

6. 通常按照应用领域的不同，可将工业机器人划分为焊接机器人、搬运机器人、装配机器人、码垛机器人和涂装机器人等。（　　　）

项目2 揭开焊接机器人的神秘面纱

随着工业领域智能化进程的不断深入，实现焊接产品制造自动化、智能化与柔性化已成为提高焊接质量和生产率的必然趋势。作为一种仿人操作、自动控制、可重复编程、能在三维空间完成几乎所有焊接位置的先进制造装备，焊接机器人具有提高焊接质量、保证焊接质量的稳定性和一致性、提高生产率、改善工作条件等优点，成为焊接技术自动化的主要标志。

本项目参照1+X"焊接机器人编程与维护"职业技能等级要求，重点围绕系统认识和安全认知两个工作领域，通过介绍熔焊、压焊和钎焊三大典型焊接机器人，使学生掌握焊接机器人的系统组成和工作原理，熟知焊接机器人系统的安全标识、防护装置和操作规程。根据焊接机器人编程员岗位工作内容，本项目一共设置两项任务：焊接机器人系统认知和焊接机器人安全认知。

学习目标

知识目标

1）能够识别常见焊接机器人的系统组成。

2）能够阐明焊接机器人的工作原理。

3）能够辨识焊接机器人的安全标志及其表达内容。

技能目标

1）能够完成焊接机器人系统的模块辨识及功能描述。

2）能够遵循安全操作规程，完成安全警示。

素养目标

1）通过先进制造装备和技术认知学习，了解焊接机器人领域的"卡脖子"技术，培养学生求知创新的学习态度。

2）通过安全操作实例，培养学生安全操作意识，树立爱岗敬业、精益求精的工匠精神。

学习导图

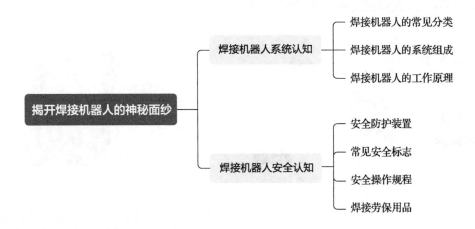

▶ 任务 2.1　焊接机器人系统认知

任务提出

工业机器人在焊接领域的应用可以看作是焊接（工艺）系统和机器人（执行）系统的深度融合。焊接机器人是焊接工艺的执行"载体"，负责携带焊枪沿规划路径作业；焊接系统为焊接工艺的能源"核心"，提供熔化工件和填充材料的电弧热源；工艺辅助设备是焊接工艺的绿色"助手"，确保待焊工件姿态及作业环境条件处于最佳；传感系统为焊接工艺的执行"向导"，负责感知作业环境变化，使机器人的作业和动作更加精准和稳定。

本任务通过辨识 1+X "焊接机器人编程与维护"中级职业技能培训工作站的模块组成及其功能，达到对机器人焊接应用系统集成的初步认知。

知识准备

2.1.1　焊接机器人的常见分类

工业机器人在焊接生产中的应用始于汽车装配生产线上的电阻点焊（压焊的一种），如图 2-1 所示。机器人点焊过程比较简单，只需点位控制，而对机器人位姿准确度和位姿重复性的控制要求比较低。相比之下，弧焊（熔焊的一种）要比点焊复杂，需要进行起始点寻位和焊缝跟踪。弧焊机器人（图 2-2）在汽车整车和零部件制造中的普遍应用与焊接传感系统的研制密不可分。近年来，机器人技术与激光技术的融合——激光焊接（熔焊的一种）机器人开启汽车制造的新时代，诸如德国大众、美国通用、日本丰田等品牌的汽车装配生产线上，均已大量采用图 2-3 所示的激光焊接机器人焊接汽车白车身。加拿大赛融（SERVO-ROBOT）公司开发的一种智能模块化激光钎焊系统 DIGI-BRAZE™（钎焊的一种），可将高精度的 3D 激光传感器、最大功率可达 30kW 的高质量工业验证激光头以及送丝机构集成为一个紧凑且坚固的模块，实现一次操作同步完成实时焊缝跟踪、焊接质量检测和过程控制，如图 2-4 所示。

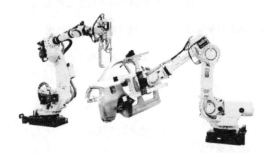

图 2-1 汽车后立柱（C 柱）电阻点焊机器人

图 2-2 汽车消音器弧焊机器人

图 2-3 汽车车身激光焊接机器人

图 2-4 汽车车身顶部智能化激光钎焊机器人

综上所述，按照采用的焊接工艺方法的不同，可将焊接机器人分为压焊机器人、熔焊机器人和钎焊机器人三大类，如图 2-5 所示。此外，可以按照坐标型式、驱动方式和现场安装方式等的不同，对焊接机器人进行分类，如按照坐标型式的不同，可将其分为直角坐标型焊接机器人、圆柱坐标型焊接机器人、球坐标型焊接机器人和关节型焊接机器人。

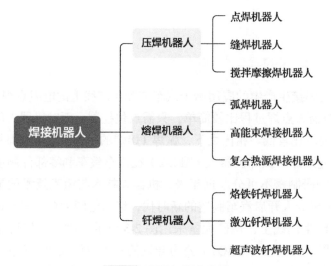

图 2-5 焊接机器人分类

2.1.2 焊接机器人的系统组成

焊接机器人种类繁多，其系统组成也因待焊工件的材质、接头形式、几何尺寸和工艺方法等不同而各不相同。综合来看，工业机器人在焊接领域的应用，可以看作是工艺系统和执行系统的集成与创新。下面以图 2-6 所示的弧焊机器人系统为例，阐述目前主流的熔焊机器人、压焊机器人和钎焊机器人的系统组成。

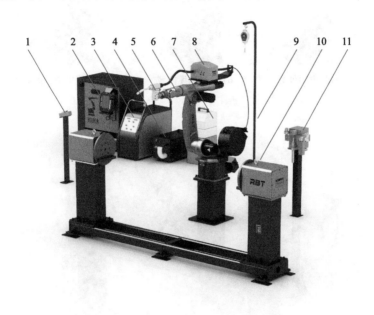

图 2-6 弧焊机器人系统

1—外部操作盒 2—控制器（含示教盒） 3—焊接电源 4—冷却装置 5—机器人焊枪（含防碰撞传感器）
6—操作机 7—焊接烟尘净化器 8—送丝机构 9—平衡器 10—焊接变位机 11—自动清枪器

1. 焊接机器人

焊接机器人同样是由操作机和控制器两大部分组成。由机器人运动学可知，六自由度通用型工业机器人可以满足一般焊接任务的需求，这是在目前生产中焊接机器人普遍采用垂直六关节机器人本体构型的原因。值得指出的是，为避免焊枪电缆在机器人运动过程中因与周边环境等干涉而影响焊接稳定性，世界著名工业机器人制造商先后研制出中空手腕和七轴本体构型。

（1）中空手腕结构   一般将送丝机构安装在焊接机器人第三轴处（图 2-7a），焊枪电缆悬空布置。为克服电缆运动干涉，将机器人第四轴和第六轴设计成中空结构，焊枪电缆内藏于机器人操作机（图 2-7b），此时焊枪可以实现 360° 旋转。为进一步解决因焊接电缆扭曲而引起的送丝波动现象，采用将电缆内藏而送丝软管外置（图 2-7c）的方式，提高送丝过程稳定性。

（2）七轴本体构型   图 2-8 所示为一种典型的七轴驱动再现人类"肘部"动作的中空手腕焊接机器人。通过在机器人第一俯仰臂上增加一个回转关节，并采用中空减速机实现焊枪电缆的内藏，可以让焊接机器人的作业动作更加灵活和顺畅。

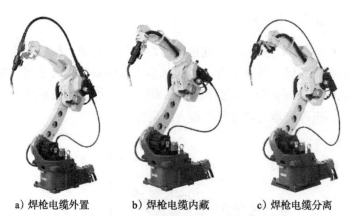

a) 焊枪电缆外置   b) 焊枪电缆内藏   c) 焊枪电缆分离

图 2-7 焊接机器人中空手腕构型

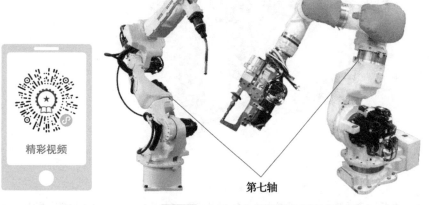

第七轴

图 2-8 七轴中空手腕焊接机器人构型

表 2-1 为焊接机器人机械结构主要特征参数。在产品结构件体积或质量较大的自动化应用场合，可以赋予焊接机器人"下肢"移动功能。例如，将操作机安装在 1～3 轴地装移动平台，或以侧挂、倒挂等方式集成在多轴龙门移动平台，成为复合型焊接机器人（图 2-9），可有效拓展机器人的工作空间以及提高机器人的利用率。

表 2-1 焊接机器人机械结构主要特征参数

机器人类别	指标参数	指标要求
熔焊机器人	结构形式	以垂直多关节型结构为主
	轴数（关节数）	一般为 6～9 轴
	自由度	通常具有六个自由度
	额定负载	3～20kg（高能束焊接机器人为 30～50kg）
	工作半径	800～2200mm
	位姿重复性	±0.02～±0.08mm
	基本动作控制方式	PTP 和 CP 两种方式
	安装方式	固定式（落地式和悬挂式），移动式（地轨式和龙门式）

（续）

机器人类别	指标参数	指标要求
压焊机器人	结构形式	以垂直多关节型结构为主
	轴数（关节数）	一般为 6 ～ 7 轴
	自由度	通常具有六个自由度
	额定负载	50 ～ 350kg
	工作半径	1600 ～ 3600mm
	位姿重复性	± 0.07 ～ ± 0.3mm
	基本动作控制方式	PTP 和 CP 两种方式
	安装方式	固定式（落地式和悬挂式）
钎焊机器人	结构形式	平面多关节型结构和垂直多关节型结构
	轴数（关节数）	一般为 4 ～ 6 轴
	自由度	通常具有 4 ～ 6 个自由度
	额定负载	≤ 6kg
	工作半径	300 ～ 600mm
	位姿重复性	± 0.01 ～ ± 0.02mm
	基本动作控制方式	PTP 和 CP 两种方式
	安装方式	固定式（台面固定安装）

图 2-9　龙门式（复合型）焊接机器人

　　控制器（含硬件、软件及一些专业电路）可以完成机器人自动化焊接运动控制和过程控制，包括机器人控制器和工艺辅助设备控制器两部分。目前主流的焊接机器人控制系统采用开放式分布系统架构，除具备轨迹规划、运动学和动力学计算等功能外，还装有简化用户编程过程的功能软件包和焊接数据库，能够实现焊接导航、工艺监控、焊丝回抽、粘丝解除、电弧搭接、摆动焊接、姿态调整、焊接出错后自动再引弧等实用功能。表 2-2 所示为机器人制造厂商针对熔焊、压焊和钎焊应用所开发的各类焊接机器人功能软件包。

表 2-2 各类焊接机器人功能软件包

机器人类别	制造厂商	焊接软件包
熔焊机器人	ABB	RobotWare Arc，Production manager，VirtualArc
	KUKA	KUKA.ArcTech，KUKA.LaserTech，KUKA.MultiLayer，ready2_arc
	FANUC	ArcTool，LaserTool，Servo Torch，Smart Arc
	Yaskawa-MOTOMAN	Universal Weldcom Interface
	Kawasaki	KCONG
	KOBELCO	AP-SUPPORT，ARCMAN™ PLUS
压焊机器人	ABB	RobotWare Spot
	KUKA	KUKA.ServoGun，ready2_spot
	FANUC	SpotTool
钎焊机器人	UNIX	TSCO WIN，TSUTSUMI SEL Software
	TSUTSUMI	USW-RK410RE

2. 焊接系统

焊接系统是机器人完成自动化焊接作业的核心工艺设备。由于焊接工艺方法的不同，熔焊、压焊和钎焊所用焊接设备的差异较大，主要体现在焊接电源和设备接口方面。有关熔焊、压焊和钎焊所用的典型设备及功能见表 2-3。对于某些长时间、无中断的自动化焊接场合，建议采用图 2-10 所示桶装焊丝（250 ～ 350kg）、送丝辅助机构和伺服拉丝焊枪，这样可以有效延长送丝距离，提高机器人焊接的生产率和工作空间。

表 2-3 典型的机器人焊接系统设备及功能

工艺方法	设备名称	设备功能	设备示例
弧焊 （熔焊）	焊接电源	为焊接提供电流、电压，并具有适合弧焊和类似工艺所需特性的设备。常见的弧焊电源主要有弧焊发电机、弧焊变压器和弧焊整流器等	
	送丝机构	将焊丝输送至电弧或熔池，并能进行送丝控制的装置，可以自带送丝电源（一体式）或不带送丝电源（分体式），主要有推丝、拉丝和推拉丝三种送丝形式	

（续）

工艺方法	设备名称	设备功能	设备示例
弧焊 （熔焊）	机器人焊枪	在弧焊、切割或类似工艺过程中，能提供维持电弧所需电流、气体、切削液、焊丝等必要条件的装置，主要有空冷焊枪（小电流施焊）和水冷焊枪（大电流施焊）两种	
	冷却装置	机器人在进行长时间焊接作业时，焊枪会产生大量的热量，使用冷却装置可保证机器人焊接系统正常工作，采用 Ar、He 保护焊，当电流大于 200A 时或采用 CO_2 保护焊且间断通电，当电流大于 500A 时，均采用水冷系统	
	气路装置	气路装置是存储输送弧焊、切割或类似工艺时所需气体的装置，可采用单独气瓶供气或集中供气两种形式	
点焊 （压焊）	焊接控制器	焊接控制器是由微处理器及部分外围接口芯片组成的控制系统，它可根据预定的焊接监控程序，完成焊接参数（如电流、压力、时间等）输入、焊接程序控制、焊钳行程以及动作设置，并实现与机器人控制柜、示教器的通信	
	冷却装置	为及时散热，保护变压器和钳体，点焊机器人须配置水冷系统，包括进水阀门和回水阀门等	
	机器人焊钳	除提供焊接回路、传导焊接电流外，还提供焊接压力；按外形结构主要有 C 型和 X 型两种；按驱动方式有气动焊钳和伺服焊钳两种	
烙铁 钎焊	控制器	加热控制器集中管理所有的焊接条件，如加热时间、焊锡数量等	
	焊丝供给装置	主要用于实现高精度焊丝供给	

（续）

工艺方法	设备名称	设备功能	设备示例
烙铁 钎焊	烙铁式焊接头	点焊和直线焊接通用	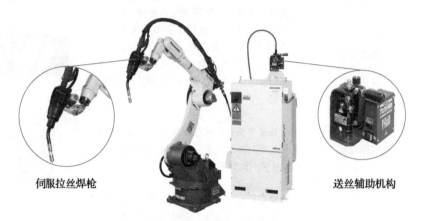

伺服拉丝焊枪　　　　　　　　　　　　　送丝辅助机构

图 2-10　熔焊机器人配置桶装焊丝

　　双丝复合焊（图 2-11a）是近年发展起来的一种高速、高效复合热源的焊接方法。该方法能在增加熔敷效率的同时保持较低的热输入，减小热影响区和焊接变形量；另一种高效焊接方法——激光–电弧复合焊（图 2-11b）是将激光热源与电弧热源相结合，作用在同一熔池形成复合热源的焊接方法。复合热源焊接可以降低对装配间隙的要求，增加工艺适应性，减少焊接缺陷和降低焊接成本。

a）双丝复合焊　　　　　　　　　　　b）激光–电弧复合焊

图 2-11　复合热源焊接

3. 工艺辅助设备

　　要实现机器人高效和安全的自动化焊接作业，除保持焊接机器人与焊接系统之间的高度协同之外，还需要夹紧、定位、清枪、除尘和防护等周边（工艺）辅助设备。例如，为消除或减小焊接产生的弧光、烟尘和飞溅等，须使用挡光板、弧光防护帘和焊接烟尘净化器等改善工作环境，并采用护栏、屏障和保护罩等规划出作业空间的安全防护装置。目前对焊接烟尘的治理有两种有效途径，一是采用单机移动式烟尘净化器（图 2-12a），使用较为灵活、占地面积小，适用于工位变动频繁的小范围粉尘收集场合；二是采用中央 / 集成式烟尘净化系统（图 2-12b），可供多个操作工位使用，风量也比单机风量高几倍，适用于整个制造车间（或工作场所）的粉尘收集。不同工艺方法需要配备的工艺辅助设备差异较大，表 2-4 为常见的焊接机器人周边（工艺）辅助设备。

a）单机（移动）式烟尘净化器   b）中央 / 集成式烟尘净化器

图 2-12 焊接烟尘净化器

表 2-4 常见的焊接机器人周边（工艺）辅助设备

工艺方法	设备名称	设备功能	设备示例
弧焊（熔焊）	焊接工作台及焊接夹具	主要用于放置工件并将工件准确定位与夹紧，以保证装配质量。焊接夹具按动力源可分为手动、气动、液压、磁力、电动和混合式夹具等	
	焊接变位机	主要是将被焊工件转动及移动到最佳的焊接位置（如平焊位置和船形焊位置），按照驱动电动机数量的不同，可将其分为单轴、双轴、三轴和复合型变位机等	
	焊渣除锈装置	一般采用气动（针束）除锈器，用于清除焊缝表面渣壳和飞溅等	
	自动清枪器	用于清理焊枪喷嘴内的积尘和飞溅并向喷嘴内喷防飞溅液，剪除多余焊丝，保证焊枪干伸长度，确保引弧；延长焊枪寿命，提高焊接工作效率	

（续）

工艺方法	设备名称	设备功能	设备示例
弧焊 （熔焊）	焊枪更换装置	在自动焊接运行中，机器人自动完成焊枪前端组合的直插式更换，操作人员无须进入焊接区更换焊枪，无须停下机器人的运作可直接完成，大大提高机器人的运作效率	
点焊 （压焊）	焊接工装夹具	同弧焊机器人类似，用于工件的准确定位与夹紧，保证装配质量	
	电极修磨器	用于电极头工作面氧化磨损后的修磨，可提高生产率，也可避免操作人员频繁进入生产线带来的安全隐患	
烙铁 钎焊	烙铁头清洁器	用于烙铁咀清洗，具有清洁时防止焊锡随处飞溅、减少清洁时烙铁头的温度下降、改善焊接工作环境、改善产品质量的作用，适用于高精细焊接工作	

4. 传感系统

焊接机器人（尤其熔焊机器人）的应用环境有其自身的特殊性与复杂性，诸如弧光、烟尘、飞溅和复杂电磁环境等耦合干扰因素以及加工装配误差、焊接热变形等实际工况变化。为增强焊接机器人对外部环境的适应能力，可以通过外部传感器的实时反馈实现对焊接起始位置的自动寻位和焊接过程的自动跟踪。为补偿工件装夹发生的位置偏移，熔焊机器人会通过高压接触传感器寻找焊接起始点；同时，采用电弧传感器的"坡口宽度跟踪"功能，实时跟踪焊接过程的坡口宽度变化，及时调整焊接规范，保证焊缝余高一致和坡口两侧侧壁熔合良好，实现高品质焊接。表 2-5 为机器人熔焊作业过程（装配和焊接）配置的实用传感器。

表 2-5　熔焊机器人实用传感器

制造工序	传感器名称	传感器功能	传感软件包	传感器示例
装配	防碰撞传感器	在碰撞过程中能侦测到碰撞的发生，给机器人控制器发送反馈信号，提示机器人紧急停止运行，避免焊枪严重受损	—	

（续）

制造工序	传感器名称	传感器功能	传感软件包	传感器示例
装配	激光位移传感器	主要完成工件设置点位的初始位置标定和焊接过程中对应设置点位的变形量检测	—	
焊接	红外测温仪	主要负责焊前预热以及焊接过程中层间温度的检测	—	
	接触传感器	通过焊丝与工件的碰触，实现高精度的焊缝初始寻位	KUKA.TouchSense, FANUC Touch Sensor 等	
	电弧传感器	通过检测机器人焊枪摆动过程中焊接电流和电弧电压等信号，实现对焊缝位置的实时自动跟踪	KUKA.SeamTech, FANUC Thru-Arc Seam Tracking (TAST), MOTOMAN COMARC 等	
	激光视觉传感器	通过检测激光发射结构光信号获取接头和坡口图像信息，实现焊枪对中焊缝中心	FANUC iRVision、Moto Sight 2D、Vision Guide 等	

2.1.3 焊接机器人的工作原理

1. 示教－再现

因人工智能技术与工业机器人技术深度融合尚未成熟，目前市面上的焊接机器人主要是计算智能机器人和传感智能机器人，其工作原理为"示教－再现"。示教是指编程员以在线或离线方式导引机器人，逐步按实际作业内容"调教"机器人，并以任务程序的形式将上述过程逐一记忆下来，存储在机器人控制器内的 SRAM（Static Random Access Memory）中；再现是通过存储内容的"回放"，机器人能够在一定精度范围内按照逻辑指令重复执行任务程序记录的动作。采用"数字焊工"进行自动化作业，须预先赋予机器人"运动学"信息，如图 2-13 所示。

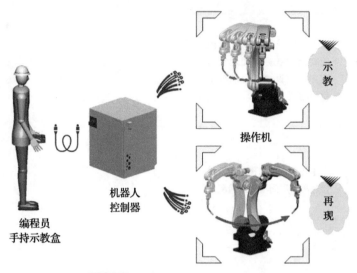

示教

操作机

机器人控制器

再现

编程员
手持示教盒

图 2-13 焊接机器人的示教 – 再现

从机构学角度分析，焊接机器人操作机（本体）可以看成是由一系列刚体（杆件）通过转动或移动副（关节）组合连接而成的多自由度空间链式机构。如前所述，机器人各个关节轴可以独立运动，末端执行器的位姿、速度、加速度、力或力矩与各关节轴的位置和驱动力密切相关。那么，焊接机器人在执行任务过程中如何实现多个关节轴运动的分解与合成？如何在指定时间内按指令速度沿某一路径运动？又如何保证末端执行器（焊枪）的位姿准确度及重复性？要弄清这些问题，就需要对焊接机器人运动控制（学）有所了解。概括来讲，在机器人运动学中，存在以下两类基本问题：

（1）运动学正解（Forward Kinematics） 运动学正解也称正向运动学，已知一机械杆系关节的各坐标值，求该杆系内两个部件坐标系间的数学关系。对于焊接机器人操作机而言，运动学正解一般指求取（焊枪）工具坐标系和（参考）机座坐标系间的数学关系。机器人示教过程中，机器人控制器逐点进行运动学正解运算，解决的是"去哪儿"（Where）问题，如图 2-14a 所示。

（2）运动学逆解（Inverse Kinematics） 运动学逆解也称逆向运动学，已知一机械杆系两个部件坐标系间的关系，求该杆系关节各坐标值的数学关系。对于焊接机器人操作机而言，运动学逆解一般指求取的（焊枪）工具坐标系和（参考）机座坐标系间关节各坐标值的数学关系。当机器人再现时，机器人控制器逐点进行运动学逆解运算，将角矢量分解到操作机的各关节，解决的是"怎么去？"（How）问题，如图 2-14b 所示。

2. 运动控制

焊接机器人运动控制的焦点是机器人末端执行器（焊枪）的空间位姿。目前，第一代机器人的基本动作控制方式主要有点位控制、连续路径控制和轨迹控制三种，第二代和第三代机器人的动作控制还包括传感控制、学习控制和自适应控制等。

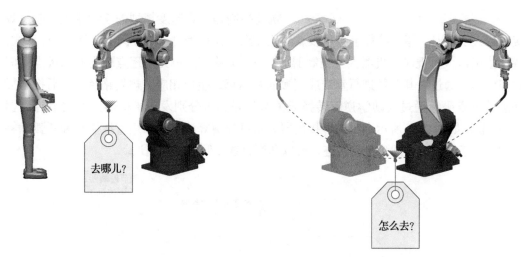

a) 运动学正解（示教）　　　　　　　　　　　　b) 运动学逆解（再现）

图 2-14 焊接机器人示教 - 再现的运动学正解和逆解

（1）点位控制（Pose To Pose Control） 点位控制也称 PTP 控制，是编程员只将目标指令位姿赋予焊接机器人，而对位姿间所遵循的路径不做规定的控制方法。PTP 控制只要求焊接机器人末端执行器（焊枪）的指令位姿精度，而不保证指令位姿间所遵循的路径精度。如图 2-15 所示，倘若选择 PTP 控制焊接机器人末端执行器（焊枪）从点 A 运动到点 B，那么机器人可沿路径①～③中的任一路径运动。PTP 控制方式简单易实现，适用于仅要求位姿准确度高及重复性的场合，如机器人点焊和弧焊非作业区间等。

（2）连续路径控制（Continuous Path Control） 连续路径控制也称 CP 控制，是编程员将目标指令位姿间所遵循的路径赋予机器人的控制方法。CP 控制不仅要求机器人末端执行器到达目标指令位姿的精度，而且应保证机器人能沿指令路径在一定精度范围内重复运动。如图 2-15 所示，倘若要求焊接机器人末端执行器（焊枪）由点 A 线性运动到点 B，那么机器人仅可沿路径②移动。CP 控制方式适用于要求路径准确度高及重复性的场合，如机器人弧焊作业区间等。

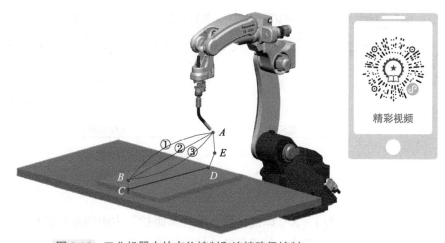

图 2-15 工业机器人的点位控制和连续路径控制

（3）轨迹控制（Trajectory Control）　轨迹控制是包含速度规划的连续路径控制。焊接机器人示教时，指令路径上各示教点的位姿默认保存为笛卡儿空间（直角）坐标形式；待焊接机器人再现时，机器人主控制器（上位机）从存储单元中逐点取出各示教点空间位姿坐标，通过对其路径进行直线或圆弧插补运算，生成相应的规划路径，然后把各插补点的位姿坐标通过运动学逆解转换成关节矢量，再分别发送给机器人各关节控制器（下位机），如图 2-16 所示。目前焊接机器人轨迹插值算法主要采用直线插补和圆弧插补两种。对于非直线、圆弧运动轨迹，可以利用直线或圆弧近似逼近。

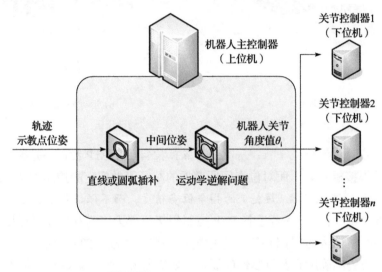

图 2-16　焊接机器人的轨迹插补

为保证焊接机器人运动轨迹的平滑性，关节控制器（下位机）在接收主控制器（上位机）发出的各关节下一步期望达到的位置后，又进行一次均匀细分，将各关节下一细步期望值逐点送给驱动电动机。同时，利用安装在关节驱动电动机轴上的光电编码器实时获取各关节的旋转位置和速度，并与期望位置进行比较反馈，实时修正位置误差，直到精准到位，如图 2-17 所示。

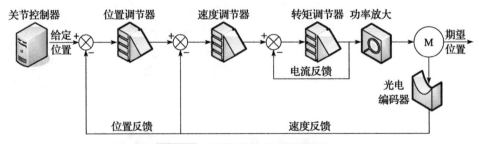

图 2-17　焊接机器人的位置控制

任务实施

图 2-18 所示为 1 + X "焊接机器人编程与维护" 中级职业技能培训工作站。请辨识图中标号的系统模块名称，并将各模块的功能填于表 2-6 中。

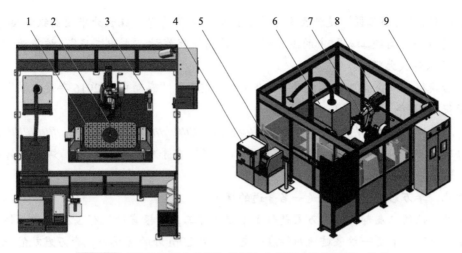

图 2-18　"焊接机器人编程与维护"中级职业技能培训工作站

表 2-6　焊接机器人编程与维护（中级）职业技能培训工作站组成

序号	系统模块名称	系统模块功能
1		
2		
3		
4		
5		
6		
7		
8		
9		

 拓展阅读

大国工匠 | 李万君：平凡的工匠非凡的大师

【工匠档案】李万君，中车长春轨道客车股份有限公司高级技师。"技能报国"是

他终生夙愿，"大国工匠"是他至尊荣光。他从一名普通焊工成长为中国高铁焊接专家，是"中国第一代高铁工人"中的杰出代表，是高铁战线的"杰出工匠"，被誉为"工人院士""高铁焊接大师"。

先后获得"中央企业技术能手""全国技术能手""感动中国 2016 年度人物"等称号，荣获 2018 年"大国工匠年度人物"。

//

每次呼吸、移步和变换身姿都万分小心，焊枪在手中稳稳地移动，焊花不停地闪耀——这是李万君的工作常态。

因此，李万君说，自己只是一名普通的焊工。

不过，他的工友却说，李万君是位了不起的焊工，两根直径仅有 3.2mm 的不锈钢焊条，李万君可以不留一丝痕迹地对焊在一起；听到 20m 外的焊接声，李万君就能准确判断出电流和电压的大小、焊缝的宽窄、是平焊还是立焊、焊接的质量如何。

在中车长春轨道客车股份有限公司（以下简称中车长客）从业 35 年，李万君总结并制定了 20 多种转向架焊接规范及操作方法，完成技术攻关 100 多项，其中 21 项获得国家专利，填补了国内空白。他先后参与了我国几十种城轨车、动车组转向架的首件试制焊工作，见证了中国高铁事业的发展历程。

凭借超一流的构架焊接技艺，李万君被称为"高铁焊接大师"；获得国家对一线技术工人的最高褒奖"中华技能大奖"，被大家赞为"工人院士"。他是当代中国技能型、知识型产业工人的先进典型，是新时期装备制造业技能人才的典范。

1. 坚守："做个像样的技术工人"

1987 年，19 岁的李万君从长春客车厂职业高中毕业，成为中车长客焊接车间水箱工段的一名焊工。

李万君的父亲也是中车长客的老职工，是厂里连续多年的劳动模范。"每当父亲从厂里获得大红花和荣誉证书时，我们全家都特别高兴。每天晚饭时，父亲谈论的都是车间里发生的事情。"成为像父亲一样的劳动模范，是李万君小时候的心愿。但真的走上工作岗位，他才发现水箱焊接工作是何等的艰苦。

李万君说，"一进入车间，焊花四溅、烟雾弥漫，嘈杂的声音刺得耳朵发疼。夏天，焊枪喷射着 2300℃的烈焰，烤得人喘不上气来。冬天，在水池子里作业，脚上穿着水靴，身上挂一层冰。"

一年后，当初和李万君一起入厂的 28 个伙伴，有 25 个离了职。李万君也曾想过调换到其他车间。这时父亲却为他找来了更多供他练习焊接技术的焊条和模具。看到老师傅们兢兢业业的工作状态，李万君立志"要当一名像样的技术工人"。

披挂着厚重的帆布工作服，扣着焊接面罩，李万君和工友们在烟熏火燎中淬炼意志。老师傅们都说这孩子太黏人，问问题问得太细。厂里要求每人每月焊 100 个水箱，他总会多焊 20 个，一年就得磨破四五套工作服。

就是凭着这么一股勤学苦练、锲而不舍的干劲儿，李万君练就了一套过硬的焊接本领。

1997 年，李万君首次代表中车长客参加长春市焊工大赛，虽然是最年轻的选手，但三种焊法、三个焊件、三个第一都被他收入囊中。此后，经常与不同单位焊接高手切磋技艺的李万君焊接技术越来越高，并顺利考取了碳钢、不锈钢焊接等六项国际焊工（技师）资格证书，成为焊接骨干。现在，李万君已成为父亲的骄傲，他所获得的荣誉是父亲最常说起的话题。

2. 执着："做个非凡的大国工匠"

时代在变，李万君也在变。

刚进厂时，李万君想的只是干好手中的活，当上劳动模范。可干着干着，他意识到作为大国工匠的责任不止如此。在李万君工作室，可以看到很多他的焊接作品，还有不同时期用焊枪焊出的字。每每谈到这些作品，李万君脸上都会流露出自豪之情。

"每个焊件都不能有瑕疵，每个焊件都是艺术品。"这是李万君对自己的苛刻要求。

在焊接作业上，李万君严格控制每一道焊缝的质量，不放过任何一个细微环节，努力做到完美。

凭借精湛的焊接技术，李万君用一支焊枪为中国高铁争光。

转向架是轨道客车的走行部分，直接影响车辆的运行速度、稳定和安全。转向架制造技术，被列为高速动车组的九大核心技术之一。2007年，中车长客先后引进法国时速为250km的高速动车组技术等国外技术成果，但一些核心技术仍受制于人。如何形成完全具有自主知识产权的高铁技术，彻底打破外国技术壁垒，是摆在面前的一个重要难题。

李万君不等不靠，积极参与填补国内空白的几十种高速车、铁路客车、城轨车转向架焊接规范及操作方法的探索制定，先后进行技术攻关100多项，达到了中国轨道车辆转向架构架焊接的世界最高水平。

在试制生产法国时速为250km的动车组时，承载重达50t车体重量的接触环口焊接成形要求极高，成为决定动车组列车能否实现速度等级提升的核心部件，也成为制约转向架生产的瓶颈。李万君在模型上反复演练、潜心研究，摸索出的"环口焊接七步操作法"，成形好、质量高，成功突破了批量生产的难题。在李万君看来，无论外国怎么进行技术封锁，都要想尽一切办法去创新和突破，这是中国高铁产业工人义不容辞的责任和担当。

在这样一个平凡的岗位上，李万君做着不平凡的事，并在中国制造向中国创造转变的进程中做着自己的贡献。

我国的高速动车组之所以跑出目前如此高的速度，其主要原因之一就是转向架技术取得了重大突破。2008年，中车长客从德国西门子引进了时速达350km的高速动车组技术，但由于外方也没有如此高速的运营先例，转向架制造成了双方共同攻关的课题。李万君作为中方课题攻关的首席技师，带领中方团队打响了"技术突围"的攻坚战，在一次又一次地试验、一遍又一遍地总结经验的基础上，取得了一组重要的核心试制数据。专家组以这些数据为重要参考，编制了《超高速转向架焊接规范》，在指导批量生产中解决了大量难题。

3. 奉献："技能，传承下去才有价值"

成名后的李万君成了许多国外企业争抢的对象。2005年，一家新加坡企业高薪邀请李万君到新加坡工作，但被他拒绝了。"没有中车长客，没赶上高铁时代，就成就不了现在的我。人不能忘本，咱得回报企业，报效国家，让老百姓坐上世界最好的高铁。"

"自己进步的同时，我更希望为高速动车组培养更多的新生力量。"李万君常说，打造中国高铁走向世界的名片，需要千百万个优秀技能人才。于是，作为国家级技能大师工作室的主持人，李万君积极开展技艺传承，培养带出了一批技能精湛、职业操守优良的技能人才。在不到两年的时间里，他一边工作，一边编写教材，承担培训任务，创造了400余名员工提前半年全部考取国际焊工资质证书的佳绩。

2011年，他主持的公司焊工首席操作师工作室，被中华人民共和国人力资源和社会保障部授予"李万君大师工作室"的称号，先后为公司培训焊工1万多人次，满足了高速动车组、城轨车、出口车等20多种车型的生产需要，大大提升了一线员工的技术水平，拓展了他们的职业成才之路，为企业发展提供了技能人才保证，也为打造一批"大国工匠"储备了坚实的新生力量。

"在我们眼中，师傅是一个传奇人物。无论多难的焊接作业，在师傅手中都能完美地完成。"董泽民是李万君的徒弟，2009年入厂，刚开始他对焊接作业不是很有把握，是李万君手把手，一点点领着他操作，让他学到了很多实践应用技巧。

用李万君的话说："技能，传承下去才有价值。"多年来他不仅承担为本单位培养后备技术工人的任务，还利用国家级技能大师工作室这一平台为外单位的技术工人无私传授技艺，三次被长春市总工会聘为"高技能人才传艺项目技能指导师"。

▶ 任务 2.2 焊接机器人安全认知

▌任务提出

焊接机器人是一套集光、机、电于一体的柔性数字化装备，其应用编程、调试和维护过程中的作业安全至关重要。从工艺角度而言，伴随焊接过程产生的烟尘、弧光、噪声、废气、残渣、飞溅和电磁辐射等可能危害人体健康；从设备角度来讲，焊接机器人末端最高速度可达 $2 \sim 4m/s$，尤其焊枪前端为裸露的钢质焊丝，稍有不慎将发生碰撞和划伤等人机损伤行为。因此，规范管理和维护焊接机器人的安全标识，是安全、高效使用机器人焊接的首要前提。

本任务通过安装（贴）焊接机器人工作站的安全标志，使学员熟知常见的机器人安全标志、防护装置和操作规程。

▌知识准备

2.2.1 安全防护装置

现有市场上应用的焊接机器人绝大部分属于传统工业机器人，需要在焊接机器人工作区域内使用固定式防护装置（可拆卸的护栏、屏障、保护罩等）或活动式防护装置（手动操作或电动的各种门和保护罩等）规划出安全作业空间，如图 2-19 所示。

a）安全防护房 + 安全门锁 + 遮光屏

b）安全防护房 + 安全地毯 + 遮光屏

c）安全防护房 + 安全光幕 + 遮光屏

d）安全防护房 + 激光区域保护扫描器 + 遮光屏

图 2-19　机器人工作站安全防护装置

- 为确保机器人作业过程安全，主流机器人控制器基本都采用双保险安全回路。
- Panasonic 机器人控制器内的安全控制板上提供有备用紧急停止（SPENG）、外部紧急停止（EXTEMG）、安全护栏（DS）、安全支架（SH）等安全输入端子。

2.2.2　常见安全标志

为预防焊接机器人系统安调、编程和维护过程中的安全事故，通常在机器人系统各模块的醒目位置安装（贴）相应的安全标志。表 2-7 是焊接机器人系统配置的禁止标志、警告标志、指令标志和提示标志等安全标志。

表 2-7 常见的焊接机器人系统安全标志

编号	图形标志	图标名称	编号	图形标志	图标名称
1		禁止吸烟 No smoking	8		当心弧光 Warning arc
2		禁止倚靠 No leaning	9		当心高温表面 Warning hot surface
3		注意安全 Warning danger	10		必须配戴遮光护目镜 Must wear opaque eye protection
4		当心爆炸 Warning explosion	11		必须戴防尘口罩 Must wear dustproof mask
5		当心中毒 Warning poisoning	12		必须戴安全帽 Must wear safety helmet
6		当心触电 Warning electric shock	13		必须穿防护鞋 Must wear protective shoes
7		当心机械伤人 Warning mechanical injury	14		急救点 First aid

2.2.3 安全操作规程

工业机器人及其系统和生产线的相关潜在危险（如机械危险、电气危险和噪声危害等）已得到广泛承认。鉴于工业机器人在应用中的危险具有可变性质，GB 11291.1—2011《工业环境用机器人 安全要求 第1部分：机器人》提供了在设计和制造工业机器人时的安全保证建议；GB 11291.2—2013《机器人与机器装备 工业机器人的安全要求 第2部分：机器人系统与集成》提供了从事工业机器人系统集成、安装、功能测试、编程、操作、保养和维修人员的安全防护准则。机器人使用人员应接受所从事工作的相关专业培训，下面仅列出手动模式和自动模式下的一般注意事项。

1. 手动模式

手动模式分为手动降速模式（T1模式或示教模式）和手动高速模式（T2模式或高速程序验证模式）。在手动降速操作模式下，机器人工具中心点（TCP）的运行速度限制在250mm/s以内，确保使用者有足够的时间从危险运动中脱身或停止机器人运动。手动降速模式适用于机器人的慢速运行、任务编程以及程序验证，也可被选择用于机器人的某些维护任务；在手动高速模式下，机器人能以指定的最大速度（高于 250mm/s）运行。

无论是手动降速模式，还是手动高速模式，机器人的使用安全要求如下：

1）严禁携带水杯和饮品进入操作区域。

2）严禁用力摇晃和扳动机械臂，禁止在机械臂上悬挂重物，禁止倚靠机器人控制器或其他控制柜。

3）在使用示教盒和操作面板时，为防止发生误操作，禁止戴手套进行操作，应穿戴适合于作业内容的工作服、安全鞋和安全帽等。

4）非工作需要，不宜擅自进入机器人操作区域，如果编程人员和维护技术人员需要进入操作区域，应随身携带示教盒，防止他人误操作。

5）在编程与操作前，应仔细排查系统安全保护装置和互锁功能异常，并确认示教盒能正常操作。

6）点动机器人时，应事先考虑机器人操作机的运动趋势，宜选用降速模式。

7）在点动机器人过程中，应排查规避危险或逃生的退路，以避免由于机器人和外围设备而堵塞路线。

8）时刻注意周围是否存在危险，以便在需要的时候可以随时按下紧急停止按钮。

2. 自动模式

机器人控制系统按照任务程序运行的一种操作方式，也称 Auto 模式或生产模式。当查看或测试机器人系统对任务程序的反应时，机器人使用的安全要求如下：

1）执行任务程序前，应确认安全栅栏或安全防护区域内没有非授权人员停留。

2）检查安全保护装置安装到位且处于运行中，如有任何危险或故障发生，在执行程序前，应排除故障或危险并完成再次测试。

3）操作人员仅执行本人编辑或了解的任务程序，否则应在手动模式下进行程序验证。

4）在执行任务过程中，机器人操作机在短时间内未做任何动作，切勿盲目认为程序执行完毕，此时机器人极有可能在等待让它继续动作的外部输入信号。

2.2.4 焊接劳保用品

焊接现场环境较为恶劣，焊接烟尘、弧光、飞溅、电磁辐射等可能会危害人体健康，因此在焊接作业开始前须穿戴好劳保用品（图 2-20），具体要求如下：

1）正确佩戴安全帽。进入工位区域前，必须戴好安全帽。

2）穿好焊接防护服。焊接防护服具备阻燃功能，可以保护操作人员不被烫伤和烧伤。

3）穿好绝缘鞋。通常焊接电源的输入电压一般为 220 ～ 380V，绝缘鞋是防止触电事故的重要保证。

4）准备好焊工手套、护目镜或面罩。装卸及预装配焊接试件时，须穿戴绝缘手套，避免被试件边角划伤。焊前须戴上护目镜或头盔式面罩。特别强调的是，手持示教盒进行机器人焊接任务编程时，为提高按键操作的感知效果，须摘下焊工手套。

图 2-20　焊接劳保用品穿戴示意

>　**任务实施**

本项任务是在焊接机器人操作机、焊接电源、遮光屏和储气瓶保护柜等合适位置安装（贴）禁止倚靠标志、当心触电标志、当心弧光标志和当心爆炸标志，从光、机、电、气四个维度醒目示出焊接机器人工作站的安全警示信息。具体步骤如下：

1）安装（贴）禁止倚靠标志。选取"禁止倚靠"图标，将其安装（贴）在焊接机器人操作机的大臂位置，如图 2-21 所示。

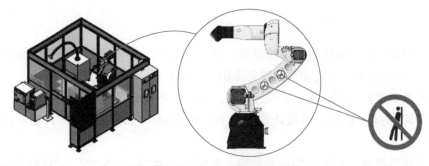

图 2-21　安装（贴）禁止倚靠标志

2）安装（贴）当心触电标志。选取"当心触电"图标，将其安装（贴）在焊接电源位置，如图 2-22 所示。

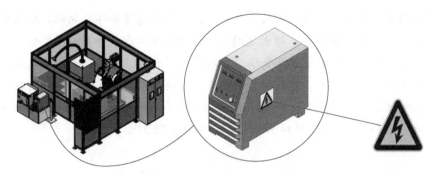

图 2-22　安装（贴）当心触电标志

3）安装（贴）当心弧光标志。选取"当心弧光"图标，将其安装（贴）在自动升降遮光屏的醒目位置，如图 2-23 所示。

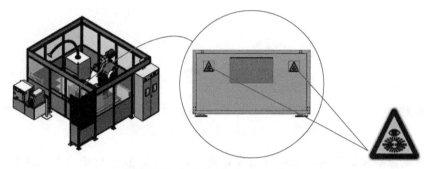

图 2-23　安装（贴）当心弧光标志

4）安装（贴）当心爆炸标志。选取"当心爆炸"图标，将其安装（贴）在储气瓶保护柜的醒目位置，如图 2-24 所示。

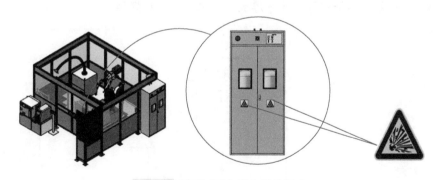

图 2-24　安装（贴）当心爆炸标志

 拓展阅读

Panasonic（松下）焊接机器人

松下公司焊接机器人的操作机、控制器、焊接电源、工艺辅助设备（如焊接变位机）以及软件系统，均为自主产品，其"里程碑"式产品为世界独有的电源融合型和智能融

合型焊接机器人。在标准焊接机器人系统中，机器人控制器和焊接电源是焊接机器人系统组成中不同类别的两种设备。两者之间可通过模拟接口或数字接口（现场总线和工业以太网）互联通信，但数据交换量受限，无法将机器人的"潜能"或优势发挥出来。为满足用户对低成本、高效率、易维护、高品质的焊接需求，松下公司率先打破机器人控制器与焊接电源之间的"界限"，研制出电源融合型和智能融合型焊接机器人控制器（内置焊接电源，如FG Ⅲ、WG Ⅲ和WGH Ⅲ），如图2-25所示。

a) G Ⅲ通用型　　b) FG Ⅲ电源融合型　　c) WG Ⅲ智能融合型　　d) WGH Ⅲ智能融合型

图2-25　Panasonic 焊接机器人控制器

FG Ⅲ电源融合型焊接机器人控制器的硬件架构如图2-26所示，在机器人控制器的下部内置焊接电源模块，上部安装波形控制的"大脑"——焊接控制板。FG Ⅲ电源融合型控制器采用250倍速总线内存通信单元和全软件高速波形控制技术，可实现10ms级的电流波形控制，并集多种焊接工艺（如MTS-CO_2、SP-MAG、HD-PULSE等）于一身，能够实现碳钢、不锈钢薄板及中厚板的低飞溅高品质焊接。

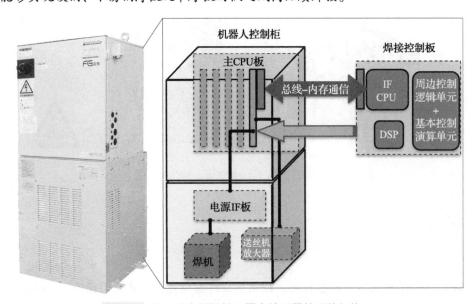

图2-26　电源融合型焊接机器人控制器的硬件架构

通过选择机器人操作机＋控制器＋焊接电源的不同组合形式（表 2-8），将先进的焊接技术、经验与机器人融合，Panasonic 焊接机器人可以胜任从薄板到厚板全领域的焊接。

表 2-8 Panasonic 焊接机器人的组合形式

控制器型号	G Ⅲ通用型	FG Ⅲ电源融合型	WG Ⅲ智能融合型	WGH Ⅲ智能融合型
适用的机器人操作机	全系列	TM 系列	TM、TL、TS 系列	TM、TL 系列
机器人名称	通用机器人	FG 机器人	TAWERS 机器人	TAWERS 机器人
机器人用途	弧焊 / 搬运	弧焊专用	弧焊专用	弧焊专用
焊接导航功能	搭配 350GS 焊接电源可配置	有	有	无
适用的焊接方法	可适配多种焊接电源，适用于： ● CO_2/MAG/MIG ● 脉冲 MAG/ 脉冲 MIG ● TIG ● PLASMA CUT	内置焊接电源，适用于 CO_2/MAG/MIG	内置焊接电源，适用于： ● CO_2/MAG/MIG ● 脉冲 MAG/ 脉冲 MIG ● TIG	内置焊接电源，适用于： ● CO_2/MAG/MIG ● 脉冲 MAG/ 脉冲 MIG
可焊接材料	碳钢、不锈钢、有色金属	碳钢、不锈钢、铝	碳钢、不锈钢、有色金属	碳钢、不锈钢、铝

▌ 知识测评

一、填空题

1. 按照所采用的焊接工艺方法的不同，可将焊接机器人分为 _____、_____ 和 _____。

2. 现在广泛应用的焊接机器人绝大多数属于第一代工业机器人，它的基本工作原理是 _____。操作者手把手教机器人做某些动作，机器人的控制系统以 _____ 的形式将其记忆下来的过程称之为 _____；机器人按照示教时记录下来的程序展现这些动作的过程称之为 _____。

3. 工业机器人的位置控制主要是实现 _____ 和 _____ 两种。当机器人进行 _____ 位置控制时，末端执行器既要保证运动的起点和目标点位姿，而且必须保证机器人能沿所期望的轨迹在一定精度范围内跟踪运动。

4. 图 2-27 所示为 _____ 机器人。图中 1 是 _____；2 是 _____；3 是 _____；4 是 _____；5 是 _____；6 是 _____；7 是 _____；8 是 _____。

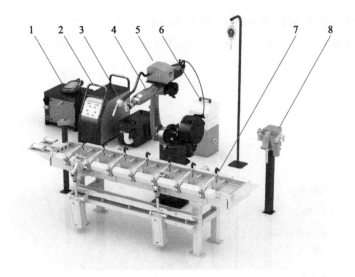

图 2-27 题 4 图

二、选择题

1. 焊接机器人系统组成主要包括（　　　）。
   ①焊接机器人；②焊接系统；③周边（工艺）辅助设备；④传感系统
   A.①②③　　　　　　B.②③④　　　　　　C.①②③④　　　　　　D.①②④

2. 焊接机器人按坐标型式分为（　　　）。
   ①直角坐标型；②圆柱坐标型；③球坐标型；④关节型
   A.①②③④　　　　　B.①②③　　　　　　C.②③④　　　　　　D.①②④

3. 目前松下公司焊接机器人控制器的型号有（　　　）。
   ① G Ⅱ；② G Ⅲ；③ WG Ⅲ；④ WGH Ⅲ
   A.①②　　　　　　　B.①②③　　　　　　C.②③④　　　　　　D.①②③④

三、判断题

1. 焊接烟尘治理有两种有效途径，一是采用单机移动式烟尘净化器，二是采用中央／集成式烟尘净化系统。（　　　）

2. 接触传感器通过焊丝与工件的碰触，实现对焊缝位置的实时自动跟踪。（　　　）

3. 运动学正解是已知一机械杆系两个部件坐标系间的关系，求该杆系关节各坐标值的数学关系。（　　　）

4. 焊接机器人可以通过外部传感器的实时反馈，实现对焊接起始位置的自动寻位和焊接过程的自动跟踪。（　　　）

5. 目前焊接机器人轨迹插值算法主要采用直线插补方式。（　　　）

6. 熔焊机器人焊枪具有导送焊丝、馈送电流、给送保护气体等功能。（　　　）

项目 3　初识焊接机器人的任务编程

正如项目 2 中所述，因机器人智能化编程技术尚未成熟，目前市场上使用的焊接机器人基本采用示教 – 再现工作原理。它的示教主要有两种方式：一是示教编程，由编程员导调机器人运动，并记忆机器人完成任务所需的示教点，以及插入相关编程指令来实现任务程序的创建；二是离线编程，编程员不对实际工作的机器人直接进行示教，而是在专业机器人离线系统中进行编程或在模拟环境中进行仿真，然后生成任务程序，下载至机器人控制器。

本项目参照 1+X "焊接机器人编程与维护"职业技能等级要求，重点围绕任务编程这一工作领域，以 Panasonic G Ⅲ 焊接机器人为例，通过尝试机器人堆焊简单任务的示教编程，掌握焊接机器人的编程内容、示教流程和轨迹示教，并完成机器人任务程序的创建。根据焊接机器人编程员的岗位工作内容，本项目一共设置两项任务：一是机器人焊接任务程序创建；二是机器人平板堆焊任务编程。

学习目标

知识目标

1）能够识别示教盒按键及功能。

2）能够归纳焊接机器人示教的主要内容和基本流程。

3）能够规划焊接机器人的运动轨迹。

技能目标

1）能够正确接通与关闭焊接机器人系统电源。

2）能够新建和加载焊接机器人任务程序。

3）能够完成机器人平板堆焊的示教编程。

素养目标

1）从工程角度出发，强化学生规范操作意识，培养其发现问题、分析问题和正确解决问题的能力。

2）通过学习，养成严谨认真、规范操作、心无旁骛的职业素养，培养活学活用的能力和团队合作精神，激发专业学习兴趣。

学习导图

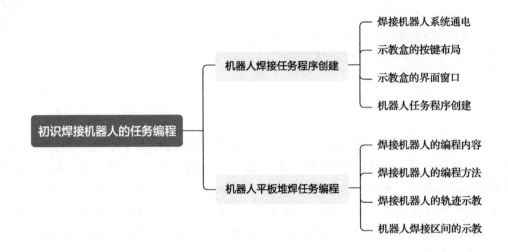

▶ 任务 3.1 机器人焊接任务程序创建

任务提出

焊接机器人系统程序可以分为控制程序和任务程序。控制程序是定义焊接机器人或焊接机器人系统的能力、动作和响应度的固有的控制指令集，通常是在安装前生成的，并且以后仅由制造商修改；任务程序是定义焊接机器人系统完成特定任务所编制的运动和辅助功能的指令集，一般是在安装后生成的，并可在规定的条件下由通过培训的人员（如编程员）修改。

本任务要求使用示教盒新建一个"Test"程序，完成 Panasonic 机器人焊接任务程序创建，为后续任务示教与程序编辑做好铺垫。

知识准备

3.1.1 焊接机器人系统通电

合理的系统通电顺序是保证焊接机器人系统正常安全运行的基本前提，也是避免安全事故和设备损坏发生的基础保障。图 3-1 所示为焊接机器人系统通电操作流程。

除电源融合型焊接机器人外，从电网市电（一次电源）到机器人控制器额定输入电压（二次电源），成熟品牌的焊接机器人制造商通常会增加一个变压器模块。对 Panasonic 焊接机器人而言，可以参照如下步骤启动进入系统：

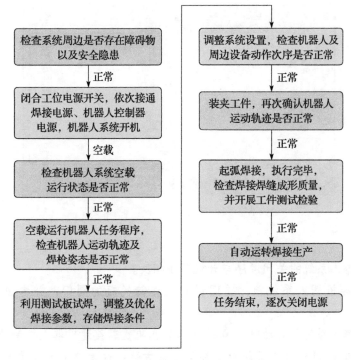

图 3-1 焊接机器人系统通电操作流程

1）闭合一次电源设备开关，如工位电源开关。

2）闭合二次电源设备开关，如变压器。电源融合型焊接机器人无须操作此步骤。

3）接通焊接电源及附属设备电源。电源融合型焊接机器人无须操作此步骤。

4）接通机器人控制器电源。此时系统开始将进程数据发送至人机交互终端（如示教盒），系统加载完毕即可进入操作状态。

5）登录系统。根据用户角色，输入用户 ID 和密码（自动登录除外），如图 3-2 所示。

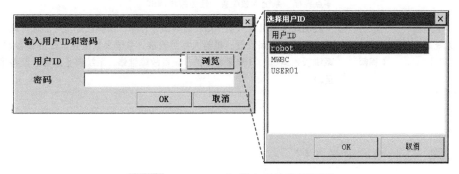

图 3-2 Panasonic 机器人系统登录界面

6）显示初始界面。正确输入用户登录信息后，弹出系统初始界面，如图 3-3 所示。

图 3-3 Panasonic 机器人系统初始界面

- 焊接机器人系统的关闭顺序与开机顺序相反。
- 关闭焊接机器人系统前，关闭保护气体储气瓶的阀门，并释放减压阀压力至零。
- 焊接机器人系统热启动时，请等待 3s 以上再重新接通机器人控制器电源。
- Panasonic G Ⅲ 机器人系统自动登录设置方法：依次单击主菜单 【设置】→ 【管理工具】，在弹出界面依次选择"用户管理"→"自动登录"，变更自动登录为"有效"。
- 为合理分配机器人使用权限，可以根据实际需求设置不同的用户级别，见表 3-1。

表 3-1 机器人用户管理

用户级别	职业岗位	机器人操作权限
操作工	操作员	启动或关闭机器人工作站、启动任务程序、选择运行方式
程序员	编程员	启动任务程序、选择任务程序、选择运行方式、工具坐标系设置、机器人零点校准、系统参数配置、任务编程调试
系统管理员	维护工程师	启动或关闭机器人工作站、启动任务程序、选择任务程序、选择运行方式、工具坐标系设置、机器人零点校准、系统参数配置、任务编程调试、系统投入运行、日常保养维护、设备故障维修、系统停止运转、设备吊装运输

3.1.2 示教盒的按键布局

示教盒作为调试、编程、监控和仿真等多功能智能交互终端，主要由（物理）按键、显示屏以及外设接口组成。Panasonic G Ⅲ 机器人示教盒按键布局如图 3-4 所示。各按键名称及功能描述详见表 3-2。

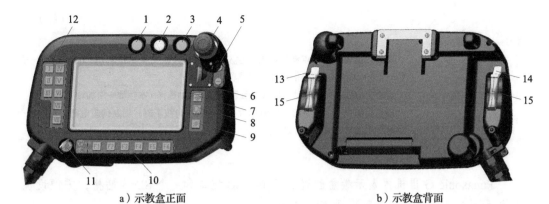

a）示教盒正面　　　　　　　　　　　b）示教盒背面

图 3-4　Panasonic G Ⅲ 机器人示教盒按键布局

1—启动按钮　2—暂停按钮　3—伺服接通按钮　4—紧急停止按钮　5—+/− 键　6—拨动按钮
7—确认键　8—窗口键　9—取消键　10—用户功能键　11—模式旋钮　12—动作功能键
13—右切换键　14—左切换键　15—安全开关（三段位）

表 3-2　Panasonic G Ⅲ 机器人示教盒按键名称及功能

序号	按键名称	按键功能	
1	启动按钮	在自动模式下，用于启动或重启机器人任务操作	
2	暂停按钮	在运动轴伺服接通状态下，暂停机器人任务操作	
3	伺服接通按钮	接通机器人系统运动轴的伺服电源	
4	紧急停止按钮	切断系统运动轴的伺服电源，立刻停止机器人系统操作。一旦按下该按钮，紧急停止状态保持，直至沿顺时针方向旋转该按钮方可解除急停状态	
5	+/− 键	可替代【拨动按钮】连续点动机器人系统运动轴	
6	拨动按钮	（向上 / 下微动）	增量点动机器人系统运动轴，向上沿（或绕）坐标轴正方向移动（或转动），向下沿（或绕）坐标轴负方向移动（或转动）；移动显示屏上的光标，变更数据或选择一个选项
		（侧击）	保存选项
		（拖动）	连续点动机器人系统运动轴，方向与"向上 / 下微动"相同，速度取决于【拨动按钮】的上 / 下转动量
7	确认键	保存或指定一个选择，示教时用于记忆示教点	
8	窗口键	在多个窗口间进行切换选择，并可在激活窗口的菜单栏与程序编辑区间进行切换	
9	取消键	取消当前操作，返回上一界面	
10	用户功能键	完成【用户功能键】上方图标所指定的功能，可定制每个按键的功能	
11	模式旋钮	手动模式和自动模式切换	
12	动作功能键	选择或执行【动作功能键】右侧图标所显示的功能或动作	

（续）

序号	按键名称	按键功能
13	右切换键	变更数值输入列，点动机器人时触发坐标系选择，关节→机座（直角）→工具→圆柱→工件（用户），切换信息提示窗选项
14	左切换键	变更数值输入列，点动机器人时触发系统附加轴选择（本体轴→附加轴）
15	安全开关	当左右两个【安全开关】同时释放或同时被用力按下时，切断伺服电源；轻按一个或两个【安全开关】，接通伺服电源

Panasonic G Ⅲ机器人示教盒配置有两个 USB 接口和一个 SD 卡插槽，方便设备连接和系统文件备份（还原），如图 3-5 所示。

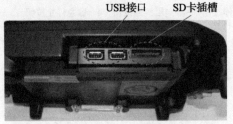

图 3-5 Panasonic G Ⅲ示教盒扩展接口

3.1.3 示教盒的界面窗口

1. 界面显示

除物理按键操作外，示教盒的大部分功能是通过图标（软按键）和（弹出）界面来实现。Panasonic G Ⅲ机器人示教盒的显示屏可以分为七个显示区：菜单栏、信息提示窗、程序编辑区、用户功能图标区、动作功能图标区、标题栏和状态栏，如图 3-6 所示。表 3-3 是 Panasonic G Ⅲ机器人示教盒主菜单（图标）及其功能。

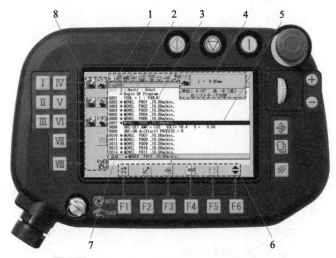

图 3-6 Panasonic G Ⅲ机器人示教盒屏幕画面

1—菜单栏（主菜单五个和辅助菜单六个） 2—标题栏 3—程序编辑区 4—信息提示窗 5—光标
6—用户功能图标区 7—状态栏 8—动作功能图标区

表 3-3　Panasonic G Ⅲ 机器人示教盒主菜单（图标）及其功能

图标	菜单名称	菜单功能
R	文件	可完成程序文件的新建、保存、打开和删除等操作
	编辑	可对程序指令进行剪切、复制、粘贴、查找和替换等操作
	视图	可显示机器人状态信息，如位置坐标、输入/输出、焊接参数等
OUT	指令	可在程序中插入焊接指令、信号处理指令、流程控制指令等
	设置	可配置机器人、控制器、示教盒、焊接电源等设备参数

2. 光标移动

　　为完成机器人功能调试、任务编程和状态监控等，使用者需要频繁在菜单栏、程序编辑区、信息提示窗等区域移动光标。针对上述三个典型区域，Panasonic G Ⅲ 机器人示教盒光标的显示设计采用不同的方法：菜单栏的光标显示为红色方框；程序编辑区以及弹出界面选项的光标显示为突出文本，如蓝色或青色背景；信息提示窗的光标显示为括号。除信息提示窗和参数变更界面光标的移动使用【右切换键】外，其他区域光标的移动主要使用【拨动按钮】。例如，变更焊接条件导航界面中的"焊缝形式"选项，上/下滚动【拨动按钮】将光标移至此处，然后侧击【拨动按钮】即可显示下拉列表，如图 3-7 所示。

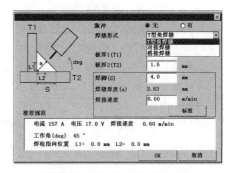

图 3-7　弹出界面的光标移动

3. 菜单选择

　　Panasonic G Ⅲ 机器人示教盒主菜单及子菜单选项的选择可以通过【拨动按钮】实现，具体过程如图 3-8 所示。

　　将光标移至菜单图标停留，可显示菜单图标功能。

4. 数值输入

　　在数值输入界面中，移动光标至变更数值选项，侧击【拨动按钮】弹出参数输入界面，如图 3-9 所示。此时，使用【左/右切换键】变更数值输入列，然后上/下滚动【拨动按钮】修改数值，再按 ⬧【确认键】退出界面并保存所修改的数值，或按 ⬧【取消键】放弃修改数值并退出界面。

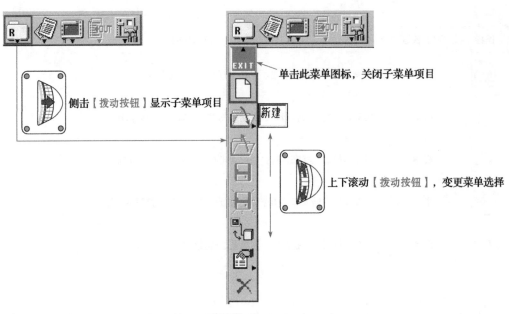

图 3-8 选择菜单

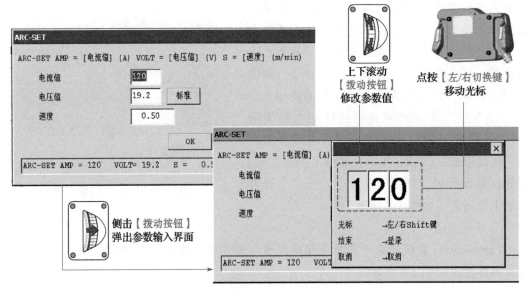

图 3-9 数值输入

5. 字符串输入

在字符串输入界面中，移动光标至变更字符串选项，侧击【拨动按钮】弹出字符串输入界面，如图 3-10 所示。此时，动作功能图标区显示字符串输入选项，包括大写字母、小写字母、阿拉伯数字和常见符号。点按【动作功能键】切换软键盘，上/下滚动【拨动按钮】选择输入项并侧击，然后按⊙【确认键】退出界面并保存修改，或按⊘【取消键】放弃修改并退出界面。

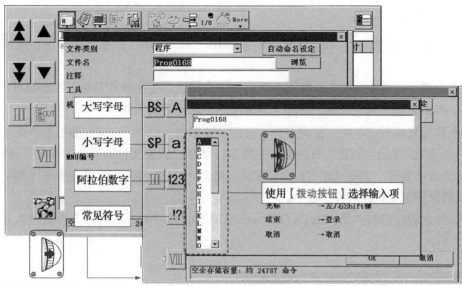

侧击【拨动按钮】显示字符串输入界面

图 3-10   字符串输入

3.1.4 机器人任务程序创建

同 Windows 系统文件操作类似，常见的焊接机器人系统文件操作有新建、保存、关闭和打开等。Panasonic G Ⅲ机器人系统文件操作步骤见表 3-4。

表 3-4   Panasonic G Ⅲ机器人系统文件操作步骤

类别	操作步骤
新建程序	1）将示教盒【模式旋钮】对准 "TEACH"，选择手动模式 2）移动光标至菜单图标 R 【文件】，侧击【拨动按钮】，在弹出的子菜单中单击 □【新建】，弹出 "新建" 对话框 3）待各选项参数设置完成后，单击【OK】按钮或直接点按 ⇨【确认键】，程序文件被记忆到机器人控制器中
保存程序	1）按 □【窗口键】移动光标至菜单栏，并单击 R 【文件】 2）侧击【拨动按钮】，在弹出的子菜单中单击 □【保存】，弹出 "程序保存" 确认对话框 3）单击【YES】按钮或直接点按 ⇨【确认键】保存程序
关闭程序	1）按 □【窗口键】移动光标至菜单栏，并单击 R 【文件】 2）侧击【拨动按钮】，在弹出的子菜单中单击 ▲【关闭】，关闭程序
打开程序	1）按 □【窗口键】移动光标至菜单栏，并单击 R 【文件】 2）侧击【拨动按钮】，在弹出的子菜单中单击 ▲【打开】，在弹出的子菜单中单击 ▣【程序文件】或 ▱【近期文件】，弹出 "打开文件" 对话框 3）使用【拨动按钮】选择程序文件，然后单击【OK】按钮或直接点按 ⇨【确认键】，弹出程序编辑界面

任务实施

本项任务是使用 Panasonic G Ⅲ示教盒新建一个"Test"任务程序文件。具体步骤如下：

1）参照上文焊接机器人系统通电规范，依次接通焊接电源和机器人控制器电源。

2）将示教盒【模式旋钮】对准"TEACH"，选择手动模式。

3）移动光标至菜单栏，使用【拨动按钮】并单击 ⓡ【文件】，在弹出的子菜单中单击 ▯【新建】，弹出"新建"对话框，如图 3-11 所示。设置文件类别为"程序"，输入程序文件名为"Test"，其他选项可以保持默认，单击【OK】按钮或直接点按 ⓐ【确认键】，程序文件被记忆至机器人控制器中。

4）弹出程序编辑界面，Begin Of Program 和 End Of Program 程序架构自动生成，如图 3-12 所示。

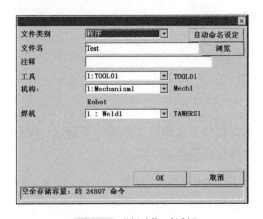

图 3-11 "新建"对话框

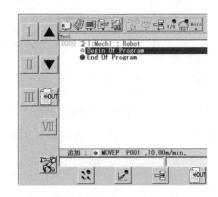

图 3-12 程序编辑界面

**拓展阅读**

Panasonic 焊接机器人的用户功能键

为提高机器人任务示教的效率，Panasonic 机器人在示教盒显示屏的底部设计有用户功能键图标区，对应六个物理按键【用户功能键 F1～F6】。在机器人示教编程过程中，【用户功能键】的功能组合随着操作状态的变化而变化，见表 3-5。

表 3-5 用户功能键默认设置

操作状态	F1	F2	F3	F4	F5	F6
未打开程序 （机器人动作 OFF）	F1	送丝·吹气 OFF	F3	点动坐标系	F5	F6
	F1	F2	F3	F4	F5	F6

（续）

操作状态	F1	F2	F3	F4	F5	F6
编辑模式 （机器人动作 OFF）	窗口切换	送丝·吹气 OFF	插入状态	指令插入	F5	翻页
	窗口切换	剪切	复制	粘贴	F5	翻页
动作模式 （机器人动作 ON）	程序验证 OFF	送丝·吹气 OFF	插入状态	指令插入	F5	翻页
	程序验证 OFF	焊接 / 空走	关节动作	点动坐标系	F5	翻页
程序验证	程序验证 ON	送丝·吹气 OFF	插入状态	指令插入	F5	翻页
	程序验证 ON	焊接 / 空走	关节动作	点动坐标系	F5	翻页
自动运转	F1	F2	F3	电弧锁定 OFF	F5	F6
	F1	F2	F3	F4	F5	F6

▶ 任务 3.2　机器人平板堆焊任务编程

任务提出

在焊接机器人实际使用过程中，经常会遇到机器人堆焊需求：一是在测试钢板表面堆焊，试验焊接参数的合理性；二是在焊接部件或产品表面堆焊图案或字符，如公司品牌标识；三是在部件或产品表面堆焊异种合金，以提升耐磨、耐热和耐蚀等性能。

本任务要求使用富氩气体（如 Ar80%+$CO_2$20%，数值为体积分数，下同）、直径为1.0mm 的 ER50-6 实心焊丝，尝试在碳钢表面平敷堆焊一道焊缝（焊缝宽度为 8mm），完成 Panasonic 焊接机器人的简单示教编程，深化对机器人"示教 – 再现"原理的理解。

知识准备

3.2.1 焊接机器人的编程内容

采用"数字焊工"进行自动化焊接作业，需预先赋予机器人"仿人"信息，即焊接机器人任务编程（示教）的主要内容，包括运动轨迹、焊接条件和动作次序，如图 3-13 所示。

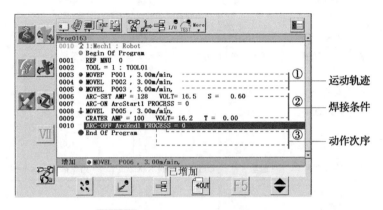

图 3-13 焊接机器人的任务程序界面

1. 运动轨迹

运动轨迹是为完成焊接作业，机器人工具中心点（TCP）所掠过的路径。从控制方式看，焊接机器人具有点到点（PTP）运动和连续路径（CP）运动两种形式，分别适用于非焊接区间和焊接区间；按运动路径区分，焊接机器人具有直线、圆弧、直线摆动和圆弧摆动等动作类型，其他复杂运动轨迹可由其组合而成。针对规则焊缝，原则上仅需示教几个关键位置的点位信息。例如，直线焊缝轨迹一般示教两个位置点（直线轨迹起始点和结束点），弧形焊缝轨迹通常示教三个位置点（圆弧轨迹起始点、中间点和结束点）。各端点之间的 CP 运动则由机器人控制系统的路径规划模块通过插补运算生成。

2. 焊接条件

机器人焊接作业涉及气、电、液等多元介质，工艺参数较多，关键参数包括焊接电流（或送丝速度）、电弧电压、焊接速度、收弧电流、弧坑处理时间等。焊接条件的设置主要有如下三种方法：一是通过焊接指令调用数据库表格或文件；二是直接在焊接指令中输入焊接条件；三是手动设置，如弧焊作业时焊丝干伸长度和保护气体流量大小。

3. 动作次序

焊接作业动作次序的规划涉及单一工件焊接顺序和多品种（或多批次）工件焊接顺序，机器人引弧和收弧次序，以及机器人与周边（工艺）辅助设备协调或协同运动次序等。在一些简单的焊接任务场合，机器人动作次序与运动轨迹规划合二为一。机器人与周边（工艺）辅助设备的动作协调或协同，应以保证焊接质量、减少停机时间、确保生产安全为基本准则，可以通过调用信号处理和流程控制等次序（逻辑）指令实现。

3.2.2 焊接机器人的编程方法

焊接机器人的应用在帮助企业应对人工成本上涨、劳动力供给不足等方面提供强力支撑，现已赢得企业的广泛关注。然而，面对当下大规模、多品种、小批量柔性制造诉求，繁杂的焊接机器人任务编程对于多数企业员工而言，显得技术门槛过高，严重制约焊接机器人投产效率和作业任务更迭。目前常用的焊接机器人任务编程方法有两种，示教编程和离线编程，如图 3-14 所示。

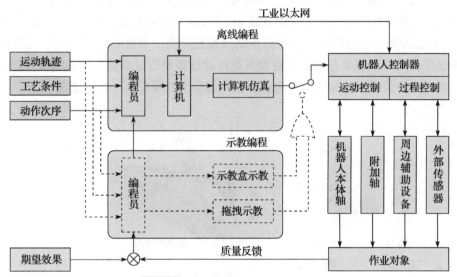

图 3-14 焊接机器人任务编程方法

1. 示教编程

编程员直接手动拖拽机器人末端执行器，或通过示教盒点动机器人逐步通过指定位置，并用机器人文本或图形语言（如 FANUC 机器人的 KAREL 语言、ABB 机器人的 RAPID 语言等）记录上述目标位置、焊接条件和动作次序，如图 3-15 所示。因编制的程序指令语句具有直观方便，不需要建立系统三维模型，对实体机器人进行示教可以修正机械结构误差等优点，示教编程受到机器人使用者的青睐。编程员经过专业的培训后，易于掌握此方法。但是，采用示教编程通常是在机器人现场进行的，存在编程过程烦琐、效率低、易发生事故，且轨迹精度完全依靠编程员的目测决定等弊端。

a）示教盒编程

b）拖拽编程

图 3-15 焊接机器人的示教编程

2. 离线编程

在与机器人分离的专业软件环境下，建立机器人及其工作环境的几何模型，采用专用或通用程序语言，以离线方式进行机器人运动轨迹的规划编程，如图3-16所示。离线编制的程序通过支持软件的解释或编译产生目标程序代码，最后生成机器人轨迹规划数据。与示教编程相比，离线编程具有减少机器人不工作时间，使编程员远离可能存在危险的编程环境，便于与CAD/CAM系统结合，能够实现复杂轨迹编程等优点。当然，离线编程也有一些缺点。例如，离线编程需要编程员掌握相关知识；离线编程软件（如FANUC公司开发的Roboguide、ABB公司开发的RobotStudio、Panasonic公司开发的DTPS等）也需要一定的投入；对于简单轨迹编程而言，离线编程没有示教编程的效率高；离线编程无法展现工艺条件变更带来的作业过程和质量变化；离线编程可能存在的模型误差、工件装配误差和机器人定位误差等都会对其精度有一定的影响。

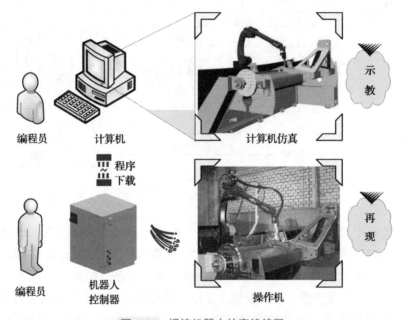

图 3-16　焊接机器人的离线编程

值得一提的是，近年来为有效解决大型钢结构机器人作业编程效率低下的难题，以箱体格挡等典型钢结构为切入点，机器人系统集成商和终端客户联合开发出机器人快速参数化编程技术。通过手动输入钢结构的几何特征参数，快速生成构件三维数字模型，然后将其导入离线编程软件，依次完成机器人路径规划、轨迹生成和干涉校验等工作，并将优化后的任务程序下载至机器人控制器，实现机器人自动化作业，如图3-17所示。

无论示教编程还是离线编程，其主要目的是完成机器人焊接作业运动轨迹、焊接条件和动作次序的示教，任务编程的基本流程如图3-18所示。显然，焊接机器人的示教包括示教前的准备、任务程序的创建和任务程序的手动测试等主要环节；再现则是通过本地或远程方式自动运转优化后的任务程序。

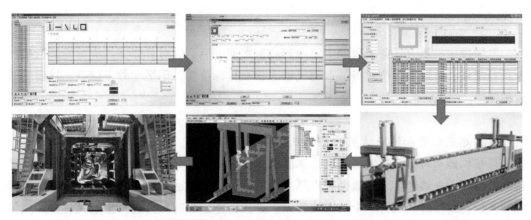

图 3-17 焊接机器人的快速参数化编程

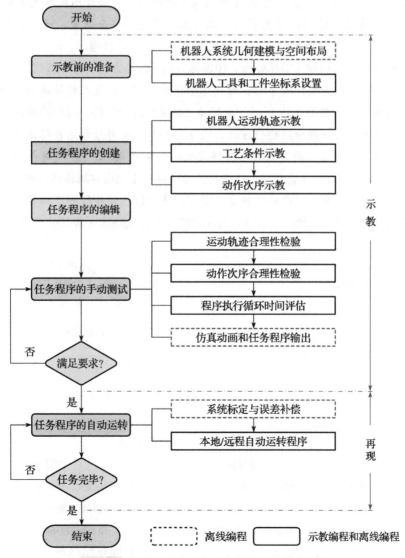

图 3-18 焊接机器人任务示教与再现的基本流程

3.2.3 焊接机器人的轨迹示教

熟知焊接机器人任务编程的主要内容和基本流程后，针对具体任务应首先进行机器人路径规划，选取关键位置点，点动机器人移至目标位置，记忆示教点信息，然后测试运动路径。

1. 路径规划

连接起点位置和终点位置的序列点或曲线称为*路径*，构成路径的策略称为*路径规划*。焊接机器人的路径规划主要是让机器人携带焊枪在工作空间内找到一条从起点到终点的无碰撞安全路径。为高效创建机器人任务程序，缩短运动路径的示教时间，一般将机器人运动路径离散成若干个关键位置点，并在任务编程前对其进行预定义，如原点位置（作业原点）、参考位置（临近点和回退点）等。原点位置（作业原点，HOME）是所有作业的基准位置，它是机器人远离作业对象（待焊工件）和外围设备的可动区域的安全位置；参考位置是临近焊接作业区间、调整工具姿态的安全位置。通常机器人到达该位置时，机器人控制器中参考位置分配的通用 I/O 输出信号接通。

此外，机器人焊枪指向（工具姿态）和焊接方向（路径方向）对焊缝成形、飞溅大小、气体保护效果等有重要影响。对于熔化极气体保护焊而言，机器人携带焊枪可以采取*左焊法*和*右焊法*两种方式，如图 3-19 所示。左焊法（前进焊或后倾焊）指焊接热源从接头右端向左端移动，并指向待焊部分的操作方法。由于焊接电弧大部分作用在熔池上，该方式具有熔深浅、焊道宽的特点，而且编程员从焊接电弧一侧呈 45°～ 70° 视角易于观察焊接电弧和熔池；右焊法（后退焊或前倾焊）指焊接热源从接头左端向右端移动，并指向已焊部分的操作方法，具有熔深大、焊道窄的特点。该方式下机器人焊枪阻挡了编程员的视线，难以观察焊接电弧和熔池变化情况。表 3-6 是左焊法和右焊法在实际焊接生产中的适用场合。

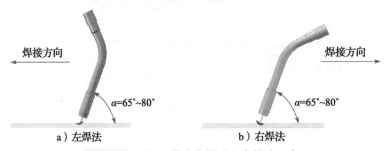

a）左焊法　　　　　　　　b）右焊法

图 3-19　焊接机器人左焊法和右焊法示意

表 3-6　左焊法和右焊法在实际焊接生产中的适用场合

焊接位置	焊接对象	焊接方式	
		左焊法	右焊法
平（角）焊、船形焊	薄板	适合，熔深浅且焊缝较平	不适合，熔深大、易烧穿
	中厚板	不适合，熔深浅、无法保证焊透	适合，能够保证良好的熔深
横（角）焊	单道焊	适合，易获得宽而平的焊缝	不合适，窄而深的焊缝易形成凸形焊缝
	多道焊	适合盖面焊	适合打底焊和填充焊

　　不妨以机器人堆焊"1+X"图案为例，其运动路径规划和焊枪姿态规划如图 3-20 所示。整个路径预定义一个原点位置和两个参考位置，且采用左焊法、保持焊枪行进角（焊枪轴线与焊缝轴线相交形成的锐角）$\alpha = 65° \sim 80°$，利于获得良好的熔深和熔池保护效果。

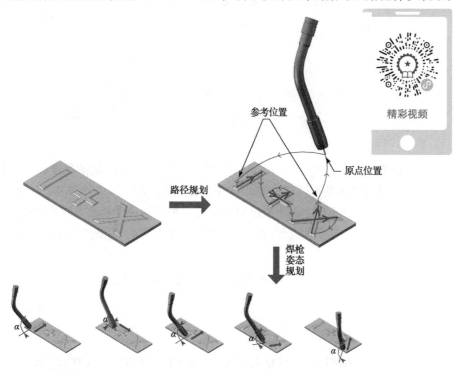

精彩视频

图 3-20　机器人堆焊"1+X"图案运动路径和焊枪姿态规划

2. 示教点记忆

　　机器人路径规划将产生若干指令位姿，点动机器人至上述示教点，记忆并生成运动指令集，完成运动轨迹示教。Panasonic G Ⅲ 机器人示教点记忆操作如下：

　　1）新建或打开任务程序文件。

　　2）移动光标到插入示教点的上一行。

　　3）变更程序编辑状态为 ▣【插入】状态。

　　4）点按【动作功能键Ⅷ】，🔲（灯灭）→🔲（灯亮），开启机器人动作功能。

　　5）点动机器人至目标位置。

　　6）按住【右切换键】，点按【动作功能键Ⅰ～Ⅲ】设置运动指令要素，然后按 ⇨【确认键】，插入示教点，如图 3-21 所示。

3. 任务程序验证

　　待机器人运动轨迹、动作次序等示教完毕，须试运行测试任务程序，以检查机器人 TCP 路径和动作次序的合理性，评估任务程序执行的周期时间。Panasonic G Ⅲ 机器人单步程序测试步骤如下：

　　1）打开任务程序文件。

　　2）移动光标至程序首行。

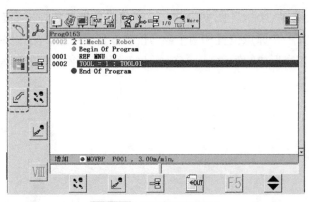

图 3-21 示教点记忆界面

3）点按【用户功能键 F1】，🔲（灯灭）→🔲（灯亮），激活程序验证功能。

4）同时持续按住🔲（正向单步程序验证）对应的【动作功能键Ⅳ】和【拨动按钮】（或【+/– 键】），程序自上而下顺序单步执行，每到达一个示教点时自动停止运行。

5）松开【拨动按钮】（或【+/– 键】），然后重复步骤 4）的操作，直至光标移至程序末尾。

当🔲🔲和【+/– 键】不一致时，机器人不能运动，如🔲和【–键】组合。

3.2.4 机器人焊接区间的示教

焊接机器人运动轨迹可以分成焊接（作业）区间和空走（非作业）区间。以图 3-22 所示的焊接（作业）区间为例，P003 是焊接起始点，P004 是焊接路径（中间）点，P005 是焊接结束点。Panasonic 机器人焊接区间示教要领见表 3-7，机器人任务程序如图 3-23 所示。

图 3-22 焊接（作业）区间示意

表 3-7 Panasonic 机器人焊接区间示教要领

序号	示教点	示教要领
1	P003 焊接起始点	1）点动机器人至焊接起始点 2）变更示教点为焊接点 🔲 3）点按🔲【确认键】记忆示教点 P003
2	P004 焊接路径点	1）点动机器人至焊接中间点 2）变更示教点为焊接点 🔲 3）点按🔲【确认键】记忆示教点 P004

（续）

序号	示教点	示教要领
3	P005 焊接结束点	1）点动机器人至焊接结束点 2）变更示教点为空走点 🖊 3）点按 ⇨【确认键】记忆示教点 P005

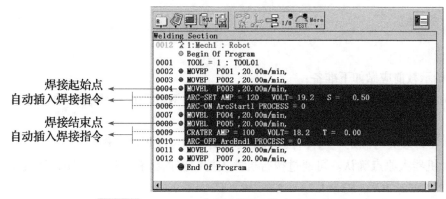

焊接起始点
自动插入焊接指令

焊接结束点
自动插入焊接指令

图 3-23　Panasonic 机器人焊接区间任务程序示例

任务分析

　　机器人平板堆焊的示教相对容易，是板状试件、管状试件和组合试件示教编程的基础。使用机器人在碳钢表面平敷堆焊一道焊缝需要示教六个目标位置点，其路径规划如图 3-24 所示。各示教点用途见表 3-8。在实际示教时，可以按照图 3-18 所示的流程进行示教编程。

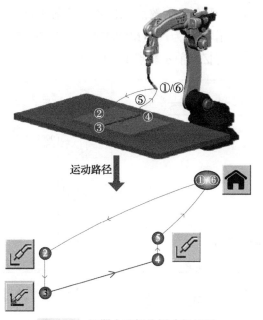

图 3-24　机器人平板堆焊路径规划

表 3-8 机器人平板堆焊任务的示教点

示教点	备 注	示教点	备 注	示教点	备 注
①	原点（HOME）	③	焊接起始点	⑤	焊接回退点
②	焊接临近点	④	焊接结束点	⑥	原点（HOME）

任务实施

1. 示教前准备

开始示教前应做如下准备：

1）工件表面清理。核对试板尺寸无误后，将钢板表面的铁锈和油污等杂质清理干净。

2）工件装夹与固定。选择合适的夹具将试板固定在焊接工作台上。

3）机器人原点确认。可通过执行机器人控制器内已有的原点程序，让机器人返回原点（如 BW = –90°、RT = UA = FA = RW = TW = 0°）。

4）加载任务程序。通过 🖳【文件】菜单加载任务 3.1 中创建的"Test"程序。

2. 示教点记忆

（1）示教点 P001——机器人原点 将机器人待机位置记忆为示教点 P001。步骤如下：

1）在"TEACH"模式下，轻握【安全开关】至 ◎【伺服接通按钮】指示灯闪烁，此时按下 ◎【伺服接通按钮】，指示灯亮，机器人系统运动轴的伺服电源接通。

2）点按【动作功能键Ⅷ】，🖼（灯灭）→🖼（灯亮），激活机器人动作功能，如图 3-25 所示。

3）按住【右切换键】，切换至示教点记忆界面（图 3-21），点按【动作功能键Ⅰ、Ⅲ】，变更示教点 P001 的动作类型为 ↘（MOVEP），空走点 ✐。

4）点按 ⇨【确认键】记忆当前示教点 P001 为机器人原点，如图 3-26 所示。

图 3-25 激活机器人动作功能

图 3-26 记忆示教点 P001

（2）示教点 P002——焊接临近点　焊接临近点位置通常决定机器人的作业姿态，即手腕末端焊枪的空间指向。示教点 P002 记忆步骤如下：

1）保持默认关节坐标系，使用【动作功能键Ⅰ～Ⅲ】+【拨动按钮】组合键，调整机器人末端焊枪至作业姿态（焊枪行进角 $\alpha = 65° \sim 80°$）。

2）按住【右切换键】的同时，点按【动作功能键Ⅳ】，或单击辅助菜单的☝【点动坐标系】→✍【机座坐标系】，切换机器人点动坐标系为机座坐标系，如图 3-27 所示。

3）在机座坐标系中，使用【动作功能键Ⅳ～Ⅵ】+【拨动按钮】组合键，点动机器人线性移至作业开始位置附近，如图 3-28 所示。

4）按住【右切换键】，切换至示教点记忆界面，点按【动作功能键Ⅰ、Ⅲ】，变更示教点 P002 为✍（MOVEP），空走点✍。

5）点按⇨【确认键】记忆当前示教点 P002 为焊接临近点，如图 3-29 所示。

图 3-27　机器人点动坐标系切换界面

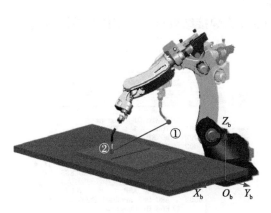

图 3-28　点动机器人至焊接临近点

图 3-29　记忆示教点 P002

（3）示教点 P003——焊接起始点　保持示教点 P002 的焊枪姿态，将机器人移向焊接作业的开始位置。示教点 P003 记忆步骤如下：

1）在机座坐标系中，点动机器人线性移至焊接作业开始位置，如图 3-30 所示。

2）按住【右切换键】，切换至示教点记忆界面，点按【动作功能键Ⅰ、Ⅲ】，变更示教点 P003 为✍（MOVEL）或✍（MOVEP），焊接点✍。

3）点按⇨【确认键】记忆当前示教点 P003 为焊接起始点，焊接指令被同步记忆，如图 3-31 所示。

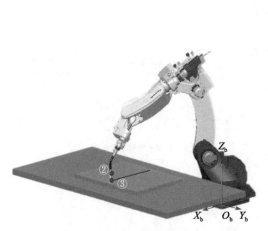

图 3-30 点动机器人至焊接起始点

图 3-31 记忆示教点 P003

（4）示教点 P004——焊接结束点 继续保持焊枪姿态，沿机座坐标系的 –X 轴方向，点动机器人移向焊接作业的结束位置。示教点 P004 记忆步骤如下：

1）在机座坐标系中，沿 –X 轴方向 点动机器人线性移至焊接结束点，如图 3-32 所示。

2）按住【右切换键】，切换至示教点记忆界面，点按【动作功能键Ⅰ、Ⅲ】，变更示教点 P004 的动作类型为 （MOVEL），空走点 。

3）点按⇨【确认键】记忆当前示教点 P004 为焊接结束点，焊接指令被同步记忆，如图 3-33 所示。

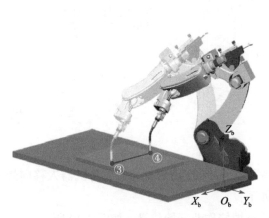

图 3-32 点动机器人至焊接结束点

图 3-33 记忆示教点 P004

（5）示教点 P005——焊接回退点 继续保持焊枪姿态，沿机座坐标系的 +Z 轴方向，点动机器人至不碰触工件和夹具的安全位置。示教点 P005 记忆步骤如下：

1）在机座坐标系中，沿 +Z 轴方向 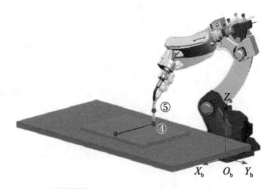 点动机器人远离焊接结束点，如图 3-34 所示。

2）按住【右切换键】，切换至示教点记忆界面，点按【动作功能键 I、III】，变更示教点 P005 的动作类型为 ✎ (MOVEL) 或 ✎ (MOVEP)，空走点 ✎。

3）点按 ⬦【确认键】记忆当前示教点 P005 为焊接回退点。

图 3-34 点动机器人至焊接回退点

（6）示教点 P006——机器人原点 为评估任务执行周期，准备下一个周期焊接作业，通常将机器人移至作业原点（HOME），即将示教点 P006 与示教点 P001 重合。可以通过复制和粘贴指令快速实现示教点记忆，步骤如下：

1）松开【安全开关】，点按【动作功能键Ⅷ】，✎（灯亮）→✎（灯灭），关闭机器人动作功能，进入编辑模式。按【用户功能键 F6】切换用户功能图标区至图 3-35 所示界面。

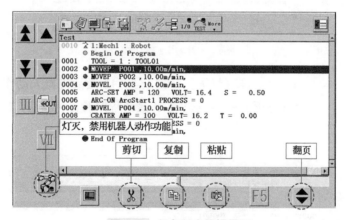

图 3-35 任务程序编辑界面

2）使用【拨动按钮】移动光标至示教点 P001 所在指令语句行，点按【用户功能键 F3】（复制），然后侧击【拨动按钮】，弹出"复制"确认对话框，如图 3-36 所示。点按 ⬦【确认键】或单击对话框上的【OK】按钮，完成复制操作。

3）移动光标至示教点 P005 所在指令语句行，点按【用户功能键 F4】（粘贴），完成指令语句粘贴操作，如图 3-37 所示。至此，六个示教点记忆完毕。

3. 任务程序验证

采用正向单步程序验证方法确认示教点的位姿准确度和路径合理性，步骤如下：

1）在编辑模式下，移动光标至程序首行。

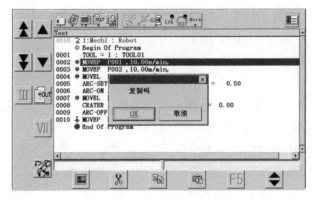

图 3-36 "复制"确认对话框

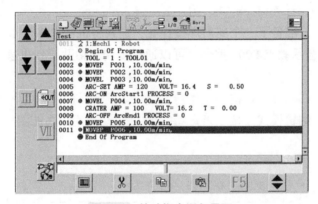

图 3-37 粘贴指令语句界面

2）点按【动作功能键Ⅷ】，🔲（灯灭）→🔲（灯亮），激活机器人动作功能，然后点按【用户功能键F1】，🔲（灯灭）→🔲（灯亮），激活程序验证（跟踪）功能，如图 3-38 所示。

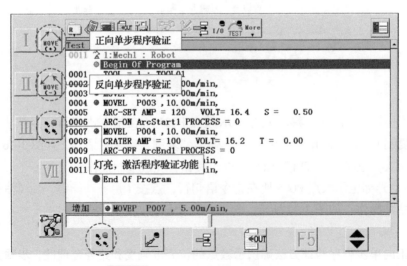

图 3-38 单步程序测试功能激活界面

3）同时按住【动作功能键Ⅳ】和【拨动按钮】（或【＋键】）正向单步测试任务程序，机器人每移至一个示教点位置时，机器人会自动停止运动，此时释放【拨动按钮】（或【＋键】），然后再次按住【拨动按钮】（或【＋键】)，直至光标移至程序最后一行。

通过程序行标识可以实时了解机器人 TCP 的运动状态，如到达指令位姿、沿指令路径运动等，如图 3-39 所示。

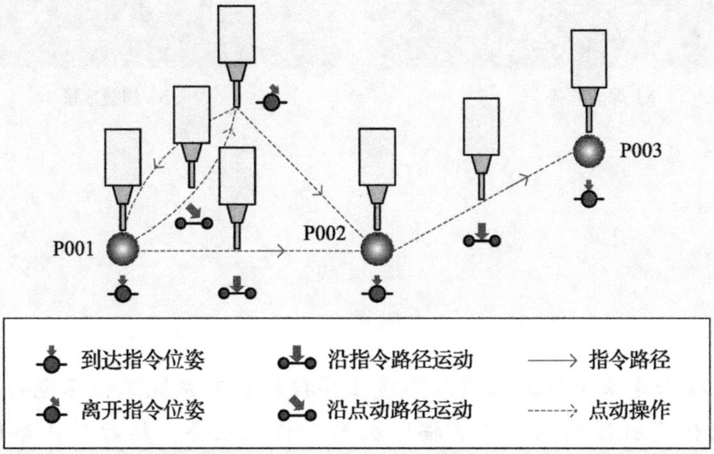

图 3-39　Panasonic 机器人任务程序行标识

4. 任务程序自动运转

任务程序经测试运行无误后，可以将【模式旋钮】切换至自动模式，实现自动运转焊接。任务程序自动运转有两种方式：一是本地模式，通过机器人控制器或示教盒上的【启动按钮】；二是远程模式，利用周边辅助设备输入信号来启动程序，如外部集中控制盒上的【启动按钮】。实际生产中主要采用后者，具体采用哪种方式可以在示教盒上设置。确认机器人工作空间内没有人员或妨碍物体，打开保护气体阀门，通过本地或远程模式启动任务程序。自动运转任务程序步骤如下：

1）移动光标至首行。在编辑模式下，将光标移至程序开始记号（Begin Of Program）。
2）选择自动模式。切换【模式旋钮】至"AUTO"位置（自动模式）。
3）接通伺服电源。点按【伺服接通按钮】，接通机器人伺服电源。
4）自动运转程序。点按【启动按钮】，系统自动运转执行任务程序，机器人开始焊接，如图 3-40 所示。

- 任务程序从光标所在行开始执行，并按执行顺序在界面中显示。
- 任务程序执行过程中，点按【用户功能键 F3】可以激活电弧锁定功能 🔲（灯亮）或禁用电弧锁定功能 🔲（灯灭）。当电弧锁定功能启用 🔲（灯亮）时，仅完成任务程序的空运行，不执行焊接引弧、收弧操作。

a) 焊前准备

b) 焊缝成形

图 3-40　机器人平板堆焊

拓展阅读

Panasonic 焊接机器人的离线仿真

离线编程技术是基于计算机图形学建立焊接机器人系统工作环境的几何模型，通过操控图像及使用机器人编程语言描述机器人作业任务，然后对任务程序进行三维模型动画仿真，离线计算、规划和调试机器人任务程序，并生成机器人控制器可执行的代码，最后经由通信接口发送至机器人控制器。由于编程时不影响实体机器人焊接作业，绿色、安全且投入较少，所以离线编程技术在产业和教育领域获得推广。

Desk-Top Programming & Simulation System（DTPS）是 Panasonic 公司开发的一款基于 Windows 操作系统的离线编程软件，具有数据管理、用户管理、文本转换、数据传输及动画模拟等功能。借助该软件，机器人系统集成商和编程员等可以针对项目（客户）要求，直观设置和观察机器人位置、动作、焊枪角度、干涉等情况（图3-41），估算机器人工作空间是否合适，预先分析焊接机器人系统设备的配置，提高设备选型的准确性。在此基础上，利用 DTPS 软件输出方案的二维或三维仿真动画，便于与客户沟通交流，增加方案的可信性和成熟度，规避潜在的项目风险。

从机器人教学及技能培训角度出发，焊接机器人系统前期投入昂贵，难以满足全员上机实践的要求。DTPS 软件使用的力学、工程学等机器人运动学公式以及机器人操作，均与实际机器人完全相同，利于学员的学习与操作体验。近年来，随着机器人遥操作、传感器信息处理等技术的进步，基于虚拟现实技术的焊接机器人任务编程成为机器人教学培训中的新兴研究方向。通过将虚拟现实作为高端的人机接口，允许学员通过声、像、力以及图形等多种交互设备实时与虚拟环境交互，如图3-42所示。由于无须使用机器人操作机，虚拟仿真教学培训系统仅保留机器人控制器（去除伺服驱动模块），其成本约占焊接机器人成本的 3% ～ 5%，且学员可以手持示教盒监控机器人操作机仿真图形的运动，操作体验感进一步得到提升。

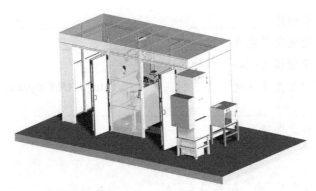

图 3-41　焊接机器人系统方案设计与离线仿真

编程员　　　　　连接电缆　　　　机器人控制器　　通信网线　　计算机图形仿真
手持示教盒　　　　　　　　　　（无伺服驱动模块）

图 3-42　焊接机器人的虚拟仿真教学培训

知识测评

一、填空题

1. Panasonic 机器人示教盒上拨动按钮的操作方式有 _____、_____ 和 _____ 三种。

2. 焊接机器人任务编程（示教）的主要内容，包括 _____、_____ 和 _____ 三个部分。

3. 焊接机器人运动轨迹可以分成 _____ 和 _____。

4. 请选取以下图标中的一个或几个，按照一定的组合填入空中，完成所指定的操作。

（1）	（2）	（3）	（4）	（5）	（6）	（7）	（8）
（9）	（10）	（11）	（12）	（13）	（14）		

①新建一个文件名为系统默认名称的程序。_____ → _____ → _____

②打开刚刚新建的程序。_____ → _____ → _____ → _____

③在示教模式下接通伺服电源。_____ → _____

④在菜单栏与程序编辑区间切换活动光标。_____

⑤伺服电源接通的状态下从光标当前所在程序行（Begin Of Program）进行正向单步测试程序。_____ → _____ → _____ + _____

⑥在再现模式下锁定电弧。_____ → _____

二、选择题

1. 机器人焊接作业涉及气、电、液等多元介质，工艺参数较多，关键参数包括（　　　）等。
   ①焊接电流（或送丝速度）；②电弧电压；③焊接速度；④收弧电流；⑤弧坑处理时间
   A. ①②③④　　　　B. ①③④⑤　　　　C. ①②④⑤　　　　D. ①②③④⑤

2. 焊接机器人常见的插补方式有（　　　）。
   ① PTP；②直线插补；③圆弧插补；④直线摆动；⑤圆弧摆动
   A. ①②③④⑤　　　　B. ②③　　　　C. ②⑤　　　　D. ②③④⑤

三、判断题

1. 焊接机器人的示教可采用在线和离线两种方式。（　　　）

2. 弧形焊缝轨迹通常示教两个位置点（圆弧轨迹起始点和结束点），各端点之间的 CP 运动则由机器人控制系统的路径规划模块通过插补运算生成。（　　　）

3. 任务程序自动运转有两种方式：一是本地模式；二是远程模式。（　　　）

4. 机器人焊接示教时，仅焊接开始点为焊接点。（　　　）

5. 机器人单步测试程序的目的是为确认示教生成的动作以及焊枪指向位置是否记忆。（　　　）

四、综合实践

尝试使用富氩气体（如 Ar80% + $CO_2$20%）、直径为 1.0mm 的 ER50-6 实心焊丝和 Panasonic G Ⅲ焊接机器人，通过合理规划机器人运动路径和焊枪姿态，在板厚为 6mm 的碳钢表面平敷堆焊"1+X"图案（图 3-43），要求单条焊缝宽度为 8mm，无气孔等表面缺陷。

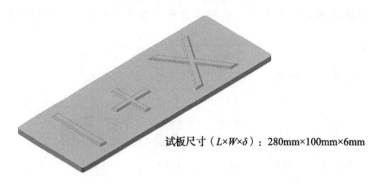

试板尺寸（$L×W×δ$）：280mm×100mm×6mm

图 3-43 中厚板机器人堆焊（"1+X"图案）

项目 4　焊接机器人工具坐标系的设置

从运动学角度看，机器人执行焊接任务的过程实质是确立机械杆系间的几何关系，实现笛卡儿（直角）空间向关节空间的坐标变换。工具坐标系和工件（用户）坐标系作为机器人运动学的研究对象和参考对象，用于描述末端执行器（焊枪）相对于作业对象（焊件）的位姿。在进行任务编程前，编程员首先应设置机器人工具坐标系和工件（用户）坐标系。

本项目参照 1+X "焊接机器人编程与维护" 职业技能等级要求，重点围绕系统调试设置的工作任务，以 Panasonic G Ⅲ 焊接机器人为例，采用六点（接触）法设置机器人工具坐标系，然后点动机器人模仿 T 形接头角焊缝线状焊道的运动轨迹示教，以期学生熟知焊接机器人系统运动轴及其操控方法，掌握它们在关节、工件和工具等机器人点动坐标系中的运动特点。根据焊接机器人编程员的岗位工作内容，本项目共设置两项任务：一是机器人工具坐标系设置；二是点动机器人沿 T 形接头角焊缝运动。

学习目标

知识目标

1）能够辨识焊接机器人系统本体轴和附加轴。
2）能够阐明关节、工件和工具等点动坐标系中的机器人运动规律。
3）能够运用六点（接触）法设置焊接机器人工具坐标系。

技能目标

1）能够适时选择合适的机器人点动坐标系和运动轴。
2）能够利用示教盒实时查看和精确调整机器人焊枪姿态。
3）能够手动操控机器人沿 T 形接头角焊缝运动。

素养目标

1）机器人坐标系类型多样，根据任务要求，灵活选择所需坐标系，锻炼学生具有勇于不断尝试、坚持不懈的学习精神。

2）针对操作难点，引导学生查阅相关技术资料，激发学生的求知欲，培养其孜孜不倦的学习精神。

学习导图

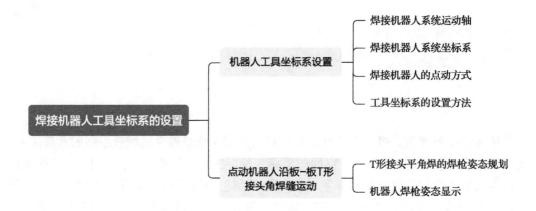

> 焊接机器人工具坐标系的设置
> - 机器人工具坐标系设置
>   - 焊接机器人系统运动轴
>   - 焊接机器人系统坐标系
>   - 焊接机器人的点动方式
>   - 工具坐标系的设置方法
> - 点动机器人沿板-板T形接头角焊缝运动
>   - T形接头平角焊的焊枪姿态规划
>   - 机器人焊枪姿态显示

▶ 任务 4.1   机器人工具坐标系设置

任务提出

　　正如本书项目 1 中所述，使用工业机器人执行焊接任务，须在其机械接口安装末端执行器（焊枪）。此时，机器人的运动学控制点或工具执行点（工具中心点，TCP）将发生变化，如图 4-1 所示。默认情况下，机器人 TCP 与工具坐标系 $O_t X_t Y_t Z_t$ 的原点重合，位于机器人手腕末端的机械法兰中心处（与机械接口坐标系 $O_m X_m Y_m Z_m$ 的原点重合）。为提高焊枪姿态调整的便捷和保证机器人运动轨迹的精度，当更换焊枪或因碰撞而导致枪颈发生变形时，编程员应重新设置机器人运动学的研究对象——工具坐标系。

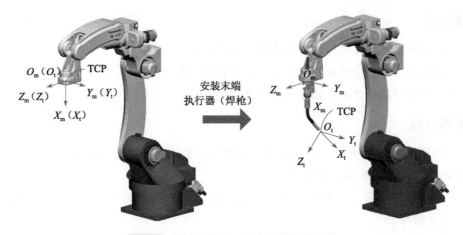

图 4-1   焊接机器人工具坐标系设置示意

　　此任务要求采用六点（接触）法设置 Panasonic 焊接机器人的工具坐标系。在此过程中，通过点动机器人认知焊接机器人系统的运动轴，并掌握它们在关节、工件（用户）和工具等机器人点动坐标系中的运动特点和规律，为后续机器人运动轨迹示教奠定基础。

知识准备

4.1.1　焊接机器人系统运动轴

　　按照运动轴的所属系统关系的不同，可将焊接机器人系统的运动轴划分为两类：一是本体轴，主要指构成机器人本体（操作机）的各关节运动轴，属于焊接机器人；二是附加轴，除机器人本体轴以外的运动轴，包括移动或转动机器人本体的基座轴（如线性滑轨，属于焊接机器人）、移动或转动工件的工装轴（如焊接变位机，属于周边辅助设备）等，如图 4-2 所示。其中，本体轴和基座轴主要是实现机器人焊枪或 TCP 的空间定位与定向，而工装轴主要是支承工件并确定其空间位置。

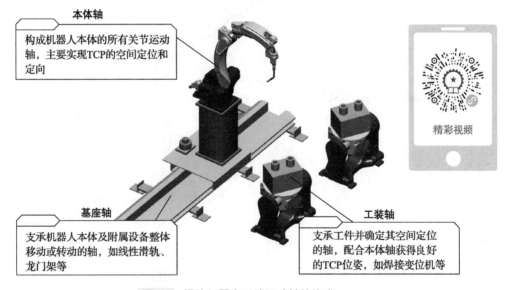

图 4-2　焊接机器人系统运动轴的构成

1. 本体轴

　　第一代商用工业机器人（计算智能机器人）基本采用六轴垂直关节型机器人本体。顾名思义，此类机器人本体具有六根独立活动的关节轴，其中靠近机座的三根关节轴被定义为主关节轴，可模仿人体手臂的回转、俯仰和伸缩动作，用于末端执行器的空间定位；其余三根关节轴被定义为副关节轴，可模仿人体手腕的转动、摆动和回转动作，用于末端执行器的空间定向。表 4-1 是世界著名工业机器人制造商对其所研制生产的六轴焊接机器人本体轴的命名。

表 4-1 六轴焊接机器人本体轴的命名

序号	制造商	机器人品牌	本体示例	运动轴名称	
1	Media	KUKA		⑥—A6 轴	副关节轴
				⑤—A5 轴	
				④—A4 轴	
				③—A3 轴	主关节轴
				②—A2 轴	
				①—A1 轴	
2	ABB	ABB		⑥—轴 6	副关节轴
				⑤—轴 5	
				④—轴 4	
				③—轴 3	主关节轴
				②—轴 2	
				①—轴 1	
3	Yaskawa	MOTOMAN		⑥—T 轴	副关节轴
				⑤—B 轴	
				④—R 轴	
				③—U 轴	主关节轴
				②—L 轴	
				①—S 轴	

（续）

序号	制造商	机器人品牌	本体示例	运动轴名称	
4	FANUC	FANUC		⑥—J6 轴	副关节轴
				⑤—J5 轴	
				④—J4 轴	
				③—J3 轴	主关节轴
				②—J2 轴	
				①—J1 轴	
5	Panasonic	Panasonic		⑥—TW 轴	副关节轴
				⑤—BW 轴	
				④—RW 轴	
				③—FA 轴	主关节轴
				②—UA 轴	
				①—RT 轴	

　　第二代商业工业机器人（感知智能机器人）大多采用七轴垂直关节型机器人，如图 4-3 所示。与第一代机器人相比较，第二代机器人多出一根肘关节轴，可以模拟人体手臂的扭转动作，具有出色的干涉回避和高密度摆放特点。为兼顾产品谱系和用户习惯，日本 Yaskawa 公司将其生产的 MOTOMAN 机器人本体主关节轴依次命名为 S 轴、L 轴、E 轴、U 轴，副关节轴的命名延续第一代命名；ABB、FANUC 等公司将其机器人本体轴按照主、副关节轴顺序依次命名。

　　2. 附加轴

　　面对越来越多的复杂曲面零件、异形

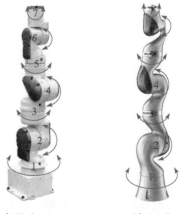

a) Yaskawa　　　　b) Media

图 4-3　七轴焊接机器人本体轴的命名
1—S/A1 轴　2—L/A2 轴　3—E/A3 轴　4—U/A4 轴
5—R/A5 轴　6—B/A6 轴　7—T/A7 轴

件以及（超）大型结构件的焊接需求，仅靠机器人本体的自由度和工作空间，根本无法保证机器人动作的灵活性和焊枪的可达性。针对此类应用场景，宜采取添加基座轴、工装轴等附加轴来提高系统集成应用的灵活性和费效比。其中，基座轴的集成是将机器人本体以落地、倒挂和侧挂等形式安装在某一移动平台上，形成混联式可移动机器人，通过移动平台的移动轴（P）和／或转动轴（R）模仿人体腿部的移动功能，大大拓展焊接机器人的工作空间和动作的灵活性，获得较高的焊接可达率，如图 4-4 所示。工装轴的集成主要指的是焊接变位机，包括单轴、双轴、三轴及复合型变位机等，如图 4-5 所示。它能将被焊工件移动、转动至合适的位置，辅助机器人在执行焊接任务过程中保持良好的焊接姿态，确保产品质量的稳定性和一致性。

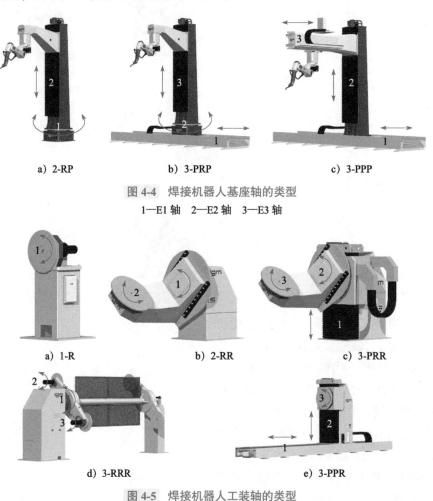

a) 2-RP   b) 3-PRP   c) 3-PPP

图 4-4 焊接机器人基座轴的类型

1—E1 轴 2—E2 轴 3—E3 轴

a) 1-R   b) 2-RR   c) 3-PRR

d) 3-RRR   e) 3-PPR

图 4-5 焊接机器人工装轴的类型

1—E1 轴 2—E2 轴 3—E3 轴

无论基座轴还是工装轴，其命名的原则基本遵循空间上由低往高依次为 E1 轴、E2 轴、E3 轴……当上述附加轴由机器人控制器直接控制时，称为内部轴，可以通过示教盒分组控制和查看附加轴的位置状态，实现机器人本体轴和附加轴的协调运动。除此之外，附加轴的运动控制由外部控制器（如 PLC）实现，此时称为外部轴，无法直接通过机器人示教盒控制和查看附加轴的位置状态。

4.1.2　焊接机器人系统坐标系

　　坐标系是为确定焊接机器人的位姿而在机器人本体或空间上进行定义的位置指标系统。它从一个称为原点的固定点 O 通过轴定义平面或空间，机器人位姿通过沿坐标系轴的测量而定位和定向。正如本书项目 1 中所述，在机器人运动轨迹示教过程中，机器人控制器通过运动学正解求取（焊枪）工具坐标系和（参考）机座坐标系间的数学关系；机器人焊接再现时，通过运动学逆解求取（焊枪）工具坐标系和（参考）机座坐标系间关节各坐标值的数学关系。上述机器人运动学计算过程实质完成的是物理关节空间和数字笛卡儿（直角）空间的映射。机器人在物理关节空间中的运动描述是以各关节轴的零点为基准，测量单位为（°）；在笛卡儿（直角）空间中的运动描述为 TCP（或工具坐标系）相对机座坐标系（或工件坐标系，由机座坐标系变换而来）的空间位置和指向，测量单位为 mm（空间位置，如 Panasonic 的 X、Y、Z）和（°）（空间姿态，如 Panasonic 的 U、V、W）。目前，第一代和第二代焊接机器人系统基本都配置有关节、机座、工具和工件（用户）等机器人点动坐标系。除关节坐标系外，其他坐标系均归属于直角坐标系，其主要差别是原点位置和坐标轴方向略有差异，如图 4-6 所示。常见的焊接机器人点动直角坐标系见表 4-2。

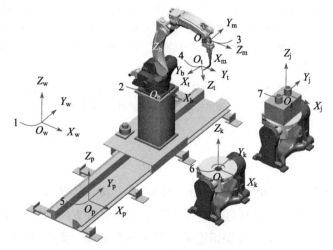

图 4-6　焊接机器人点动直角坐标系示意

1—世界坐标系（$O_w X_w Y_w Z_w$）　2—机座坐标系（$O_b X_b Y_b Z_b$）　3—机械接口坐标系（$O_m X_m Y_m Z_m$）　4—工具坐标系（$O_t X_t Y_t Z_t$）　5—移动平台坐标系（$O_p X_p Y_p Z_p$）　6—工作台坐标系（$O_k X_k Y_k Z_k$）　7—工件坐标系（$O_j X_j Y_j Z_j$）

表 4-2　常见的焊接机器人点动直角坐标系

坐标系名称	坐标系描述
世界坐标系 $O_w X_w Y_w Z_w$	俗称绝对坐标系、大地坐标系，它是与机器人的运动无关，以地球为参照系的固定坐标系。世界坐标系的原点 O_w 由用户根据需要确定；$+Z_w$ 轴与重力加速度矢量共线，但其方向相反；$+X_w$ 轴由用户根据需要确定，一般与机座底部电缆进入方向平行；$+Y_w$ 轴按右手定则确定

（续）

坐标系名称	坐标系描述
机座坐标系 $O_b X_b Y_b Z_b$	俗称基坐标系，它是参照机座安装面所定义的坐标系。机座坐标系的原点 O_b 由机器人制造商规定，一般将机器人本体第一根轴的轴线与机座安装面的交点定义为原点；$+Z_b$ 轴的方向垂直于机器人安装面，指向其机械结构方向；$+X_b$ 轴的方向由原点开始指向机器人工作空间中心点在机座安装面上的投影，通常为机座底部电缆进入方向；$+Y_b$ 轴的方向按右手定则确定
机械接口坐标系 $O_m X_m Y_m Z_m$	参照机器人本体末端机械接口的坐标系。机械接口坐标系的原点 O_m 是机械接口（法兰）的中心；$+Z_m$ 轴的方向垂直离开机械接口中心，即垂直法兰向外；$+X_m$ 轴的方向由机械接口平面和 $Y_b Z_b$ 平面（或平行于 $X_b Y_b$ 平面）的交线来定义，并且 $+X_m$ 平行于 $+Z_b$ 轴（$+X_b$ 轴），同时机器人的主、副关节轴处于运动范围的中间位置，即由法兰中心指向法兰定位孔方向；$+Y_m$ 轴的方向按右手定则确定
工具坐标系 $O_t X_t Y_t Z_t$	参照安装在机械接口的末端执行器的坐标系，相对于机械接口坐标系而定义。工具坐标系的原点 O_t 是工具中心点（TCP）；$+Z_t$ 轴的方向与工具相关，通常是工具的指向。用户设置前，工具坐标系与机械接口坐标系的原点和坐标轴方向重合
移动平台坐标系 $O_p X_p Y_p Z_p$	移动平台坐标系的原点 O_p 就是移动平台的原点；$+X_p$ 轴的方向通常指的是移动平台的前进方向；$+Z_p$ 轴的方向通常指的是移动平台向上的方向；$+Y_p$ 轴的方向按右手定则确定
工作台坐标系 $O_k X_k Y_k Z_k$	参照焊接工作台定义的坐标系，相对于机座坐标系而定义。工作台坐标系的原点 O_k 通常选择在工作台的某一角，如左上角；$+Z_m$ 轴的方向垂直离开工作台面，即垂直工作台面向外；$+Y_k$ 轴的方向一般沿着工作台面的长度或宽度方向，与 $+Y_b$ 轴的指向相同；$+X_k$ 轴的方向按右手定则确定。用户设置前，工作台坐标系与机座坐标系的原点和坐标轴方向完全重合
工件坐标系 $O_j X_j Y_j Z_j$	俗称用户坐标系，参照某一工件定义的坐标系，相对于机座坐标系而定义。用户设置前，工件坐标系与机座坐标系的原点和坐标轴方向完全重合

1. 关节坐标系

关节坐标系（Joint Coordinate System，JCS）是固接在机器人系统各关节轴线上的一维空间坐标系。它犹如一个空间自由刚体，沿 X、Y、Z 轴方向的线性移动和绕 X、Y、Z 轴的转动受到五个刚性约束，仅保留沿某一轴方向的移动（移动关节轴）或绕某一轴的转动（旋转关节轴）。对于焊接机器人而言，它拥有与机器人系统运动轴数相等的关节坐标系，且每个关节坐标系通常是相对前一关节坐标系而定义。在关节坐标系中，焊接机器人系统各运动轴均可实现单轴正向和反向转动（或移动）。虽然各品牌机器人本体运动轴的命名有所不同，但它们的关节运动规律相同，见表4-3。关节坐标系适用于点动焊接机器人较大范围运动或变更系统某一运动轴位置（如奇异点解除时调整腕部轴），且运动过程中不需要约束机器人焊枪姿态的场合。

表 4-3　六轴焊接机器人本体轴在关节坐标系中的运动特点

运动类型	轴图标	动作示例	运动类型	轴图标	动作示例
转动	手臂回转		转动	手腕扭转	
	手臂伸缩			手腕弯曲	
	手臂俯仰			手腕回转	

　　焊接机器人系统基座轴和工装轴等附加轴的点动控制只能在关节坐标系中进行。目前主流的焊接机器人控制器可以实现几十根运动轴的分组控制，一般每组最多控制九根运动轴。当需要点动附加轴时，首先切换至外部附加轴所在的组，然后点按轴图标对应的【动作功能键】。

2. 工件坐标系

　　工件坐标系（Object Coordinate System，OCS）是编程员根据需要参照作业对象自定义的三维空间正交坐标系，又称用户坐标系。通常焊接机器人系统允许编程员设置 5～10 套工件坐标系（设置方法详见本项目【拓展阅读】部分），但每次仅能激活其中的一套来点动机器人或记忆 TCP 位姿。在未定义前，工件坐标系与机座坐标系重合，而且工件坐标系的原点 O_j 及坐标轴方向 X_j、Y_j、Z_j 的设置是相对机座坐标系的原点 O_b 和坐标轴方向 X_b、Y_b、Z_b。因此，有必要先阐述点动焊接机器人本体轴在机座坐标系中的运动特点。

机座坐标系（Base Coordinate System，BCS）是固接在焊接机器人机座上的直角坐标系。它的原点定义使得焊接机器人的工作空间或动作可达性具有可预测性。绝大多数品牌的焊接机器人制造商将机器人本体第一根轴的轴线与机座安装面的交点定义为机座坐标系的零点，仅极少部分的制造商（如日本 FANUC）将机器人本体第一根轴的轴线与第二根轴的轴线所在水平面的交点定义为零点。在正常配置的焊接机器人系统（落地式安装）中，当编程员站在机器人（零位）正前方点动机器人朝向自身一方移动时，机器人 TCP 将沿 +X_b 轴方向运动；向自身右侧移动时，机器人 TCP 将沿 +Y_b 轴方向运动；向身高方向运动时，机器人 TCP 将沿 +Z_b 轴方向运动；绕 X_b、Y_b、Z_b 轴的顺时针或逆时针转动，可以通过右手定则确定。与关节坐标系中的运动截然不同的是，无论是沿机座坐标系的任一轴移动，还是绕任一轴转动，焊接机器人本体轴在机座坐标系中的运动基本为多轴联动，见表 4-4。机座坐标系适用于点动焊接机器人在笛卡儿空间移动且机器人焊枪姿态保持不变，以及绕 TCP 定点转动的场合。

表 4-4 六轴焊接机器人本体轴在机座坐标系中的运动特点

运动类型	轴图标	动作示例	运动类型	轴图标	动作示例
移动 沿 X 轴移动			绕焊枪所指方向转动		
沿 Y 轴移动			转动 绕 Y 轴转动		
沿 Z 轴移动			绕 Z 轴转动		

作为机器人运动学的（延伸）参考对象，设置工件（用户）坐标系的主要目的是为任务编程中快速调整和查看机器人 TCP 位姿。虽然一些品牌的焊接机器人任务程序中示教点记忆存储的是相对工件（用户）坐标系的 TCP 位姿，但是在实际执行任务程序时，机器人系统会根据工件（用户）坐标系相对机座坐标系的空间几何关系，最终自动换算成相对机座坐标系的 TCP 位姿。同在机座坐标系中的运动规律相似，点动焊接机器人本体轴在工件坐标系中的运动基本为多轴联动，且方便通过绕 TCP 定点转动来调整焊枪姿态，见表 4-5。工件坐标系适用于点动焊接机器人沿焊道（平行）移动或绕焊道定点转动，以及运动轨迹平移和镜像等高级任务编程场合。

表 4-5　六轴焊接机器人本体轴在工件坐标系中的运动特点

运动类型		轴图标	动作示例	运动类型		轴图标	动作示例
移动	沿 X 轴移动	User ←X→			绕 X 轴转动	User X	
	沿 Y 轴移动	User ↕Y		转动	绕 Y 轴转动	User Y	
	沿 Z 轴移动	User ←Z→			绕 Z 轴转动	User Z	

3. 工具坐标系

工具坐标系（Tool Coordinate System，TCS）是编程员参照机械接口坐标系（Mechanical Interface Coordinate System，MICS）而定义的三维空间正交坐标系。通常焊接机器人系统允许编程员设置 5 ～ 10 套工具坐标系，一把焊枪对应一套工具坐标系，每次仅能使用其中的一套来点动机器人或记忆 TCP 位姿。在未定义前，工具坐标系与机械接口坐标系重合，而且工具坐标系的原点 O_t（即 TCP）及坐标轴方向 X_t、Y_t、Z_t 的设置是相对机械接口坐标系的原点 O_m 和坐标轴方向 X_m、Y_m、Z_m。

作为机器人运动学的研究对象，设置工具坐标系的主要目的是为任务编程中快速调整、和查看机器人 TCP 位姿，并准确记忆机器人 TCP 的运动轨迹。根据焊接过程中 TCP 移动与否，可将机器人工具坐标系划分为移动工具坐标系和静止工具坐标系两种。顾名思义，移动工具坐标系在机器人执行任务过程中会跟随机器人末端执行器一起运动，如机器人弧焊作业时 TCP 设置在焊丝端部；静止工具坐标系是参照静止工具而不是运动的机器人末端执行器，如机器人搬运工件至点焊钳固定工位进行施焊作业，此时机器人 TCP 宜设置在点焊钳静臂的前端。同为直角坐标系，焊接机器人本体轴在工具坐标系中的运动基本仍为多轴联动，且能够实现绕 TCP 定点转动。不过，与机座坐标系不同的是，工具坐标系的原点及坐标轴方向在机器人执行任务过程中通常是变化的，见表 4-6。工具坐标系适用于点动焊接机器人沿焊枪所指方向移动或绕 TCP 定点转动，以及焊枪横向摆动和运动轨迹平移等场合。

表 4-6　六轴焊接机器人本体轴在工具坐标系中的运动特点

运动类型		轴图标	动作示例	运动类型	轴图标	动作示例
移动	沿 X 轴移动			绕 X 轴转动		
	沿 Y 轴移动			转动　绕 Y 轴转动		
	沿 Z 轴移动			绕 Z 轴转动		

4.1.3　焊接机器人的点动方式

在手动模式（T1 模式和 T2 模式）下，编程员需要经常手动控制机器人以时断时续的方式运动，即"点动"焊接机器人。"点"指的是点按【动作功能键】，"动"的意思是机器人运动，点动就是"一点一动、不点不动"，意在强调编程员手动控制焊接机器人系统运动轴或 TCP 的运动（方向和速度）。一般来讲，点动焊接机器人有增量点动和连续点动两种操控方式。

1. 增量点动机器人

编程员每点按或微动【动作功能键】（选中某一运动轴）一次，机器人系统被选中的运动轴（或 TCP）将以设定好的速度转动固定的角度（步进角）或步进一小段距离（步进位移量）。到达位置后，机器人系统运动轴停止运动。当编程员松开并再次点按或微动【动作功能键】时，机器人将以同样的方式重复运动。增量点动机器人适用于手动操作和任务编程时离目标（指令）位姿较近的场合，主要是对机器人焊枪（或工件）的空间位姿进行精细调整。Panasonic 机器人的增量点动是通过向上 / 下微动【拨动按钮】来操控机器人运动，【拨动按钮】每转一格，机器人 TCP 微动一段距离，如图 4-7 所示。同时，在机器人示教盒界面窗口右上角同步显示所选关节运动轴或所沿（绕）直角坐标轴，以及 TCP 的线性位移量。编程员可以通过点按【右切换键】在高、中、低三档之间循环切换步进角或步进位移量。

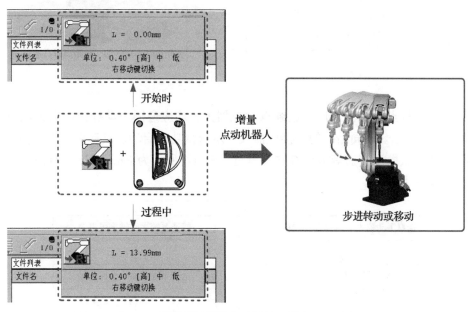

图 4-7　增量点动焊接机器人

2. 连续点动机器人

编程员持续按住【动作功能键】（选中某一运动轴），机器人系统被选中的运动轴（或 TCP）将以设定好的速度连续转动或移动。一旦编程员松开按键，机器人立即停止运动。连续点动机器人适用于手动操作和任务编程时离目标（指令）位姿较远的场合，主要是对机器人焊枪（或工件）的空间位姿进行快速粗调整。Panasonic 机器人的连续点动是通过向上/下拖动【拨动按钮】或点按【+/−键】来操控机器人运动。按住【动作功能键】的同时，持续拖动【拨动按钮】或按下【+/−键】，机器人 TCP 移动一段距离，如图 4-8 所示。与增量点动机器人类似，在机器人示教盒界面窗口右上角同步显示所选关节运动轴或所沿（绕）直角坐标系轴，以及 TCP 的线性位移量。通过拖动【拨动按钮】连续点动焊接机器人时，系统会根据【拨动按钮】的转动量，实时调整机器人关节轴（或 TCP）的运动速度。

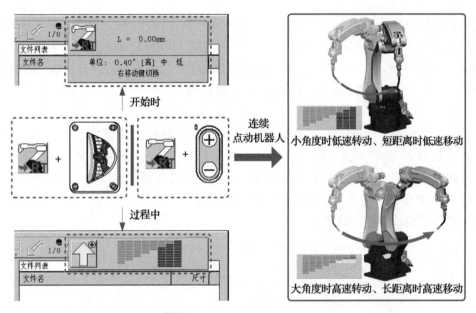

图 4-8 连续点动焊接机器人

无论是增量点动机器人还是连续点动机器人，均应遵循手动操控机器人的基本流程，如图 4-9 所示。不同品牌的焊接机器人在示教盒功能启动、点动坐标系切换、运动轴选择及其伺服电源接通等方面存在差异性。表 4-7 所示为 Panasonic G Ⅲ 焊接机器人的点动基本条件。

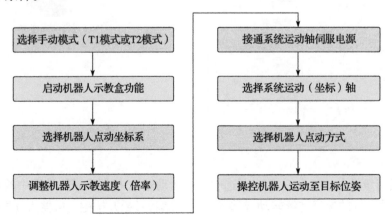

图 4-9 点动焊接机器人的基本流程

表 4-7　Panasonic G Ⅲ焊接机器人的点动基本条件

流程	操控方法
选择手动模式	拨动机器人示教盒上的【模式旋钮】对准"TEACH"位置
选择点动坐标系	1）点按【动作功能键Ⅷ】，🔲（灯灭）→🔲（灯亮），激活机器人动作功能 2）按住【右切换键】的同时，点按【动作功能键Ⅳ】或单击辅助菜单🔲【点动坐标系】，切换机器人点动坐标系，默认顺序为🔲【关节坐标系】→🔲【机座（直角）坐标系】→🔲【工具坐标系】→🔲【圆柱坐标系】→🔲【工件（用户）坐标系】 3）松开【右切换键】，动作功能图标区的右列将显示所选坐标系的主关节轴（或移动轴），左列显示所选坐标系的副关节轴（或转动轴）
设置机器人示教速度	1）增量点动机器人步进角及步进位移量的设置方法：主菜单🔲【设置】→🔲【机器人】→【微动 Jog】，在弹出对话框内修改参数 2）连续点动机器人运动速度的设置方法：辅助菜单🔲【扩展选项】→🔲【示教设置】，在弹出对话框内修改参数
接通伺服电源	轻握【安全开关】至🔲【伺服接通按钮】指示灯闪烁，此时按下🔲【伺服接通按钮】，指示灯亮，机器人运动轴伺服电源接通
选择系统运动（坐标）轴	根据动作需要，持续按住某一运动（坐标）轴图标对应的【动作功能键】，选择相应的运动（坐标）轴
操控机器人运动	1）增量点动机器人：在持续按住某一运动（坐标）轴图标对应的【动作功能键】的同时，向上微动【拨动按钮】，机器人按照选择的步进角或步进位移量沿（绕）坐标轴正方向微动；向下微动【拨动按钮】，机器人按照选择的步进角或步进位移量沿（绕）坐标轴负方向微动 2）连续点动机器人：在持续按住某一运动（坐标）轴图标对应的【动作功能键】的同时，向上拖动【拨动按钮】或按住【 + 键】，机器人按照选择的示教速度沿（绕）坐标轴正方向运动；向下拖动【拨动按钮】或按住【 - 键】，机器人按照选择的示教速度沿（绕）坐标轴负方向运动

4.1.4　工具坐标系的设置方法

1. 设置缘由

　　焊接机器人通过在其手腕末端（机械法兰）安装不同类型的末端执行器来执行多样化任务。那么，机器人在任务示教过程中如何方便快捷地调整焊枪位姿？机器人执行焊接作业时，又如何安全携带焊枪沿指令（规划）路径精确运动？也就是说，焊接机器人运动控制的关键点是 TCP（工具坐标系的原点）。想必令读者疑惑的是，在不正确设置 TCP 或工具坐标系的情况下，焊接机器人的示教与再现将会遇到哪些棘手问题？下面通过表 4-8 中描述的三个场景，阐明焊接机器人工具坐标系的标定理由。

表 4-8　焊接机器人工具坐标系的设置缘由

场景	场景描述	场景示例	
		设置前	设置后
任务示教	在机器人任务示教过程中，当工具坐标系（TCP）尚未设置或因机器人工具坐标系（TCP）参数丢失而尚未正确设置时，机器人焊枪作业姿态的调整无法通过绕 TCP 定点转动快捷实现	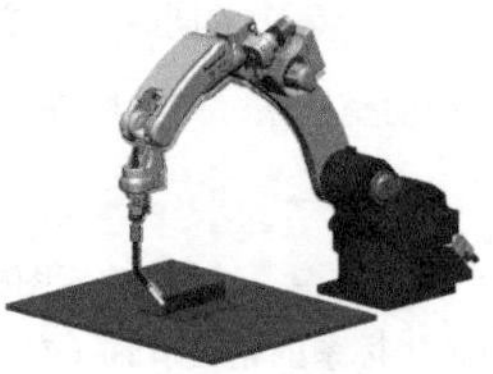	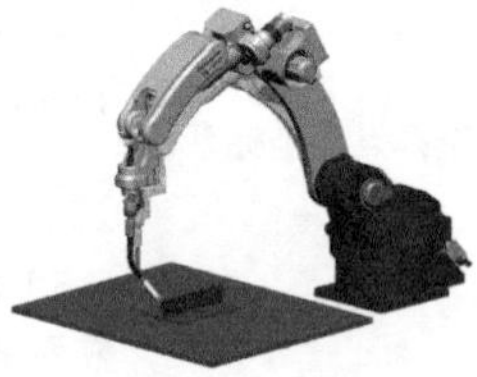
程序测试	当机器人执行任务程序时，若遇到末端执行器（焊枪）更换而工具坐标系（TCP）参数不变，以及工具坐标系（TCP）参数未正确设置等情况，此时极易发生机器人末端执行器与工件碰撞、动作不可达等现象而导致停机	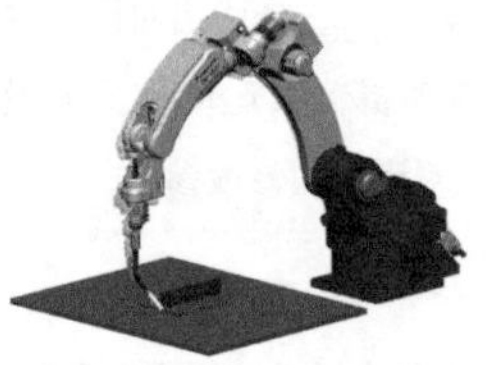	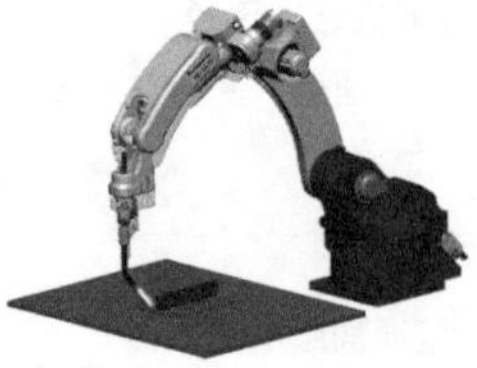
视觉导引	当利用机器视觉进行焊前寻位、焊缝跟踪等自适应焊接时，倘若机器人工具坐标系（TCP）参数未正确设置，机器人视觉导引纠偏容易导致末端执行器与工件发生碰撞，以及动作不可达等现象	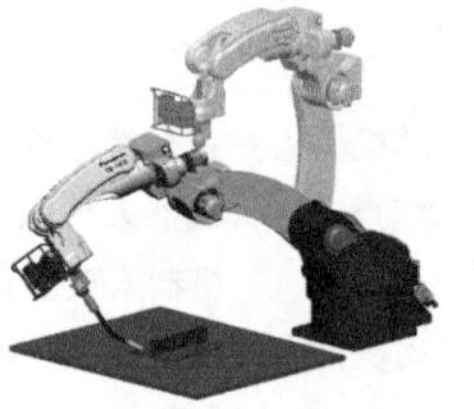	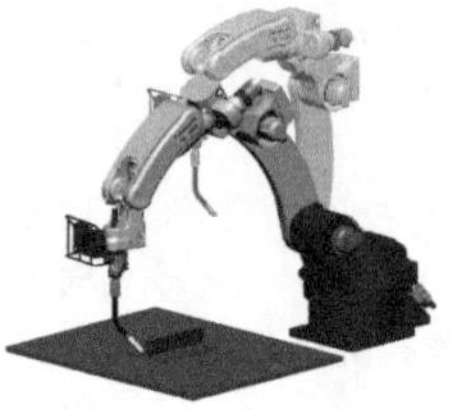

2. 设置方法

出于焊接工艺需求，焊接机器人运动轨迹示教过程中往往需要焊枪姿态调整和横向摆动，因此精准的工具执行点（工具坐标系的原点或 TCP）和坐标轴方向是基本保证。换而言之，焊接机器人工具坐标系的设置既要求定义坐标系的原点（TCP），又要求定义坐标轴的方向。目前，常用的焊接机器人工具坐标系的设置方法包括六点（接触）法和直接输入法两种。

采用六点（接触）法设置工具坐标系时，基本原则是点动机器人以若干不同的手臂（腕）姿态指向并接触同一外部（尖端）参照点。不过，不同品牌的焊接机器人设置过程略有差异。以 Panasonic 机器人为例，编程员需要分别操控机器人在工具 *X-Z* 平面（绕 *Y* 轴）和工具 *X-Y* 平面（绕 *Z* 轴）以三种不同的手臂（腕）姿态指向并接触同一外部尖端点（如销针），机器人控制器可以自动计算出新的工具坐标系的原点（TCP）和坐标轴方向，如图 4-10 所示。

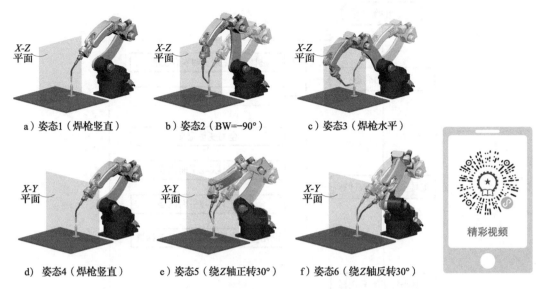

a）姿态1（焊枪竖直）   b）姿态2（BW=-90°）   c）姿态3（焊枪水平）

d）姿态4（焊枪竖直）   e）姿态5（绕Z轴正转30°）   f）姿态6（绕Z轴反转30°）

精彩视频

图 4-10 六点（接触）法设置焊接机器人工具坐标系

除六点（接触）法外，针对相同机型、相同配置的焊接机器人系统批量调试，以及使用者已准确掌握机器人末端执行器（焊枪）的几何尺寸等场合，可以采用直接输入法设置工具坐标系的相关参数。

- 采用六点（接触）法设置焊接机器人工具坐标系时，应保证焊丝干伸长度与执行焊接作业时的焊丝干伸长度一致。
- 在实际设置焊接机器人工具坐标系过程中，综合利用六点（接触）法和直接输入法可以获得良好的坐标系（或 TCP）设置精度。
- 新设置的工具坐标系可以通过定向移动和绕外部（尖端）参照点转动检验其精度。一般来讲，若定点转动过程中焊丝端头与参照点的距离偏差未超过焊丝直径，则说明坐标系的设置精度满足机器人弧焊应用。

任务分析

完整的焊接机器人工具坐标系设置过程包括坐标系参数计算（或输入）、坐标系编号选择和坐标系精度检验三个步骤。本任务的要求是采用六点（接触）法设置 Panasonic 焊接机器人的工具坐标系，具体流程如图 4-11 所示。其中，工具坐标系参数计算是通过记忆同一外部（尖端）参照点的六种不同手臂（腕）姿态，含工具 X-Z 平面内三种姿态和工具 X-Y 平面内三种姿态。

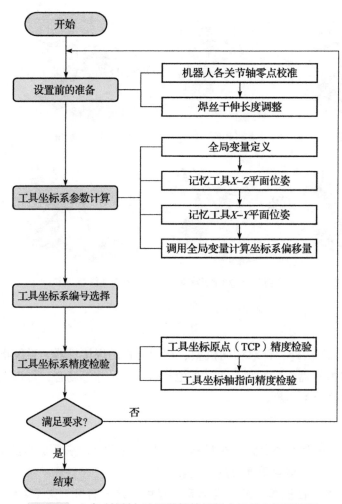

图 4-11 六点（接触）法设置焊接机器人工具坐标系流程

任务实施

1. 设置前的准备

开始设置焊接机器人工具坐标系前，需做如下准备：

1）准备一个外部尖端点。将尖端点（如销针）放置在机器人工作空间的可达位置。

2）检查机器人各关节运动轴的零点是否正确。若发现零点不准，请参照 Panasonic 焊接机器人电池更换及零点校准方法予以调整。

3）机器人原点确认。执行机器人控制器内存储的原点程序，让机器人返回原点（如 BW = –90°、RT = UA = FA = RW = TW = 0°）。

4）焊丝干伸长度调整。根据任务（工艺）需求，合理调整焊丝干伸长度，即焊丝干伸长度为焊丝直径的 10 ~ 15 倍。

2. 工具坐标参数计算

点动机器人以六种不同手臂（腕）姿态指向并接触同一外部尖端点，并用全局变量记忆位姿数据，然后调用全局变量计算新的工具坐标原点及轴指向。

（1）进入全局变量定义画面 打开全局变量定义文件，步骤如下：

①在"TEACH"模式下，依次单击主菜单 🖬【编辑】→ +α【选项】，在弹出对话框中选择"TCP调整用变量"。

②点按⇨【确认键】，选择工具（坐标系）编号，再次点按⇨【确认键】，进入机器人位置记忆（全局变量定义）界面，如图4-12所示。

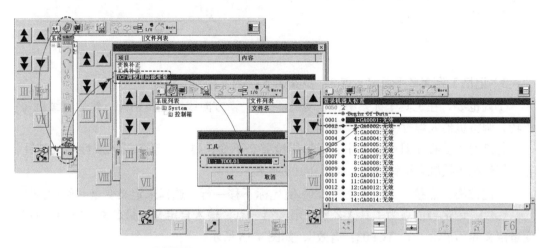

图4-12 机器人位置记忆（全局变量定义）界面

（2）记忆工具X-Z平面定义变量

1）记忆工具X-Z平面定义点1，步骤如下：

①调枪姿。在全局变量定义界面中，点按【动作功能键Ⅷ】，🔲（灯灭）→🔲（灯亮），激活机器人动作功能，然后点按【用户功能键F4】，切换机器人点动坐标系为🔲【工具坐标系】，绕🔲转动，调整机器人焊枪喷嘴的指向竖直向下。

②点对点。在工具坐标系中，保持焊枪姿态不变，点动机器人沿🔲、🔲、🔲方向线性贴近销针，直至焊丝端头接触到销针顶尖，如图4-10a所示。

③记位姿。点按⇨【确认键】，记忆当前点为工具X-Z平面定义第一点，输入自定义变量名称（如TCP01），变量定义界面显示"1：TCP01：有效"，如图4-13所示。

2）记忆工具X-Z平面定义点2，步骤如下：

①调枪姿。在工具坐标系中，点动机器人沿🔲方向线性远离销针，然后绕🔲正转，直至TW轴的回转中心线与销针指向平行（BW = –90°）。

②点对点。在工具坐标系中，保持焊枪姿态不变，再次点动机器人线性贴近销针，直至焊丝端头接触到销针顶尖，如图4-10b所示。

③记位姿。点按【用户功能键F3】使光标下移一行，选择未定义变量，然后按⇨【确认键】，记忆当前点为工具X-Z平面定义第二点，输入自定义变量名称（如TCP02），变量定义界面显示"2：TCP02：有效"，如图4-14所示。

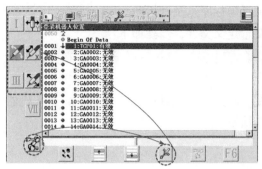

图 4-13　工具 *X-Z* 平面定义位姿 1

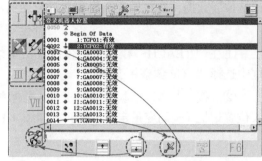

图 4-14　工具 *X-Z* 平面定义位姿 2

3）记忆工具 *X-Z* 平面定义点 3，步骤如下：

①调枪姿。在工具坐标系中，点动机器人沿 方向线性远离销针，然后继续绕
正转，调整机器人焊枪喷嘴至水平指向。

②点对点。在工具坐标系中，保持焊枪姿态不变，再次点动机器人线性贴近销针，
直至焊丝端头接触到销针顶尖，如图 4-10c 所示。

③记位姿。点按【用户功能键 F3】使光标下移一行，选择未定义变量，然后按⇨
【确认键】，记忆当前点为工具 *X-Z* 平面定义第三点，输入自定义变量名称（如 TCP03），
变量定义界面显示"3：TCP03：有效"，如图 4-15 所示。

（3）记忆工具 *X-Y* 平面定义变量

1）记忆工具 *X-Y* 平面定义点 1，步骤如下：

①调枪姿、点对点。与工具 *X-Z* 平面定义点 1 的姿态要求相同，调整机器人焊枪喷
嘴的指向竖直向下，可以通过点按【用户功能键 F2】上移光标至"1：TCP01：有效"
所在行，然后按【用户功能键 F1】激活机器人测试（跟踪）功能，快速调整机器人焊枪
姿态并移动焊丝端头与销针顶尖接触，如图 4-10d 所示。

②记位姿。点按【用户功能键 F3】使光标下移，选择未定义变量，然后按⇨【确
认键】，记忆当前点为工具 *X-Y* 平面定义第一点，输入自定义变量名称（如 TCP04），变
量定义界面显示"4：TCP04：有效"，如图 4-16 所示。

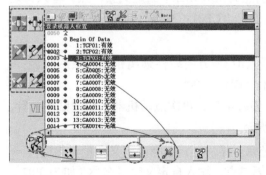

图 4-15　工具 *X-Z* 平面定义位姿 3

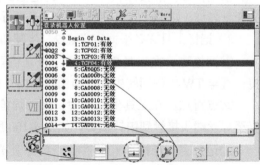

图 4-16　工具 *X-Y* 平面定义位姿 1

2）记忆工具 *X-Y* 平面定义点 2，步骤如下：

①调枪姿。在工具坐标系中，点动机器人沿 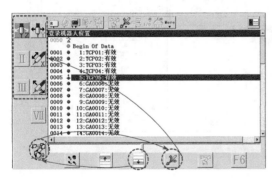 方向线性远离销针，然后绕 正转 30°。

②点对点。在工具坐标系中，保持焊枪姿态不变，点动机器人线性贴近销针，直至焊丝端头接触到销针顶尖，如图 4-10e 所示。

③记位姿。点按【用户功能键 F3】使光标下移一行，选择未定义变量，然后按 【确认键】，记忆当前点为工具 *X-Y* 平面定义第二点，输入自定义变量名称（如 TCP05），变量定义界面显示"5：TCP05：有效"，如图 4-17 所示。

3）记忆工具 *X-Y* 平面定义点 3，步骤如下：

①调枪姿。在工具坐标系中，点动机器人沿 方向线性远离销针，然后通过机器人测试（跟踪）功能，快速将机器人移至"4：TCP04：有效"记忆的位置，接着绕 反转 30°。

②点对点。在工具坐标系中，保持焊枪姿态不变，再次点动机器人线性贴近销针，直至焊丝端头接触到销针顶尖，如图 4-10f 所示。

③记位姿。点按【用户功能键 F3】使光标下移一行，选择未定义变量，然后按 【确认键】，记忆当前点为工具 *X-Y* 平面定义第三点，输入自定义变量名称（如 TCP06），变量定义界面显示"6：TCP06：有效"，如图 4-18 所示。

④待六个变量定义结束后，点按 【窗口键】，移动光标至菜单栏，依次单击主菜单 【文件】→ 【关闭】，保存机器人位置记忆（全局变量定义）。

图 4-17　工具 *X-Y* 平面定义位姿 2

图 4-18　工具 *X-Y* 平面定义位姿 3

（4）计算工件坐标参数　调用上述定义的六个全局变量自动计算工件坐标的原点及轴指向，步骤如下：

1）依次单击主菜单 【设置】→ 【机器人】，选择"TCP 调整"，弹出工具坐标系计算详情对话框。

2）在弹出对话框中，单击【浏览】按钮选择已定义的六个全局变量，单击【计算】按钮，系统自动计算工件坐标相对机械接口坐标的原点及轴指向偏移（转）量，然后按 【确认键】，将偏移（转）量数据保存至工具文件中。

3）待计算完毕，依次单击主菜单 【设置】→ 【机器人】，选择"工具"→"工具"，即可查看新设置的工具坐标偏移（转）量，如图 4-19 所示。

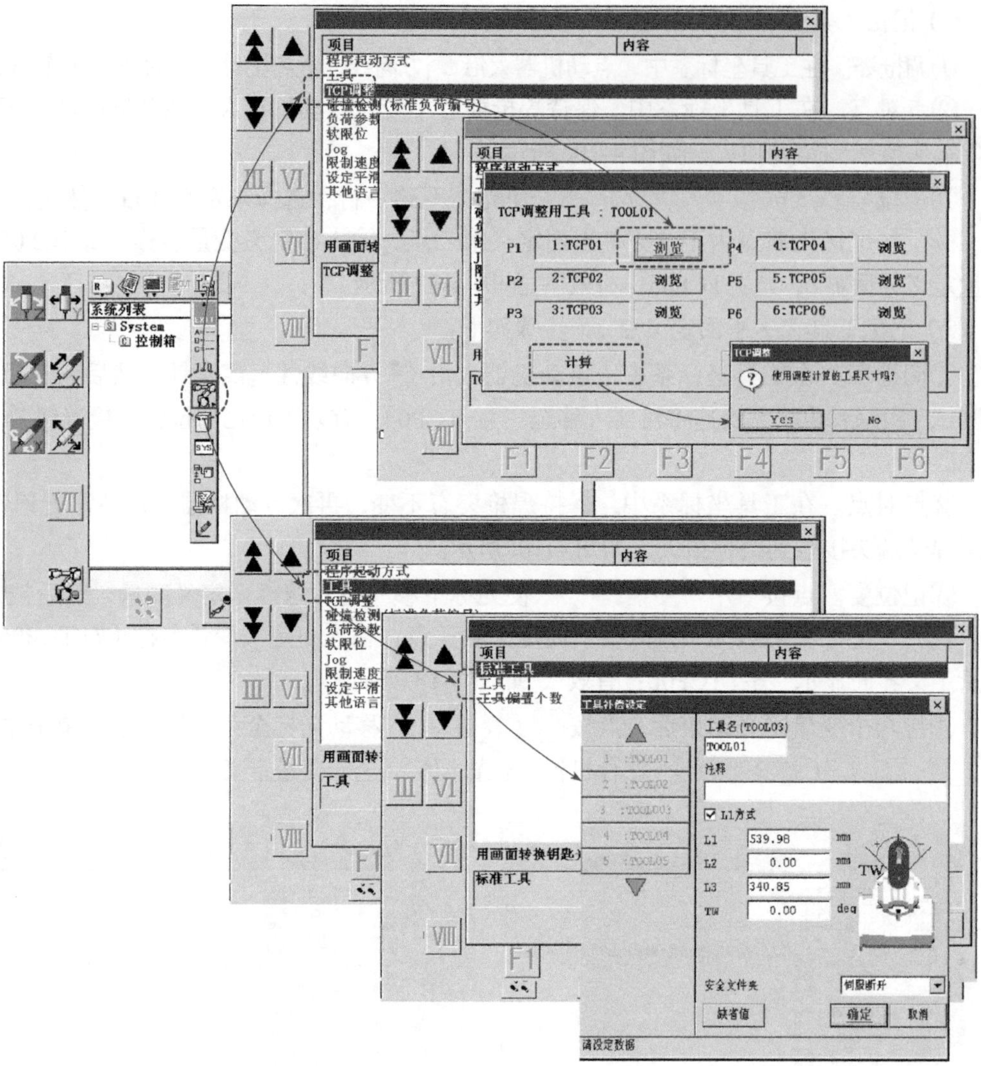

图 4-19 工具坐标参数计算及查看

3. 工具坐标编号选择

为检验及使用新设置的工具坐标系，在手动模式（未打开或创建任务程序）下，可以通过如下步骤选择激活指定编号的工具坐标系：依次单击主菜单 ▦【设置】→ 🤖【机器人】，选择"工具"→"标准工具"，在弹出界面中选择工具坐标编号即可。

4. 工具坐标精度检验

从工具坐标系的原点（TCP）和坐标轴的指向两个方面分别检验坐标系的设置精度，步骤如下：

1）在满足点动机器人基本条件前提下，依次单击辅助菜单 ☺【点动坐标系】→ ✎【工具坐标系】，切换机器人点动坐标系为工具坐标系。

2）在工具坐标系中，仍以销针顶尖为基准点，调整焊枪喷嘴竖直向下，然后依次

点动机器人沿 ◩、➕、◪ 方向线性贴近或远离销针，观察工具坐标轴指向的准确性。同时，绕 ◩、◪、⬆ 定点转动，观察焊丝端头与基准点的偏离情况，如果偏差在焊丝直径以内，表明工具坐标系的设置精度满足弧焊工艺需求。工具坐标精度检验如图 4-20 所示。

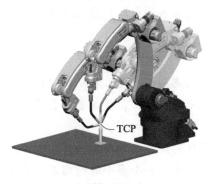　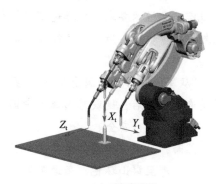

a）原点（TCP）　　　　　　　　　　　　　b）坐标轴指向

图 4-20　工具坐标精度检验

 **拓展阅读**

大国工匠 | 孙红梅：手执焊枪的"花木兰"

【工匠档案】孙红梅，中国人民解放军第五七一三工厂高级工程师。在焊修岗位摸爬滚打 20 年，从一名普通技术员成长为系统内焊接领域首席技术专家。以一颗"爱岗敬业、技艺精湛、精益求精"的工匠之心，用手中的焊枪为"战鹰"展翅蓝天保驾护航。

先后获得"全国五一劳动奖章""全国五一巾帼标兵""荆楚楷模"等称号，荣获 2019 年"大国工匠年度人物"。

航空发动机维修，是世界机械维修中技术难度最高的领域之一。手持焊枪的操作工人通常也以男性居多。而在湖北襄阳，却有一位执焊枪修航空发动机的"花木兰"——中国人民解放军第五七一三工厂高级工程师孙红梅。

在一般人看来，焊接不过是用焊枪把两种金属材料连接起来。但要做到焊接质量符合航空产品技术要求，焊接速度及焊接热量的控制至关重要。孙红梅从一名普通技术员做起，一步步成长为空军装备修理系统焊接领域的首席技术专家。

1. 立志"从军梦"

"从军，不再让祖国受欺负。"是孙红梅从小立下的志向，于是，在从西安理工大学焊接专业毕业后，她毅然选择了中国人民解放军第五七一三工厂，梦想着用自己所学护航"战鹰"飞行安全。

然而，当被安排到位于襄阳市谷城县深山里的厂区时，理想和现实的差距把孙红梅砸懵了。那里群山环抱、交通不便，去最近的县城也得坐上一个多小时的班车。真正开始工作时，孙红梅发现，自己每天重复着"两点一线"的枯燥生活，相比于同届在大城市里上班的同学，风华正茂、意气风发的她心里有了小失落。但她并没有动摇，想到当初选择航修事业、选择军工厂时的初心，孙红梅坚定了留下来的决心："发动机是'战鹰'的心脏，把我手中的每一个零件都打造成精品，铸就军工品质，实现了自己的'从军梦'，也实现了父辈的愿望。"

孙红梅开始了寂寞的坚守。白天看不见都市繁华的熙熙攘攘，她在维修现场熟悉产品性能，掌握各部件的维修技巧，向老师傅学经验；晚上听不到城市里的歌舞升平，她捡起书本梳理理论知识，钻研产品原理，很快就从学徒成长为焊接技术骨干。

2. 航修立新功

2002 年，作为焊接专业的骨干，孙红梅投入到某新型发动机修理能力建设工作中。孙红梅在一开始就遇到了难题——关键部件涡轮叶片故障缺乏有效修理手段，国内几乎没有可借鉴的技术和经验，这个焊接界的难题也成为制约装备修理的"拦路虎"。

需要修理的叶片材料，对焊接热量和应力敏感，极易产生细微裂纹，并且焊接部位位于厚度不足 1mm 的棱角处，散热条件差，焊接热量必须恰到好处。过大，会导致烧塌和过热变形，产生裂纹；过小，会导致虚焊，达不到修理效果。

孙红梅凭着一股子冲劲，就是要碰碰这个"硬骨头"。她重新审视叶片的技术状态，边收集查阅资料，边动手试验不同材料的十几个焊接参数，分析不同参数对焊接过程的影响。整个夏天，孙红梅都"闷"在蒸笼似的厂房里，加上焊接产生的高温，每焊完一道焊缝都会大汗淋漓。为避免手抖造成焊接缺陷，她握焊枪的食指因长时间用力变形了，不小心裸露的皮肤经常被弧光炙烤得爆裂蜕皮，眼睛被弧光打伤，常常泪流不止。

经过近百次反复试验，孙红梅终于找到了合适的焊接参数和焊接方式，首件产品焊接成功。倔强的她扫清了试修中的"拦路虎"，助力更多"战鹰"重返蓝天。

此后，孙红梅对焊接技术领域的探索更加痴迷。2007 年 5 月，某新型战机上一个复杂薄壁零件损坏。在这样的薄壁零件上焊接，特别容易引起变形，修复难度很大。

孙红梅没有退缩，仔细研判焊接零件的结构、性能后，果断决定引进激光焊接技术。可该技术当时在国内航空业刚起步，焊接部位"对中性"要求高，稍有偏差，就可能导致零件报废。那段日子，她将"家"搬进了工作室，带领团队成员对设计的几十个方案逐一展开验证，对每次试验的参数焊接手法都小心把控。凭着一股韧劲，孙红梅连续奋战两个多月，终于完成了修理任务，经测试完全达标。

孙红梅的专业硕果像焊枪里的焊花，绽放出夺目的光彩。她主持参与的 30 余项科研项目获军队科技进步奖一等奖 1 项、二等奖 1 项、三等奖 4 项；襄阳市科技进步二等奖 1 项、三等奖 2 项；工厂科技进步奖近 20 项，专利授权 4 项。她主持的某型发动机燃烧室机匣裂纹故障快速修复技术，成为领先国内同行业的关键技术。

3. 技术带头人

在不断攀登科研高峰的路上，孙红梅头上的光环越来越多，也越来越清醒地认识到，个人的力量有限，集体的智慧无穷。因此，她要用技艺的传承来守护"工匠精神"，致敬"从军报国"的初心。

2013 年，五七一三工厂吸纳了一批创新能力较强、具有培养潜质的年轻技术骨干，成立了以孙红梅名字命名的"红梅工作室"，重点开展焊接专业新装备、新工艺、新材料、新技术的研究应用。航空发动机是一个复杂的系统工程，涉及非金属、无损检测、航空发动机等多个领域。孙红梅充分发挥团队合作优势，瞄准当今国际上前沿的激光冲击强化、超声波冲击强化、数控气动喷丸、振动焊接等技术开展研究。

工作室的研究成果，不但提升了发动机的修理质量，还延长了零部件的寿命；不仅实现了航空发动机零部件修旧如新，还实现了修旧超新；不仅突破了国外的技术封锁，还形成了具有自主知识产权的修理工艺。截至目前，工作室完成全国总工会、军队、省市及工厂科研项目 60 余项，破解生产难题百余项，累计节约成本近亿元。

作为航空修理焊接技术的带头人，孙红梅毫无保留地把自己的经验分享给他人，手把手带出了 10 名徒弟。她说，有国就有家，看见祖国繁荣昌盛，内心无比自豪，而自己能在幕后为强军兴装做一点点贡献，也感到非常满足和欣慰。

▶ 任务 4.2　　点动机器人沿板 – 板 T 形接头角焊缝运动

◤ 任务提出

一焊件之端面与另一焊件表面构成直角或近似直角的接头，称为 T 形接头。T 形接头是建筑、桥梁和船舶等钢结构焊接制造最为常见的接头形式之一。根据焊缝所处位置或承受载荷大小，T 形接头角焊缝包括 I 形坡口角焊缝（非承载焊缝）和单边 V 形、J 形、K 形、双 J 形对接焊缝（承载焊缝）两种。

本任务要求在任务 3.1 所设置的工具坐标系和默认的工件坐标系中点动 Panasonic 焊接机器人，模仿 T 形接头角焊缝（图 4-21，I 形坡口，对称焊接）线状焊道运动轨迹示教时的机器人 TCP 位姿调整，深化对焊接机器人系统运动轴及其在关节、工件和工具等常见机器人点动坐标系中的运动特点的理解，熟悉点动机器人的必要条件。

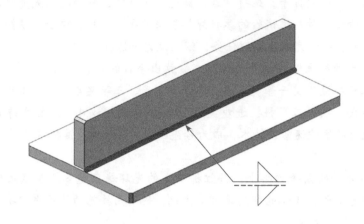

图 4-21　T 形接头角焊缝平焊示意

知识准备

4.2.1　T 形接头平角焊的焊枪姿态规划

表 4-9 是钢结构制作中常见的 T 形接头坡口形式和焊缝形式。与对接接头相比，构成 T 形接头的两工件成 90° 左右的夹角，降低熔敷金属和熔渣的流动性，焊后容易产生咬边和气孔等缺陷。因此，为获得理想的焊接接头质量，合理规划机器人焊枪的空间指向显得尤为重要。如图 4-22 所示，对于（I 形坡口）T 形接头角焊缝而言，当焊脚 S_1、$S_2 \leqslant 7\text{mm}$ 时，通常采用单层（道）焊，焊枪行进角 $\alpha = 65° \sim 80°$、工作角 $\beta = 45°$，且焊枪指向位置（焊丝端头与接头根部的距离 L_1、L_2）与待焊工件的厚度关联。若板厚 $T_1 \leqslant T_2$，则 $L_1 = 0\text{mm}$、$L_2 = (1.0 \sim 1.5)\Phi$；反之，若 $T_1 > T_2$，则 $L_1 = (1.0 \sim 1.5)\Phi$、$L_2 = 0\text{mm}$。式中，Φ 为焊丝直径，单位为 mm；当焊脚 S_1、$S_2 > 7\text{mm}$ 时，则需要横向摆动焊枪或采用多层多道焊工艺，此部分内容详见本书项目 6。

表 4-9　常见的 T 形接头坡口形式和焊缝形式

序号	坡口形式	焊缝形式	接头示例	序号	坡口形式	焊缝形式	接头示例
1	I 形	角焊缝		2	单边 V 形	对接焊缝	

（续）

序号	坡口形式	焊缝形式	接头示例	序号	坡口形式	焊缝形式	接头示例
3	单边 V 形	对接焊缝		6	K 形（带钝边）	对接焊缝	
4	J 形（带钝边）	对接焊缝		7	K 形	对接和角接的组合焊缝	
5	K 形	对接焊缝		8	双 J 形	对接焊缝	

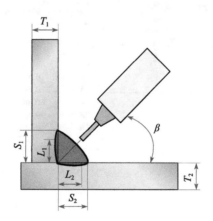

图 4-22　T 形接头平角焊姿态示意

当采用多层多道焊接（I 形坡口）T 形接头时，通常焊枪行进角保持 $\alpha = 65° \sim 80°$，工作角视焊道（层）而实时调整。例如，当焊脚 S_1、$S_2 = 10 \sim 12\text{mm}$ 时，一般采用两层三道焊，焊第一层（第一道）时，工作角 $\beta = 45°$；焊接第二道焊缝时，应覆盖不小于第一层焊缝的 2/3，焊枪工作角稍大些，$\beta = 45° \sim 55°$；焊接第三道焊缝时，应覆盖第二道焊缝的 1/3 ~ 1/2，焊枪工作角 $\beta = 40° \sim 45°$，角度太大，易产生焊脚下偏现象。

4.2.2　机器人焊枪姿态显示

作为一名高水平的焊接机器人编程员，应具备以下三方面能力：一是能够根据接头及坡口形式，合理选择机器人焊枪型号并设置相应的工具坐标系；二是能够根据焊接质量要求，合理规划机器人焊枪姿态；三是能够及时查看机器人焊枪（或 TCP）的当前位姿，精确点动机器人至规划位姿。在示教、保养和维修机器人过程中，经常需要了解机器人各关节运动轴及末端工具（或 TCP）的位置及姿态，此时可以通过系统状态监视功能实时查看机器人的运动状态。图 4-23 所示为以关节和直角形式显示 Panasonic 机器人各关节运动轴、末端工具（或 TCP）位置及姿态的界面。依次单击选择主菜单 ▣【视图】→ ▣【状态显示】→ ▣【位置信息】→ AGL【关节】或 XYZ【直角】，即可弹出机器人（焊枪）姿态实时显示界面。

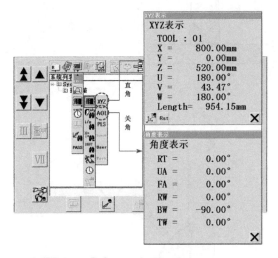

图 4-23　机器人（焊枪）姿态实时显示界面

任务分析

同项目 3 中机器人平板堆焊的运动轨迹示教类似，使用机器人完成 T 形接头单侧角焊缝至少需要示教五个目标位置点、双侧角焊缝至少示教九个目标位置点，其运动路径和焊枪姿态规划如图 4-24 所示。各示教点用途参见表 4-10。实际示教时，焊接临近（回退）点的记忆滞后于焊接起始（结束）点。这主要缘于临近点的焊枪姿态调整缺乏参照，不如起始点直观，所以编程员通常喜欢在焊接起始点调整焊枪指向，随后沿工具坐标系的 –X 轴方向（Panasonic 机器人）移动机器人至焊接临近点。可见，与指令路径①→②→③→④→⑤→⑥→⑦→⑧→⑨→①不同的是，机器人点动路径因编程员习惯而各不相同，如①→③→②→③→④→⑤……

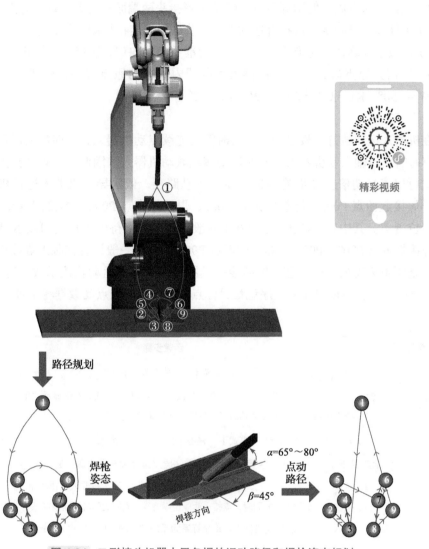

精彩视频

图 4-24　T 形接头机器人平角焊的运动路径和焊枪姿态规划

表 4-10　T 形接头机器人平角焊示教点用途

示教点	备注	示教点	备注	示教点	备注
①	原点（HOME）	④	焊接结束点 1	⑦	焊接起始点 2
②	焊接临近点 1	⑤	焊接回退点 1	⑧	焊接结束点 2
③	焊接起始点 1	⑥	焊接临近点 2	⑨	焊接回退点 2

任务实施

1. 示教前准备

开始点动焊接机器人之前，需做如下准备：

1）工件表面清理。核对试板尺寸，将钢板表面的铁锈和油污等杂质清理干净。

2）工件组对点固。使用焊条电弧焊从 T 形接头两端面进行定位焊，焊点不宜过大。

3）工件装夹与固定。选择合适的夹具，将试板固定在焊接工作台上。

4）示教模式确认。切换【模式旋钮】对准 "TEACH"，选择手动模式。

5）机器人原点确认。执行机器人控制器内已有的原点程序，让机器人返回原点（如 BW = –90°、RT = UA = FA = RW = TW = 0°）。

2. 运动轨迹示教

在机器人运动轨迹示教过程中，有时需要连续点动机器人，有时需要增量点动机器人，有时需要单轴点动机器人，有时需要多轴联动机器人。因此，合理选择点动机器人的方式可以事半功倍。参照图 4-24 所示的点动路径，依次导引机器人通过机器人原点 P001、焊接起始点 P003、焊接临近点 P002、焊接结束点 P004、焊接回退点 P005 等九个目标位置点。其中，机器人原点 P001 一般设置在远离待焊工件的可动区域的安全位置；焊接临近点 P002、P006 和焊接回退点 P005、P009 一般设置在临近焊接作业区间和便于调整焊枪姿态的安全位置。T 形接头机器人平角焊的运动轨迹示教步骤见表 4-11。值得注意的是，若不创建任务程序记忆目标点位姿，机器人点动数据将不被记忆存储。

表 4-11　T 形接头机器人平角焊的运动轨迹示教步骤

示教点	示教步骤
机器人原点 P001	1）点按 【窗口键】，移动光标至菜单栏，依次单击主菜单 【视图】→ 【状态显示】→ 【位置信息】→ AGL【关节】，示教盒界面切换至双视图模式，右侧显示 "角度（关节）" 界面 2）查看机器人各关节运动轴的当前位置，确认焊丝干伸长度
焊接起始点 P003	1）在 "TEACH（手动）" 模式下，轻握【安全开关】至 【伺服接通按钮】指示灯闪烁，此时按下 【伺服接通按钮】，指示灯亮，机器人运动轴伺服电源接通 2）点按【动作功能键Ⅷ】，（灯灭）→（灯亮），激活机器人动作功能 3）按住【右切换键】的同时，点按【动作功能键Ⅳ】或依次单击辅助菜单 【点动坐标系】→ 【工件坐标系】，切换机器人点动坐标系为系统默认的工件（用户）坐标系，即与 【机座坐标系】重合 4）在工件（用户）坐标系中，使用【动作功能键Ⅳ～Ⅵ】+【拨动按钮】组合键，点动机器人沿 $+X^{User}$、$+Y^{User}$、$+Z^{User}$ 方向线性贴近焊接起始点附近的参考点，如立板棱角 5）依次单击主菜单 【视图】→ 【状态显示】→ 【位置信息】→ XYZ【直角】，将示教盒右侧界面切换至 "XYZ（直角）" 显示机器人 TCP 的当前位姿 6）在工件（用户）坐标系中，使用【动作功能键Ⅲ、Ⅰ】+【拨动按钮】组合键，点动机器人先后绕 –Z 轴方向 $-Z^{User}$、+X 轴（或 –X 轴）方向 $+X^{User}$ 定点转动，实时查看示教盒右侧界面显示的机器人 TCP 姿态，精确调整焊枪工作角 $\beta = 45°$ 7）在工件（用户）坐标系中，使用【动作功能键Ⅵ】+【拨动按钮】组合键，点动机器人沿 –Z 轴方向 $-Z^{User}$ 线性缓慢移至焊接起始点 8）在工件（用户）坐标系中，使用【动作功能键Ⅱ】+【拨动按钮】组合键，点动机器人绕 +Y 轴方向 $+Y^{User}$ 定点转动，实时查看示教盒右侧界面显示的机器人 TCP 姿态，精确调整焊枪行进角 $\alpha = 65° \sim 80°$，如图 4-25 所示

（续）

示教点	示教步骤
焊接临近点 P002	1）按住【右切换键】的同时，点按【动作功能键Ⅳ】或依次单击辅助菜单 ⏼【点动坐标系】→ 🔧【工具坐标系】，切换机器人点动坐标系为工具坐标系 2）在工具坐标系中，保持焊枪姿态不变，沿 –X 轴方向 💢，点动机器人线性移向远离焊接起始点的安全位置，离起始点的距离为 30～50mm
焊接结束点 P004	1）在工具坐标系中，保持焊枪姿态不变，沿 +X 轴方向 💢，点动机器人线性移至焊接起始点 2）按住【右切换键】的同时，点按【动作功能键Ⅳ】或依次单击辅助菜单 ⏼【点动坐标系】→ 💀【工件坐标系】，切换机器人点动坐标系为工件（用户）坐标系 3）在工件（用户）坐标系中，保持焊枪姿态不变，沿 –X 轴方向 $_{.X+}^{User}$（线状焊道与 X 轴平行），点动机器人线性移至焊接结束点位置，如图 4-26 所示
焊接回退点 P005	1）按住【右切换键】的同时，点按【动作功能键Ⅳ】或依次单击辅助菜单 ⏼【点动坐标系】→ 🔧【工具坐标系】，切换机器人点动坐标系为工具坐标系 2）在工具坐标系中，继续保持焊枪姿态，沿 –X 轴方向 💢，点动机器人移向远离焊接结束点的安全位置，离结束点的距离为 30～50mm
焊接起始点 P007	1）按住【右切换键】的同时，点按【动作功能键Ⅳ】或依次单击辅助菜单 ⏼【点动坐标系】→ 💀【工件坐标系】，切换机器人点动坐标系为工件（用户）坐标系 2）在工件（用户）坐标系中，使用【动作功能键Ⅳ～Ⅵ】+【拨动按钮】组合键，点动机器人沿 $_{.X+}^{User}$、$_{.Y+}^{User}$、$_{.Z+}^{User}$ 方向线性贴近第二段焊缝起始点附近的参考点，如立板棱角 3）在工件（用户）坐标系中，使用【动作功能键Ⅰ】+【拨动按钮】组合键，点动机器人绕 –Z 轴方向 ^{User} 定点转动，精确调整焊枪工作角 $\beta=45°$、行进角 $\alpha=65°～80°$ 4）在工件（用户）坐标系中，使用【动作功能键Ⅵ】+【拨动按钮】组合键，点动机器人沿 –Z 轴方向 $_{.Z}^{User}$ 线性缓慢移至第二段焊缝起始点，如图 4-27 所示
焊接临近点 P006	1）按住【右切换键】的同时，点按【动作功能键Ⅳ】或依次单击辅助菜单 ⏼【点动坐标系】→ 🔧【工具坐标系】，切换机器人点动坐标系为工具坐标系 2）在工具坐标系中，保持焊枪姿态不变，沿 –X 轴方向 💢，点动机器人线性移向远离焊接起始点的安全位置，离起始点的距离为 30～50mm
焊接结束点 P008	1）在工具坐标系中，保持焊枪姿态不变，沿 +X 轴方向 💢，点动机器人线性移至焊接起始点 2）按住【右切换键】的同时，点按【动作功能键Ⅳ】或依次单击辅助菜单 ⏼【点动坐标系】→ 💀【工件坐标系】，切换机器人点动坐标系为工件（用户）坐标系 3）在工件（用户）坐标系中，保持焊枪姿态不变，沿 +X 轴方向 $_{.X}^{User}$（线状焊道与 X 轴平行），点动机器人线性移至焊接结束点位置，如图 4-28 所示
焊接回退点 P009	1）按住【右切换键】的同时，点按【动作功能键Ⅳ】或依次单击辅助菜单 ⏼【点动坐标系】→ 🔧【工具坐标系】，切换机器人点动坐标系为工具坐标系 2）在工具坐标系中，继续保持焊枪姿态，沿 –X 轴方向 💢，点动机器人移向远离焊接结束点的安全位置，离结束点的距离为 30～50mm

（续）

示教点	示教步骤
机器人原点 P001	1）点按 【窗口键】，移动光标至菜单栏，依次单击主菜单 【视图】→ 【状态显示】→ 【位置信息】→ AGL 【关节】，将示教盒右侧界面切换至"角度（关节）"界面，显示机器人各关节运动轴状态 2）按住【右切换键】的同时，点按【动作功能键Ⅳ】或依次单击辅助菜单 【点动坐标系】→ 【关节坐标系】，切换机器人点动坐标系为关节坐标系 3）在关节坐标系中，使用【动作功能键Ⅰ～Ⅵ】+【拨动按钮】组合键，点动机器人各关节轴转动，实时查看示教盒右侧界面显示的机器人关节运动状态，精确调控机器人返回原点（如 BW = −90°、RT = UA = FA = RW = TW = 0°）

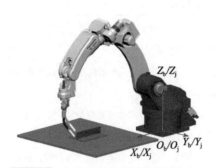

图 4-25　点动机器人至焊接起始点 P003

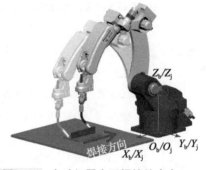

图 4-26　点动机器人至焊接结束点 P004

图 4-27　点动机器人至焊接起始点 P007

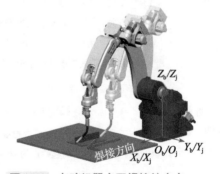

图 4-28　点动机器人至焊接结束点 P008

综上可以看出，快速、便捷地完成焊接机器人点动操作需要适时选择恰当的点动坐标系和坐标（运动）轴。焊接机器人的运动轨迹示教主要是在工件和工具等直角坐标系中完成。

 拓展阅读

Panasonic 焊接机器人工件（用户）坐标系的设置

工件（用户）坐标系是编程员参照作业对象和相对机座坐标系而定义的三维空间正交坐标系。Panasonic 焊接机器人系统默认可以设置 30 套用户坐标系，编号 0 ～ 30（编号 0 表示工件坐标系与机座坐标系重合）。同工具坐标系设置近似，编程员可以采用三

点（接触）法设置机器人工件坐标系，分别用于记忆工件坐标系的原点（P1）、X 轴方向（P1→P2）和 Y 轴方向（P1→P3）。待工件坐标系设置完成，选择激活新设置的工件坐标系，并点动机器人沿参考对象（如焊道）定向移动。对于弧焊机器人而言，在定向移动过程中，若焊丝端头与参考对象的偏差未超过焊丝直径，则说明新设置的工件坐标轴指向精度满足弧焊应用。工件坐标系的参数计算（或输入）、编号选择和精度检验等详细设置过程见表 4-12。值得注意的是，欲设置工件（用户）坐标系，应首先精确设置工具坐标系。

表 4-12　Panasonic 焊接机器人工件（用户）坐标系设置过程

步骤	设置过程	姿态界面示意
全局变量定义	在"TEACH"模式下，依次单击主菜单【编辑】→【全局变量】，选择"登录机器人位置"，弹出机器人位置记忆（全局变量定义）界面	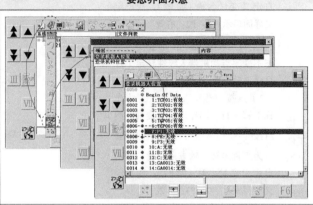
记忆工件坐标原点变量	1）在满足点动机器人基本条件前提下，点按【用户功能键F4】，切换机器人点动坐标系为【工具坐标系】，绕转动，调整机器人焊枪喷嘴的指向竖直向下 2）在工具坐标系中，保持焊枪姿态不变，点动机器人沿、、方向线性贴近工件，直至焊丝端头接触到自定义的工件坐标原点 3）点按【确认键】，记忆当前示教点为工件坐标原点变量位置，输入自定义变量名称（如P1），变量定义界面显示"7：P1：有效"	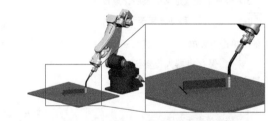 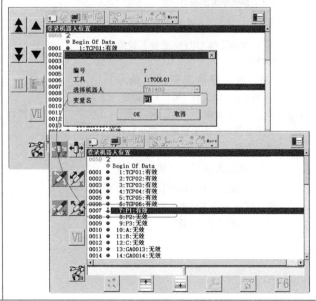

（续）

步骤	设置过程	姿态界面示意
记忆工件坐标 X 轴方向变量	1）在工具坐标系中，保持焊枪姿态不变，点动机器人线性移至工件坐标 X 轴方向点位置 2）点按【用户功能键 F3】将光标下移一行，选择未定义变量，然后按 ⇨【确认键】，记忆当前示教点为工件坐标 X 轴方向变量，输入自定义变量名称（如 P2），变量定义界面显示"8：P2：有效"	
记忆工件坐标 Y 轴方向变量	1）在工具坐标系中，保持焊枪姿态不变，点动机器人线性移至工件坐标 Y 轴方向点位置 2）点按【用户功能键 F3】将光标下移一行，选择未定义变量，然后按 ⇨【确认键】，记忆当前示教点为工件坐标 Y 轴方向变量，输入自定义变量名称（如 P3），变量定义界面显示"9：P3：有效" 3）待三个变量定义结束后，点按 【窗口键】，移动光标至菜单栏，依次单击主菜单 R 【文件】→ 【关闭】，保存机器人位置记忆（全局变量定义）	
调用全局变量设置工件坐标	1）依次单击主菜单 【设置】→ 【控制柜】，选择"用户坐标系"，弹出工件（用户）坐标系设置详情界面 2）选择界面左侧区域编号"USER01"的工件（用户）坐标系，单击界面右下侧【浏览】，依次调用全局变量记忆的坐标原点和坐标轴方向数据 3）确认无误后，点按 ⇨【确认键】，保存工件（用户）坐标系参数，同时编号 USER01 的工件（用户）坐标系显示"有效"	

（续）

步骤	设置过程	姿态界面示意
工件坐标编号选择	1）依次单击主菜单 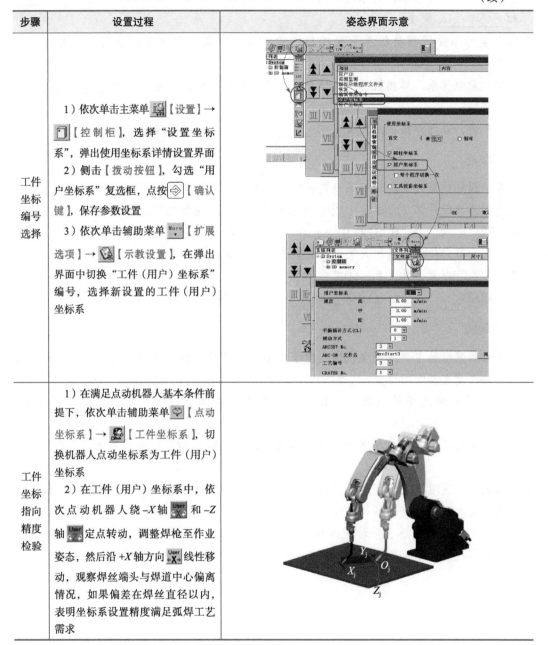【设置】→【控制柜】，选择"设置坐标系"，弹出使用坐标系详情设置界面 2）侧击【拨动按钮】，勾选"用户坐标系"复选框，点按【确认键】，保存参数设置 3）依次单击辅助菜单 **More**【扩展选项】→【示教设置】，在弹出界面中切换"工件（用户）坐标系"编号，选择新设置的工件（用户）坐标系	
工件坐标指向精度检验	1）在满足点动机器人基本条件前提下，依次单击辅助菜单【点动坐标系】→【工件坐标系】，切换机器人点动坐标系为工件（用户）坐标系 2）在工件（用户）坐标系中，依次点动机器人绕 -X 轴 **User** 和 -Z 轴 **User** 定点转动，调整焊枪至作业姿态，然后沿 +X 轴方向 **User** 线性移动，观察焊丝端头与焊道中心偏离情况，如果偏差在焊丝直径以内，表明坐标系设置精度满足弧焊工艺需求	

知识测评

一、填空题

1. Panasonic 机器人示教时常使用的坐标系有 _____ 坐标系 、_____ 坐标系 、_____ 坐标系 和 _____ 坐标系 。

2. 按照运动轴的所属系统关系的不同，可将焊接机器人系统的运动轴划分为 _____ 和 _____ 两类。

3. 工件坐标系是编程员根据需要参照作业对象自定义的三维空间正交坐标系，因此又称 _____。

4. 同为直角坐标系，焊接机器人本体轴在工具坐标系中的运动基本仍为 _____，且能够实现 _____ 定点转动。

5. 一般来讲，点动焊接机器人有 _____ 和 _____ 两种操控方式。

二、选择题

1. 完整的焊接机器人工具坐标系设置过程包括（　　）。
　①坐标系参数计算（或输入）；②坐标系编号选择；③坐标系精度检验
　A.①②　　　　　B.①②③　　　　　C.②③　　　　　D.①③

2. 第一代和第二代焊接机器人系统都配置（　　）等机器人点动坐标系。
　①关节；②世界；③工具；④工件（用户）
　A.①②③④　　　B.①②③　　　　　C.②③④　　　　D.①③④

三、判断题

1. 本体轴和基座轴主要是实现机器人焊枪或 TCP 的空间定位与定向，而工装轴主要是支承工件并确定其空间位置。（　　）

2. 坐标系是为确定焊接机器人的位姿而在机器人本体上进行定义的位置指标系统。（　　）

3. 在关节坐标系中，焊接机器人系统各运动轴均可实现单轴正向和反向转动（或移动）。（　　）

4. 工具坐标系适用于点动焊接机器人沿焊枪所指方向移动或绕 TCP 定点转动，以及焊枪横向摆动和运动轨迹平移等场合。（　　）

5. 增量点动机器人适用于手动操作和任务编程时离目标（指令）位姿较远的场合，主要是对机器人焊枪（或工件）的空间位姿进行快速粗调整。（　　）

项目 5　焊接机器人的直线轨迹编程

　　直线焊缝是板–板对接接头、板–板角接接头、板–板T形接头和板–板搭接接头的主流焊缝形式。许多复杂焊接结构都是由若干条直线焊缝组合连接而成，如工程机械、船舶和桥梁的箱体结构等。直线轨迹是焊接机器人连续路径运动的典型，同时也是焊接机器人任务编程的常见运动轨迹之一。

　　本项目参照1+X"焊接机器人编程与维护"职业技能等级要求，重点围绕任务编程这一工作领域，以Panasonic G Ⅲ焊接机器人为例，通过尝试板–板对接机器人平焊任务的示教编程，掌握机器人直线轨迹焊缝示教编程的内容、流程和调试方法，并完成直线轨迹任务程序的编辑。根据焊接机器人编程员的岗位工作内容，本项目共设置两项任务：一是板–板对接接头机器人平焊任务编程；二是机器人直线轨迹任务程序编辑。

学习目标

知识目标

1）能够举例说明常见的机器人焊接缺陷及调控对策。

2）能够说明机器人焊接条件的配置原则。

3）能够使用机器人运动指令和焊接指令完成直线焊缝的任务编程。

技能目标

1）能够熟练配置直线焊缝机器人焊接条件。

2）能够根据焊接缺陷合理编辑直线焊缝机器人任务程序。

3）能够灵活使用示教盒验证机器人任务程序。

素养目标

1）讲述"大国工匠"故事，激励学生在学习过程中养成不畏艰难、一丝不苟和团结协作的职业素养。

2）坚持"知行合一"，充分发挥学生的主动性与创造性，提高学生的实践能力和综合素质。

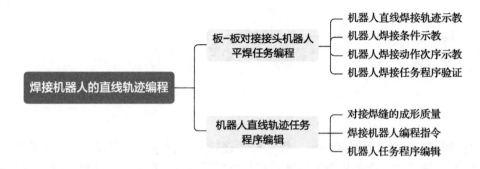

▶ 任务 5.1 板 – 板对接接头机器人平焊任务编程

任务提出

两焊件表面构成 135°～180° 夹角的接头称为对接接头。从力学角度看，对接接头是较为理想的接头形式，其受力状况较好，应力集中较小，能承受较大的静载荷和动载荷，是焊接结构中常用的一种接头形式。根据板材厚度、焊接方法和坡口形式的不同，可将对接接头分为不开坡口（I形，板厚≤3mm）对接接头和开坡口（如V形、X形、U形等，板厚>3mm）对接接头两种类型。

本任务要求使用富氩气体（如 Ar80%+$CO_2$20%）、直径为 1.0mm 的 ER50-6 实心焊丝和 Panasonic G Ⅲ 焊接机器人，完成尺寸为 200mm×50mm×1.5mm 的两块碳钢试板的板 – 板对接接头机器人平焊，单面焊双面成形，焊缝美观饱满，余高≤1.5mm，焊接变形控制合理，如图 5-1 所示。

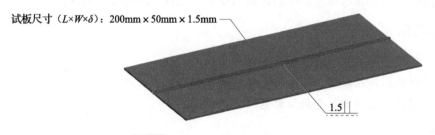

试板尺寸（$L×W×δ$）：200mm×50mm×1.5mm

1.5

图 5-1　板 – 板对接平焊接头示意

知识准备

5.1.1 机器人直线焊接轨迹示教

机器人完成直线焊缝焊接一般仅需示教两个关键位置点（直线的两端点），且直线结束点的动作类型（或插补方式）为直线动作。以图 5-2 所示的直线轨迹为例，P002

是直线轨迹起始点，P005是直线轨迹结束点，P002→P005为直线轨迹区间，共分成P002→P003焊前区间段、P003→P004焊接区间段和P004→P005焊后区间段。以Panasonic机器人为例，直线轨迹焊接区间示教要领见表5-1，机器人直线轨迹任务程序示例如图5-3所示。

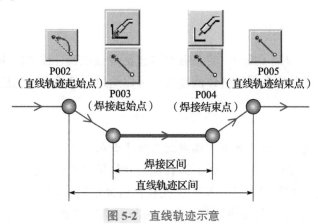

图 5-2　直线轨迹示意

表 5-1　Panasonic 机器人直线轨迹焊接区间示教要领

序号	示教点	示教要领
1	P002 直线轨迹起始点	1）点动机器人至直线轨迹起始点 2）变更示教点的动作类型为 （MOVEP），空走点 3）点按 【确认键】，记忆示教点 P002
2	P003 焊接起始点	1）点动机器人至焊接起始点 2）变更示教点的动作类型为 （MOVEL），焊接点 3）点按 【确认键】，记忆示教点 P003
3	P004 焊接结束点	1）点动机器人至焊接结束点 2）变更示教点的动作类型为 （MOVEL），空走点 3）点按 【确认键】，记忆示教点 P004
4	P005 直线轨迹结束点	1）点动机器人至直线轨迹结束点 2）变更示教点的动作类型为 （MOVEL），空走点 3）点按 【确认键】，记忆示教点 P005

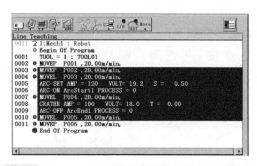

图 5-3　Panasonic 机器人直线轨迹任务程序示例

为保证焊接路径准确度，大型钢结构直线焊缝机器人焊接，应根据构件直线度插入合理数量的示教点（焊接点）。

5.1.2 机器人焊接条件示教

直线焊缝机器人焊接（弧焊）的关键参数包括焊接电流（或送丝速度）、电弧电压、焊接速度、焊丝干伸长度和保护气体流量等，可以通过直接输入、间接调用和手动设置等途径予以配置。

1. 焊丝干伸长度

焊丝干伸长度是指焊丝从导电嘴端部到工件表面的距离，而不是从喷嘴端部到工件的距离。保持焊丝干伸长度不变是保证弧长稳定和焊接过程稳定性的重要因素之一。干伸长度过长，气体保护效果不佳，易产生气孔，引弧性能变差，电弧不稳，飞溅增大；干伸长度过短，喷嘴易被飞溅物堵塞，焊丝易与导电嘴黏连。对于不同直径、不同电流、不同材料的焊丝，允许使用的焊丝干伸长度是不同的。熔化极气体保护电弧焊的焊丝干伸长度 L 经验公式为：当焊接电流 $I \leqslant 300A$ 时，$L=(10 \sim 15)\Phi$；当焊接电流 $I > 300A$ 时，$L=(10 \sim 15)\Phi+5mm$。式中，Φ 为焊丝直径，单位为 mm。

通过机器人系统焊接工艺软件中的送丝·吹气功能可以调整焊丝干伸长度。Panasonic 焊接机器人送丝·吹气功能图标见表 5-2。

表 5-2 Panasonic 焊接机器人送丝·吹气功能图标

图标	图标名称	图标功能	图标	图标名称	图标功能
	送丝·吹气 OFF	灯灭，表示点动送丝和气流检查功能禁用，点按此键，激活送丝·吹气功能		抽丝	按住此键，焊丝向后回抽。前 3s 内焊丝以慢速回抽，之后转为高速回抽
	送丝·吹气 ON	灯亮，表示点动送丝和气流检查功能激活，点按此键，禁用送丝·吹气功能		吹气	灯灭，表示关闭阀 1，保护气流检查功能禁用。点按此键，激活吹气功能
	送丝	按住此键，焊丝向前送出。前 3s 内焊丝以慢速送出，之后转为高速送出		吹气	灯灭，表示关闭阀 2，保护气流检查功能禁用。点按此键，激活吹气功能

手动调节焊丝干伸长度步骤如下：

1）在示教模式下，点按【用户功能键 F2】，🔲（灯灭）→🔲（灯亮），激活送丝·吹气功能，此时示教盒显示屏的动作功能图标区将切换至送丝·吹气功能图标（图 5-4）。

2）按住【动作功能键Ⅳ】🔲（送丝），焊丝向前送出。前 3s 内焊丝以慢速送出，之后转为高速送出；按住【动作功能键Ⅴ】🔲（抽丝），焊丝向后回抽。前 3s 内焊丝以慢速回抽，之后转为高速回抽。

图 5-4　Panasonic G Ⅲ 焊接机器人送丝·吹气功能图标

> 针对 Panasonic CO_2/MAG 焊接机器人，依次单击主菜单 ▨【设置】→ ▨【弧焊】，在弹出界面依次选择"特性 1：TAWERS1（通常使用特性）"→"焊丝 / 材质 / 焊接方法"，可以查看或变更焊丝直径和干伸长度的默认设置。

2. 保护气体流量

保护气体的种类及其气体流量大小是影响焊接质量的重要因素之一。常见的气体保护电弧焊的保护气体有一元气体、二元混合气体和三元混合气体等，如纯二氧化碳（CO_2）、纯氩气（Ar）、Ar+CO_2 等。焊接时，保护气体从焊枪喷嘴吹出，驱赶电弧区的空气，并在电弧区形成连续封闭的气层，使焊接电弧和液态熔池与空气隔绝。保护气体的流量越大，驱赶空气的能力越强，保护层抵抗流动空气的影响的能力越强。但是，流量过大时，会使空气形成紊流，并将空气卷入保护层，反而降低保护效果。通常依据喷嘴形状、接头形式、焊丝干伸长度、焊接速度等调整保护气体流量。表 5-3 是喷嘴直径为 20mm 时的保护气体流量参考值。当喷嘴口径变小时，保护气体流量随之降低。

表 5-3　喷嘴直径为 20mm 时 CO_2/MAG 焊接保护气体流量参考值

焊丝干伸长度 /mm	CO_2 气体流量 /（L/min）	富氩气体流量 /（L/min）
8 ～ 15	10 ～ 20	15 ～ 25
12 ～ 20	15 ～ 25	20 ～ 30
15 ～ 25	20 ～ 30	25 ～ 30

手动调节焊接保护气体步骤如下：

1）逆时针转动钢质储气瓶阀门，打开气体阀门，压力表指针显示压缩保护气体压力，如图 5-5 所示。

2）在示教模式下，点按【用户功能键 F2】，▨（灯灭）→ ▨（灯亮），激活送丝·吹气功能，如图 5-4 所示。

3）点按【动作功能键 Ⅵ】，(灯灭) → (灯亮)，启用保护气流检查功能，随后可以听到焊枪喷嘴出口处气体喷出的声音。此时调节储气瓶节流阀的流量调节旋钮（图 5-5），使流量指示浮球稳定在合适刻度范围内。

图 5-5　焊接富氩保护气体流量调节

> 针对 Panasonic CO$_2$/MAG 焊接机器人，依次单击主菜单 【设置】 → 【弧焊】，在弹出界面依次选择"特性 1：TAWERS1（通常使用特性）" → "焊丝 / 材质 / 焊接方法"，可以查看或变更材质和保护气体种类的默认设置。

3. 焊接电流

焊接电流是焊接时流经焊接回路的电流，是影响焊接质量和效率的重要因素之一。通常根据待焊工件的板厚、材料类别、坡口形式、焊接位置、焊丝直径和焊接速度等参数配置合理的焊接电流。对于熔化极气体保护焊而言，调整焊接电流的实质是调整送丝速度，如图 5-6 所示。同一规格的焊丝，焊接电流越大，送丝速度越快；焊接电流相同，焊丝的直径越细，送丝速度越快。此外，每一规格的焊丝都有其允许的焊接电流范围，见表 5-4。

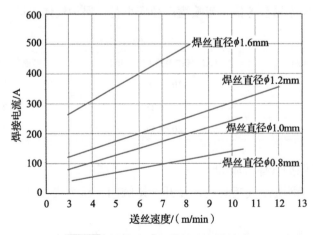

图 5-6　焊接电流与送丝速度的关系

表 5-4　不同直径实心钢焊丝所适用的焊接电流

焊丝直径 /mm	焊接电流 /A	适用板厚 /mm
0.8	50 ～ 150	0.8 ～ 2.3
1.0	90 ～ 250	1.2 ～ 6.0
1.2	120 ～ 350	2.0 ～ 10
1.6	>300	>6.0

4. 焊接速度

焊接速度是单位时间内完成的焊缝长度，是影响焊接质量和效率的又一重要因素。在焊接电流一定的情况下，焊接速度的选择应保证单位时间内焊缝能获得足够的热量。焊接热量的计算公式：$Q_{热量} = I^2 R t$，式中，I 为焊接电流，R 为电弧及焊丝干伸长度的等效电阻，t 为焊接时间。显然，相同的焊接热量条件下，存在两种可选择的焊接规范，一种是硬规范，即大电流、短时间（或快焊速）；另一种是小电流、长时间（或慢焊速）。在实际生产中偏向硬规范的选择，利于提高焊接效率。相比而言，焊接速度越快，单位长度焊缝的焊接时间越短，其获得的热量越少。对于熔化极气体保护焊而言，机器人焊接速度的参考范围为 30 ～ 60cm/min。焊接速度过快时，易产生气孔，焊道变窄，熔深和余高变小。

5. 电弧电压

电弧电压是电弧两端（两电极）之间的电压，其与焊接电流匹配程度直接影响焊接过程稳定性和焊接质量。通常电弧电压越高，焊接热量越大，焊丝熔化速度越快，焊接电流也越大。换而言之，电弧电压应与焊接电流相匹配，即保证送丝速度与电弧电压对焊丝的熔化能力一致，以实现弧长的稳定控制。待焊接电流设置完成后，可以根据经验公式计算适配的电弧电压 $U_{电弧}$：当焊接电流 $I \leqslant 300A$ 时，$U_{电弧} = 0.04 I + 16 \pm 1.5$（V）；当焊接电流 $I > 300A$ 时，$U_{电弧} = 0.04 I + 20 \pm 2.0$（V）。电弧电压偏高时，弧长变长，焊接飞溅颗粒变大，焊接过程发出"啪嗒、啪嗒"声，易产生气孔，焊缝变宽，熔深和余高变小；反之，电弧电压偏低时，弧长变短，焊丝插入熔池，飞溅增加，焊接过程发出"嘟、嘟、嘟"声，焊缝变窄，熔深和余高变大。

电弧电压等于焊接电源输出电压减去焊接回路的损耗电压，可表示为 $U_{电弧} = U_{输出} - U_{损}$。损耗电压是指焊枪电缆延长所带来的电压损失，此时可以参考表 5-5 中的数值调整焊接电源的输出电压。

表 5-5　焊接电源输出电压微调整参考　　　　　（单位：V）

电缆长度 /m	焊接电流 /A				
	100	200	300	400	500
10	～ 1	～ 1.5	～ 1	～ 1.5	～ 2
15	～ 1	～ 2.5	～ 2	～ 2.5	～ 3
20	～ 1.5	～ 3	～ 2.5	～ 3	～ 4
25	～ 2	～ 4	～ 3	～ 4	～ 5

焊接电流、电弧电压和焊接速度等焊接作业条件的示教原则是：在焊接起始点配置焊接电流、电弧电压和焊接速度；在焊接结束点配置收弧电流、收弧电压和弧坑处理时间。收弧电流略小，通常为焊接电流的 60% ～ 80%。合理配置弧坑处理时间可以避免收弧处出现热裂纹及缩孔，参考范围为 0.5 ～ 1.5s。Panasonic 焊接机器人分别通过 ARC-SET、CRATER 指令直接输入焊接开始规范和焊接结束规范。

（1）通过 ARC-SET 指令配置焊接开始规范

1）在程序编辑模式下，移动光标至 ARC-SET 指令语句上，侧击【拨动按钮】，弹出焊接开始规范配置界面，如图 5-7 所示。

2）根据焊接工艺的熟练度，可以分别选择直接输入、焊接导航交互式输入和调用预设规范三种配置方法。直接输入参数时，待焊接电流确定后，通过单击【标准】按钮，系统会自动一元化适配电弧电压；当点按【用户功能键 F6】![NAVI gation] 时，弹出焊接导航功能界面，输入板厚、接头形式等信息，系统会自动生成一套参考焊接规范；编程员也可以通过五套预设焊接开始规范中调用其中的一套，调用方法请参考本项目中"拓展阅读"内容。

3）待参数确认无误后，点按 ![⇨]【确认键】或单击界面上的【OK】按钮结束焊接开始规范配置。

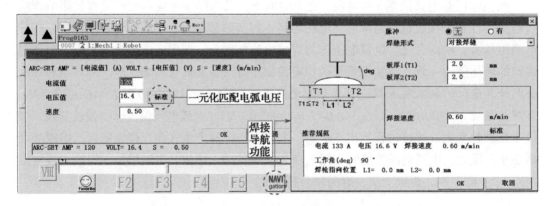

图 5-7　Panasonic G Ⅲ 机器人焊接开始规范配置界面

- Panasonic 机器人"焊接导航功能"仅针对电源融合型（FG Ⅲ）控制器和智能融合型（WG Ⅲ）控制器，通用型（G Ⅲ）机器人控制器只有搭配 350GS 焊接电源时方可配置该功能。
- Panasonic CO_2/MAG 焊接机器人在出厂时，制造商已预设五套焊接开始规范（表 5-6），编程员可以通过编号方式配置焊接开始规范（![More]【扩展选项】→ ![示教设置图标]【示教设置】）。

表 5-6　Panasonic CO_2/MAG 机器人预设的焊接开始规范

焊接参数	规范编号				
	1	2	3	4	5
焊接电流 /A	120	160	200	260	320
电弧电压 /V	16.4	17.2	18.5	22.5	28.4
焊接速度 /(m/min)	0.50	0.50	0.50	0.50	0.50

（2）通过 CRATER 指令配置焊接结束规范

1）在程序编辑模式下，移动光标至 CRATER 指令语句上，侧击【拨动按钮】，弹出焊接结束规范配置界面，如图 5-8 所示。

2）同焊接开始规范配置类似，待收弧电流确定后，通过单击【标准】按钮，系统会自动一元化适配收弧电压，然后确认弧坑处理时间。当然，编程员也可以通过五套预设焊接结束规范中调用其中的一套，调用方法请参考本项目中"拓展阅读"内容。

3）待参数确认无误后，点按 ⟳【确认键】或单击界面上的【OK】按钮完成焊接结束规范配置。

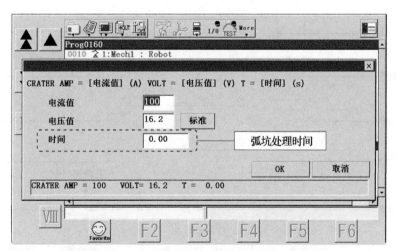

图 5-8　Panasonic G Ⅲ 机器人焊接结束规范配置界面

Panasonic CO_2/MAG 焊接机器人在出厂时，制造商已预设五套焊接结束规范（表 5-7），编程员可以通过编号方式配置焊接结束规范（ 【扩展选项】→ 【示教设置】）。

表 5-7　Panasonic CO_2/MAG 机器人预设的焊接结束规范

焊接参数	规范编号				
	1	2	3	4	5
收弧电流 /A	100	120	160	200	260
收弧电压 /V	16.2	16.4	17.2	18.5	22.5
弧坑处理时间 /s	0.00	0.00	0.00	0.00	0.00

5.1.3 机器人焊接动作次序示教

通过本书项目1了解到，焊接机器人（执行系统）和焊接系统（工艺系统）是整个焊接机器人系统的两大核心组成。为提供多样化的集成选择，机器人制造商和焊接电源制造商都开发出支持主流通信的硬件接口，使得机器人控制器与焊接电源之间可以通过模拟量、现场总线（如 DeviceNet）和工业以太网（如 EtherNet/IP）等方式进行通信。采用机器人焊接时，焊接电源一般选择二步工作模式，整个焊接过程可以划分为提前吹气、引弧、焊接、弧坑处理、焊丝回烧、熔敷检测、滞后吹气等九个阶段，动作时序如图 5-9 所示。具体过程如下：

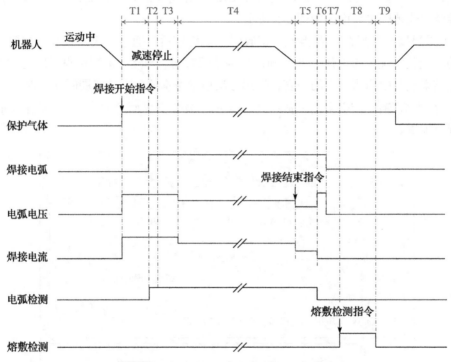

图 5-9 标准机器人（弧焊）焊接动作次序

T1—提前吹气时间　T2—电弧检测　T3—引弧时间　T4—焊接时间　T5—弧坑处理时间　T6—焊丝回烧时间
T7—熔敷检测延迟时间　T8—熔敷检测时间　T9—滞后吹气时间

1）当机器人减速停在焊接起始点处时，机器人控制器向焊接电源发出焊接开始信号，保护气路接通，进入提前吹气阶段（T1）。

2）提前吹气结束后，进入引弧阶段，此阶段焊接电源输出空载电压，送丝机构开始慢送丝，直至焊丝与工件接触（T2，取决于焊丝端部距离工件的距离和慢送丝速度）。

3）接触引弧成功（T3）后，焊接电源进入正常焊接状态，同时会产生引弧成功信号并传输给机器人控制器，机器人加速移向下一示教点位置，并根据实际需要调整或不调整焊接参数，整个焊接过程焊接电源会按照机器人控制器配置的参数输出电压和送丝（T4）。

4）焊接完成时，机器人减速停在焊接结束点处，向焊接电源发出结束信号，焊接电源根据配置的收弧参数填充弧坑（T5，取决于弧坑处理时间）。

5）待弧坑处理完毕，焊接电源根据设置的回烧时间（T6）自动完成焊丝回烧，随后机器人控制器发出焊丝熔敷状态检测信号（T7、T8），确认是否发生粘丝。

6）粘丝检测结束后，系统进入滞后吹气阶段，当预先设置的滞后吹气时间（T9）到时，整个焊接过程结束。

Panasonic 焊接机器人分别通过 ARC-ON、ARC-OFF 指令调用预设焊接动作次序文件。焊接动作次序条件的示教主要涉及以下方面：在 ARC-ON 指令中指定焊接开始动作次序（以文件形式给定）；在 ARC-OFF 指令中指定焊接结束动作次序（以文件形式给定）。

1. 通过 ARC-ON 指令配置焊接开始动作次序

1）在程序编辑模式下，移动光标至 ARC-ON 指令语句上，侧击【拨动按钮】，弹出焊接开始动作次序配置界面，如图 5-10 所示。

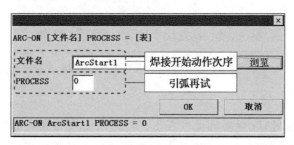

图 5-10　Panasonic G Ⅲ 机器人焊接开始动作次序配置界面

2）单击【浏览】按钮，选择预先配置的焊接开始动作次序文件。编程员可以自定义"引弧再试"功能参数，并通过编号形式选择自定义配置。

3）确认参数无误后，点按⇨【确认键】或单击界面【 OK 】按钮结束焊接开始动作次序配置。

> Panasonic CO$_2$/MAG 焊接机器人在出厂时，制造商已预设五套焊接开始动作次序（表 5-8），编程员可以通过文件方式配置焊接开始动作次序（【扩展选项】→【示教设置】）。

表 5-8　Panasonic CO$_2$/MAG 机器人预设的焊接开始动作次序指令集

行号码	文件名				
	ArcStart1	ArcStart2	ArcStart3	ArcStart4	ArcStart5
0001	GASVALVE ON	GASVALVE ON	GASVALVE ON	DELAY 0.10s	DELAY 0.10s
0002	TORCHSW ON	DELAY 0.10s	DELAY 0.20s	GASVALVE ON	GASVALVE ON
0003	WAIT-ARC	TORCHSW ON	TORCHSW ON	DELAY 0.20s	DELAY 0.20s
0004		WAIT-ARC	WAIT-ARC	TORCHSW ON	TORCHSW ON
0005				WAIT-ARC	WAIT-ARC
0006					DELAY 0.20s

2. 通过 ARC-OFF 指令配置焊接结束动作次序

1）在程序编辑模式下，移动光标至 ARC-OFF 指令语句上，侧击【拨动按钮】，弹出焊接结束动作次序配置界面，如图 5-11 所示。

2）单击【浏览】按钮，选择预先配置的焊接结束动作次序文件。编程员可以自定义"粘丝解除"功能参数，并通过编号形式选择自定义配置。

3）确认参数无误后，点按⇨【确认键】或单击界面【 OK 】按钮完成焊接结束动作次序配置。

图 5-11 Panasonic G Ⅲ 机器人焊接结束动作次序配置界面

Panasonic CO$_2$/MAG 焊接机器人在出厂时，制造商已预设五套焊接结束动作次序（表 5-9），编程员可以通过文件形式配置焊接结束动作次序（🔽【扩展选项】→🖥【示教设置】）。

表 5-9 Panasonic CO$_2$/MAG 机器人预设的焊接结束动作次序指令集

行号码	文件名				
	ArcEnd1	ArcEnd2	ArcEnd3	ArcEnd4	ArcEnd5
0001	TORCHSW OFF	DELAY 0.10s	DELAY 0.20s	TORCHSW OFF	TORCHSW OFF
0002	STICKCHK ON	TORCHSW OFF	TORCHSW OFF	DELAY 0.20s	DELAY 0.20s
0003	STICKCHK OFF	STICKCHK ON	STICKCHK ON	AMP 150	GASVALVE OFF
0004	GASVALVE OFF	STICKCHK OFF	STICKCHK OFF	WIRERWD ON	
0005		GASVALVE OFF	GASVALVE OFF	DELAY 0.10s	
0006				WIRERWD OFF	
0007				STICKCHK ON	
0008				STICKCHK OFF	
0009				GASVALVE OFF	

5.1.4　机器人焊接任务程序验证

如本书前文所述，机器人运动轨迹、焊接条件和动作次序示教完成后，可以通过执行单条指令（正向/反向单步程序验证）或连续指令序列（测试运转），确认机器人 TCP 路径和工艺性能。表 5-10 是 Panasonic G Ⅲ机器人任务程序验证功能图标。程序测试时，因不执行焊接引弧和收弧操作，即机器人不输出焊接开始和焊接结束动作次序指令信号，使得机器人"空跑"。具体的单步程序验证及测试运转操作见表 5-11。

表 5-10　Panasonic G Ⅲ机器人任务程序验证功能图标

图标	图标名称	图标功能	图标	图标名称	图标功能
	程序验证 ON	灯亮，表示单步程序验证功能激活。点按此键，禁用程序验证功能		测试运转 OFF	灯灭，表示程序测试运转功能禁用。点按此键，激活测试运转功能
	程序验证 OFF	灯灭，表示单步程序验证功能禁用。点按此键，激活程序验证功能		测试运转中	程序验证模式下自上而下连续测试任务程序，确认机器人路径和循环时间
	正向单步程序验证	程序验证模式下自上而下单步测试任务程序，确认机器人路径准确度		程序单位	程序验证模式的默认选项，以任务程序为执行单位，每执行一套程序停止测试
	反向单步程序验证	程序验证模式下自下而上单步测试任务程序，确认机器人路径准确度		运动指令单位	以每条运动指令语句为执行单位，每执行一条运动指令停止测试。程序验证模式下，点按【动作功能键Ⅰ】一次，切换至此状态
	测试运转 ON	灯亮，表示程序测试运转功能激活。点按此键，禁用测试运转功能		次序指令单位	以每条次序指令语句为执行单位，每执行一条次序指令停止测试。程序验证模式下，点按【动作功能键Ⅰ】两次，切换至此状态

注：次序指令包含除运动指令外的编程指令，如焊接指令、信号处理指令和流程控制指令等。

表 5-11　Panasonic G Ⅲ机器人任务程序验证及测试运转操作

单步程序验证	程序测试运转
1）在编辑模式下，移动光标至程序首行 2）激活程序验证功能。依次点按【动作功能键Ⅷ】和【用户功能键 F1】，激活机器人动作功能（🐢→🐢）和程序验证功能（🔧→🔧） 3）按住【动作功能键Ⅳ】🔼的同时，持续按住【拨动按钮】或【+键】，程序执行至光标所在行或下一行。若执行运动指令，机器人 TCP 将从当前所在位置移至光标所在行或下一行示教点位置后停止运动；同理，按住【动作功能键Ⅴ】🔽的同时，持续按住【拨动按钮】或【-键】，程序执行至光标所在行或上一行。若执行运动指令，机器人 TCP 将从当前所在位置移至光标所在行或上一行示教点位置后停止运动 4）重复步骤 3），直至执行全部任务程序	1）在编辑模式下，移动光标至程序首行 2）点按【窗口键】，移动光标至菜单栏，单击辅助菜单【测试运转】（🔧→🔧），激活程序测试运转功能 3）按住【动作功能键Ⅳ】🔧的同时，持续按住【拨动按钮】或【+键】，任务程序将从首行连续执行，期间机器人 TCP 将从当前所在位置移至任务程序中忆的首个示教点位置（如 HOME），然后依次到达其他示教点位置，直至最后一个示教点（如返回 HOME）

任务分析

板－板对接接头机器人平焊作业的示教较为容易，与本书项目 3 机器人平板堆焊的示教方法类似。使用机器人完成尺寸为 200mm × 50mm × 1.5mm 的两块碳钢试板的平焊对接需要示教六个目标位置点，其运动路径和焊枪姿态规划如图 5-12 所示。各示教点用途见表 5-12。实际示教时，可以按照图 3-18 所示的流程进行示教编程。

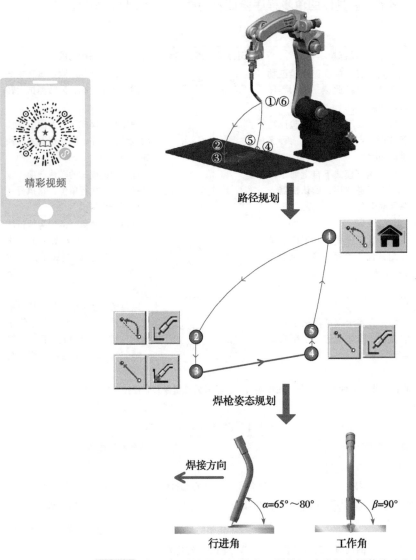

图 5-12　板－板对接接头机器人平焊的运动路径和焊枪姿态规划

表 5-12　板－板对接接头机器人平焊任务的示教点

示教点	备注	示教点	备注	示教点	备注
①	原点（HOME）	③	焊接起始点	⑤	焊接回退点
②	焊接临近点	④	焊接结束点	⑥	原点（HOME）

任务实施

1. 示教前的准备

开始任务示教前，需做如下准备：

1）试板表面清理。核对试板厚度后，将钢板待焊区域表面铁锈和油污等杂质清理干净。

2）坡口组对点固。使用焊条电弧焊沿焊接线两端将两块组对好的待焊试板定位焊点固。

3）试板装夹与固定。选择合适的夹具将待焊试板固定在焊接工作台上。

4）机器人原点确认。执行机器人控制器内存储的原点程序，让机器人返回原点（如 $BW = -90°$、$RT = UA = FA = RW = TW = 0°$）。

5）机器人坐标系设置。参照项目 4 设置焊接机器人的工具坐标系和工件（用户）坐标系编号。

6）新建任务程序。参照项目 3 创建一个文件名为"Butt_weld"的焊接程序文件。

2. 运动轨迹示教

参照项目 3 中任务 3.2 的示教方法，点动机器人依次通过机器人原点 P001、焊接临近点 P002、焊接起始点 P003、焊接结束点 P004、焊接回退点 P005 等六个目标位置点，并记忆示教点的位姿信息。其中，机器人原点 P001 应设置在远离作业对象（待焊工件）的可动区域的安全位置；焊接临近点 P002 和焊接回退点 P005 应设置在临近焊接作业区间且便于调整焊枪姿态的安全位置。板 – 板对接接头机器人平焊的运动轨迹示教步骤见表 5-13。编制完成的任务程序见表 5-14。

表 5-13　板 – 板对接接头机器人平焊的运动轨迹示教步骤

示教点	示教步骤
机器人 原点 P001	1）在"TEACH"模式下，轻握【安全开关】至 ◐【伺服接通按钮】指示灯闪烁，此时按下 ◐【伺服接通按钮】，指示灯亮，机器人运动轴伺服电源接通 2）点按【动作功能键Ⅷ】，（灯灭）→（灯亮），激活机器人动作功能 3）按住【右切换键】，切换至示教点记忆界面，点按【动作功能键Ⅰ、Ⅲ】，变更示教点 P001 的动作类型为（MOVEP），空走点 4）点按【确认键】，记忆示教点 P001 为机器人原点
焊接临 近点 P002	1）保持默认关节坐标系，使用【动作功能键Ⅰ～Ⅲ】+【拨动按钮】组合键，调整机器人末端焊枪至作业姿态（焊枪行进角 $α = 65° ～ 80°$、工作角 $β = 90°$） 2）按住【右切换键】的同时，点按【动作功能键Ⅳ】或依次单击辅助菜单【点动坐标系】→【工件坐标系】，切换机器人点动坐标系为系统默认的工件（用户）坐标系，即与【机座坐标系】重合 3）在工件（用户）坐标系中，使用【动作功能键Ⅳ～Ⅵ】+【拨动按钮】组合键，点动机器人线性移至作业开始位置附近，如图 5-13 所示 4）按住【右切换键】，切换至示教点记忆界面，点按【动作功能键Ⅰ、Ⅲ】，变更示教点 P001 的动作类型为（MOVEP），空走点 5）点按【确认键】，记忆示教点 P002 为焊接临近点

（续）

示教点	示教步骤
焊接起始点 P003	1）在工件（用户）坐标系中，保持焊枪姿态，点动机器人线性移至焊接开始位置，如图 5-14 所示 2）按住【右切换键】，切换至示教点记忆界面，点按【动作功能键 Ⅰ 、Ⅲ】，变更示教点 P003 的动作类型为 （MOVEL）或 （MOVEP），焊接点 3）点按【确认键】，记忆示教点 P003 为焊接起始点，焊接开始指令被同步记忆
焊接结束点 P004	1）在工件（用户）坐标系中，继续保持焊枪姿态，沿 –X 轴方向 点动机器人线性移至焊接作业结束位置，如图 5-15 所示 2）按住【右切换键】，切换至示教点记忆界面，点按【动作功能键 Ⅰ 、Ⅲ】，变更示教点 P004 的动作类型为 （MOVEL），空走点 3）点按【确认键】，记忆示教点 P004 为焊接结束点，焊接结束指令被同步记忆
焊接回退点 P005	1）按住【右切换键】的同时，点按【动作功能键 Ⅳ】或依次单击辅助菜单 【点动坐标系】→ 【工具坐标系】，切换机器人点动坐标系为工具坐标系 2）在工具坐标系中，继续保持焊枪姿态，沿 –X 轴方向 点动机器人移向远离焊接结束点的安全位置，如图 5-16 所示 3）按住【右切换键】，切换至示教点记忆界面，点按【动作功能键 Ⅰ 、Ⅲ】变更示教点 P005 的动作类型为 （MOVEL）或 （MOVEP），空走点 4）点按【确认键】，记忆示教点 P005 为焊接回退点
机器人原点 P006	1）松开【安全开关】，点按【动作功能键 Ⅷ】， （灯亮）→ （灯灭），关闭机器人动作功能，进入编辑模式。按【用户功能键 F6】切换用户功能图标至复制和粘贴功能 2）使用【拨动按钮】移动光标至示教点 P001 所在指令语句行，点按【用户功能键 F3】（复制），然后侧击【拨动按钮】，弹出"复制"确认对话框，点按【确认键】，完成指令语句的复制操作 3）移动光标至示教点 P005 所在指令语句行，点按【用户功能键 F4】（粘贴），完成指令语句的粘贴操作

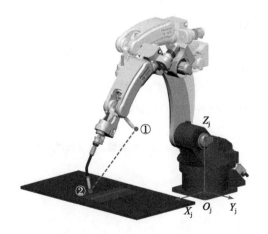

图 5-13 点动机器人至焊接临近点 P002

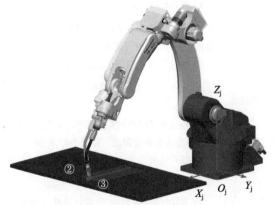

图 5-14 点动机器人至焊接起始点 P003

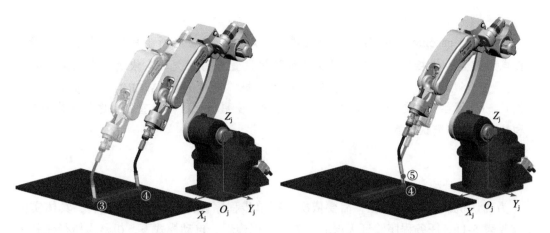

图 5-15　点动机器人至焊接结束点 P004　　　图 5-16　点动机器人至焊接回退点 P005

表 5-14　板 – 板对接接头机器人平焊任务程序

行号码	行标识	指令语句	备 注
	○	Begin Of Program	程序开始
0001		TOOL = 1 : TOOL01	工具坐标系（焊枪）选择
0002	●	MOVEP P001, 10.00m/min	机器人原点（HOME）
0003	●	MOVEP P002, 10.00m/min	焊接临近点
0004	●	MOVEL P003, 5.00m/min	焊接起始点
0005		ARC-SET AMP = 120 VOLT = 16.4 S = 0.50	焊接开始规范
0006		ARC-ON ArcStart1 PROCESS = 0	开始焊接
0007	●	MOVEL P004, 5.00m/min	焊接结束点
0008		CRATER AMP = 100 VOLT = 16.2 T = 0.00	焊接结束规范
0009		ARC-OFF ArcEnd1 PROCESS = 0	结束焊接
0010	●	MOVEL P005, 5.00m/min	焊接回退点
0011	●	MOVEP P006, 10.00m/min	机器人原点（HOME）
	●	End Of Program	程序结束

3. 焊接条件和动作次序示教

根据任务要求，本任务选用直径为 1.0mm 的 ER50-6 实心焊丝，较为合理的焊丝干伸长度为 12 ～ 15mm，富氩保护气体（Ar80%+ $CO_2$20%）流量为 15 ～ 20L/min，并通过焊接导航功能生成 1.5mm 厚碳钢对接焊缝的参考规范，如图 5-17 所示。焊接结束规范（收弧电流）为参考规范的 80% 左右，焊接开始和焊接结束动作次序保持默认。关于焊接条件和动作次序的示教请参考本书 5.1.2 和 5.1.3 中的内容。

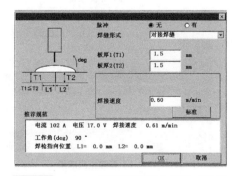

图 5-17　1.5mm 厚碳钢机器人平板对接焊接规范（焊接导航）

针对 Panasonic CO₂/MAG 焊接机器人，焊接导航功能所生成的参考规范与焊接电源配置、焊接软件包版本以及系统弧焊设置等密切关联。依次单击主菜单 📠【设置】→ 📐【弧焊】，在弹出界面依次选择"特性1：TAWERS1（通常使用特性）"→"焊丝/材质/焊接方法"，可以查看或变更材质、焊丝直径、保护气体种类和脉冲模式等默认设置。

4. 程序验证与再现施焊

为确认机器人 TCP 路径，需要依次进行单步程序验证和连续测试运转，具体实施步骤见表 5-11。任务程序验证无误后，方可再现施焊。自动模式下，机器人执行任务步骤如下：

1）在编辑模式下，将光标移至程序开始记号（Begin of Program）。

2）切换【模式旋钮】至"AUTO"位置（自动模式），禁用电弧锁定功能 ⚿（灯灭）。

3）点按【伺服接通按钮】，接通机器人伺服电源。

4）点按【启动按钮】，系统自动运转执行任务程序，机器人开始焊接。

待焊接结束、试板冷却至室温后，目测焊缝与母材圆滑过渡，检查表面亦无裂纹和气孔等焊接缺陷。经测量，焊缝宽度为 4.8mm，正面余高 0.9mm，背面余高 1.1mm。同时，由于焊接电弧的局部加热和焊缝金属的收缩，焊后试板发生较为明显的弯曲变形，如图 5-18 所示。

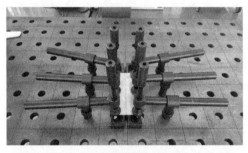

a）焊前准备

b）焊接过程

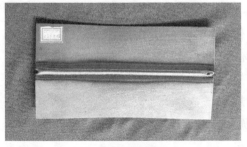

c）焊缝正面成形

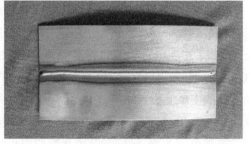

d）焊缝背面成形

图 5-18　厚度为 1.5mm 碳钢试板板－板对接接头机器人平焊

采用焊接导航生成的参考规范，厚度分别为 2.0mm 和 3.0mm 碳钢试板板 – 板对接接头机器人平焊效果分别如图 5-19 和图 5-20 所示。显然，随着板厚的增加，焊缝宽度均匀性和背面余高一致性（或熔透连续性）等指标有待进一步优化。

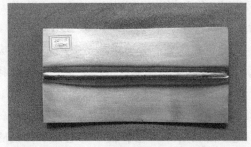

a）焊缝正面成形　　　　　　　　　　　　b）焊缝背面成形

图 5-19　厚度为 2.0mm 碳钢试板板 – 板对接接头机器人平焊效果（焊接导航）

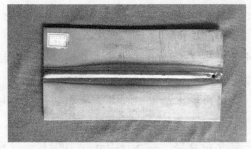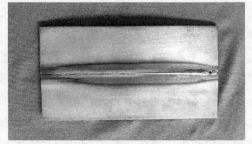

a）焊缝正面成形　　　　　　　　　　　　b）焊缝背面成形

图 5-20　厚度为 3.0mm 碳钢试板板 – 板对接接头机器人平焊效果（焊接导航）

 **拓展阅读**

大国工匠 | 艾爱国："好焊工"的不老传说

【工匠档案】艾爱国，湖南华菱湘潭钢铁有限公司焊接顾问，湖南省焊接协会监事长。秉持"做事情要做到极致、做工人要做到最好"的信念，在焊工岗位奉献 50 多年，

集丰厚的理论素养、实际经验和操作技能于一身，多次参与我国重大项目焊接技术攻关，攻克数百个焊接技术难关。

先后获得"全国十大杰出工人""七一勋章""全国道德模范"等称号，荣获 2021 年"大国工匠年度人物"。

///

72（至 2022 年）岁的艾爱国，仍然每天打卡上班。

自 1985 年被评为湖南湘潭市劳动模范后，艾爱国就成为"劳动模范专业户"——2 次获评全国劳动模范，12 次获评企业劳动模范。在湖南华菱湘潭钢铁有限公司，大家都称他"艾劳模"。

返聘为公司的焊接顾问后，艾爱国在焊接实验室上班。这里也是"艾爱国劳模创新工作室"，博士、高工聚集于此搞技术攻关。艾爱国钻研焊工艺和技术的笔记本，也陈列在这里。一本本笔记本印证着他的口头禅："活到老，学到老，干到老。"

1. 军功章

全国劳模、"七一勋章"、全国技术能手、国家科技进步奖……艾爱国靠一把焊枪，赢得诸多"军功章"。

50 多年来，艾爱国攻克技术难题 400 多个，改进工艺 100 多项，在全国培养焊接技术人才 600 多名，创造直接经济效益 8000 多万元……

船舶用钢，也被称为大线能量焊接钢板，我国以前不能生产，导致造船效率仅为日本的 1/4～1/7。大线能量焊接方法要求钢板至少要能承受 100kJ/cm 以上的焊接热输入。艾爱国带领焊接团队，与湘钢材料研发团队一起受命攻坚。从 50kJ/cm 到 100kJ/cm，再到 250kJ/cm，这条攻坚之路，艾爱国领着团队走了 10 年。

2020 年，湘钢大线能量焊接船舶系列用钢在国际机构见证下，顺利通过钢板焊接及焊后性能检测，标志着湘钢已完成该系列用钢船级社认证的关键环节。

"这意味着湘钢攻克了这一长期被国外垄断的技术难题，填补了国内技术空白，从此能够实现船舶用钢国产化。"艾爱国对此很自豪。

2. 焊之道

有人说，艾爱国天生就是干焊工的料。

他却说，焊接方法有上百种，焊接材料可达上万种，能根据实际情况和现场环境，判断选择最合适焊工艺解决焊接问题的，才算好焊工。

因材施焊，既要"手艺"，还要精通"工艺"。艾爱国说，在钢铁上"绣花"，首先要"不蛮干"。

"当工人就要当个好工人"，这是艾爱国的职业信条。以此为生，精于此道。他也实现了焊接技艺的"由技入道"，从焊接高手成为焊工艺高手，攻坚克难的成果丰硕：在 20 世纪 80 年代采用交流氩弧焊双人双面同步焊技术，他解决了当时世界最大的 3 万 m^3 制氧机深冷无泄漏的"硬骨头"问题，主持的氩弧焊接法焊接高炉贯流式风口项目获得国家科技进步二等奖……

研发高强度工程机械及耐磨用钢焊接技术的情景，艾爱国最难忘。

以前工程机械吊臂用的 1100MPa 级高强度钢板，全部花高价从国外进口。国内对这种高强度钢板组织攻关。当时的技术难点是，钢板如何在保证足够强度的同时，尽量减轻自重。已过花甲之年的艾爱国带领焊接团队攻坚，"要想方设法啃下这块'硬骨头'。"

"强度越高的钢材其焊接性能则越差，易出现焊接缺陷，这也就意味着其焊接难度更大。"坚硬的钢板成为艾爱国的"绣花布"，从焊接材料选择到焊工艺，反复实验，他记不清调整了多少次工艺和材料，做了多少次试验，终于实现了"抗拉强度从 690MPa 提升到 1100MPa，钢板减重 15% 以上，车身寿命延长 50% 以上"。

以前靠进口要每吨 3 万元的原材料，现在只要每吨 1.2 万元。三一重工股份有限公司、中联重科股份有限公司等国内工程机械制造业领军企业，有 80% 的钢材料来自湘钢。

3. 学到老

艾爱国拿起焊枪和面罩，会给人一种成竹在胸、稳如泰山的感觉。

电光火石间，一道道焊缝仿佛工艺品般展现在人们眼前。这里面有 50 多年"技"的积累，更是半个多世纪"艺"的坚守。

18 岁招工进湘钢，一年后，艾爱国看到北京来支援的师傅们能将高炉裂缝焊在一起，便开始跟他们学习焊接技术。苦练技术的场景令人印象深刻。他很快拿到了气焊锅炉合格焊工证，又"偷"学电焊，操练时，手和脸经常被弧光烤灼脱皮。

"焊工易学难精。没有爱好，就不会动脑子，就只是机械式地干活。"艾爱国说，"学焊接没有捷径，唯一要做的就是多焊、多总结。"

不断学习，才不会被淘汰。接受采访时，艾爱国重复最多的词，就是"学习"这两个字。他对徒弟们的要求，也是学习，并且要学精。徒弟们跟艾爱国学艺的第一天就被要求：焊接完成后，物体表面平整、美观，内里无气泡、无裂纹。

欧勇是艾爱国的爱徒，不到 40 岁就成为湘钢的首席技能大师。"师父说焊接就像裁缝做衣服。好裁缝做出来的衣服才能好看，光想着缝上就完事，那衣服迟早要散架。"欧勇说。

▶ 任务 5.2　机器人直线轨迹任务程序编辑

任务提出

无论是手工焊接还是机器人焊接，焊接接头的外观成形和力学性能均需达标，方能称之为焊接质量合格。换而言之，机器人焊接质量的调控包含两个维度，控形和控性。前者主要面向焊缝外观成形而调控焊接参数；后者除成形要求外，还以接头力学性能（如抗拉强度、冲击韧度等）为参数优化的目标，焊接质量要求明显高于前者。

本任务针对上一任务中焊缝成形美观、余高≤ 1.5mm 且焊接变形控制合理的控形质量要求，调整优化机器人焊枪姿态、焊接电流和焊接速度等作业条件，适度减小焊缝背面余高和降低焊件弯曲变形，加深焊接机器人系统关键参数对焊缝成形质量的影响规律的理解。

知识准备

5.2.1 对接焊缝的成形质量

针对焊接接头的控形质量要求，板－板对接接头焊缝的成形质量指标主要包括焊缝宽度、余高和熔深等，见表 5-15。

表 5-15　板－板对接接头焊缝的成形质量指标

指标	指标说明	指标示例
焊缝宽度	焊缝表面两焊趾之间的距离。建议将焊缝宽度控制在坡口上表面宽度的 105% ～ 120%	
余高	超出母材表面连线上面的那部分焊缝金属的最大高度。建议单面焊正面余高控制在 3mm 以内；背面余高控制在 1.5mm 以内	
熔深	在焊接接头横截面上，母材或前道焊缝熔化的深度。建议母材熔深控制在 0.5 ～ 1.0mm；焊道层间熔深控制在 3.0 ～ 4.0mm	

注：焊趾是焊缝表面与母材交界处。

虽然机器人焊接具有质量稳定、一致性好等优点，但是若机器人路径准确度和焊接条件配置不合理时，将会出现气孔、咬边、焊瘤和烧穿等外观缺陷，这也正是需要经常编辑新创建的机器人任务程序的原因。表 5-16 是常见的机器人对接接头焊缝外观缺陷原因分析及调整方法。

表 5-16　常见的机器人对接接头焊缝外观缺陷原因分析及调整方法

类别	外观特征	产生原因	调整方法	缺陷示例
成形差	焊缝两侧附着大量焊接飞溅，焊缝宽度及余高的一致性差，焊道断续	1）导电嘴磨损严重，焊丝指向弯曲，焊接过程中电弧跳动 2）焊丝干伸长度过长，焊接电弧燃烧不稳定 3）焊接参数选择不当，导致焊接过程飞溅量大，熔深大小不一	1）更换新的导电嘴和送丝压轮，校直焊丝 2）调整至合适的干伸长度 3）选择合适的焊接电流、电弧电压和焊接速度	

（续）

类别	外观特征	产生原因	调整方法	缺陷示例
未焊透	接头根部未完全熔透	1）焊接电流过小，焊接速度太快，焊接热输入偏小，导致坡口根部无法受热熔化 2）坡口间隙偏小，钝边偏厚，导致接头根部很难熔透	1）调整至合适的焊接电流（送丝速度）和焊接速度 2）选择合适的坡口角度及钝边	未焊透
未熔合	焊道与母材之间或焊道与焊道之间，未完全熔化结合	1）焊接电流过小，焊接速度太快，焊接热输入偏小，导致坡口或焊道受热熔化不足 2）焊接电弧作用位置不当，母材未熔化时已被液态熔敷金属覆盖	1）调整至合适的焊接电流（送丝速度）和焊接速度 2）调整至合适的焊枪倾角和电弧作用位置	未熔合
咬边	沿焊趾的母材部位产生沟槽或凹陷，呈撕咬状	1）焊接电流太大，焊缝边缘的母材熔化后未得到熔敷金属的充分填充 2）焊接电弧过长 3）坡口两侧停留时间太长或太短	1）调整至合适的焊接电流（送丝速度）和焊接速度 2）调整至合适的焊丝干伸长度 3）调整至合适的坡口两侧停留时间	咬边
气孔	焊缝表面有密集或分散的小孔，大小及分布不等	1）母材表面污染，受热分解产生的气体未及时排出 2）保护气体覆盖不足，导致焊接熔池与空气接触发生反应 3）焊缝金属冷却过快，导致气体来不及逸出	1）焊前清理焊接区域的油污、油漆、铁锈、水或镀锌层等 2）调整保护气体流量、焊丝干伸长度和焊枪倾角 3）调整至合适的焊接速度	气孔
焊瘤	熔化金属流淌到焊缝外的母材上形成的金属瘤	熔池温度过高，冷却凝固较慢，液态金属因自重产生下坠	调整至合适的送丝速度或焊接电流	焊瘤
凹坑	焊后在焊缝表面或背面，形成低于母材表面的局部低洼	1）接头根部间隙偏大，钝边偏薄，熔池体积较大，液态金属因自重产生下坠 2）焊接电流偏大，熔池温度高、冷却慢，导致熔池金属重力增加而表面张力减小	1）选择合适的接头根部间隙和坡口钝边 2）调整至合适的焊接电或流送丝速度	凹坑

（续）

类别	外观特征	产生原因	调整方法	缺陷示例
下榻	单面熔化焊时，焊缝正面塌陷、背面凸起	1）焊接电流偏大，焊缝金属过量透过背面 2）焊接速度偏慢，热量在小区域聚集，熔敷金属过多而下坠	1）调整至合适的焊接电或流送丝速度 2）调整至合适的焊接速度或适度减小焊枪行进角	下榻
烧穿	熔化金属自坡口背面流出，形成穿孔	1）焊接电流过大，热量过高，熔深超过板厚 2）焊接速度过慢，热量小区域聚集，烧穿母材	1）调整至合适的焊接电或流送丝速度 2）调整至合适的焊接速度	烧穿
热裂纹	焊接过程中在焊缝和热影响区产生焊接裂纹	1）焊丝含硫量较高，焊接时形成低熔点杂质 2）焊接头拘束不当，冷却凝固的焊缝金属沿晶粒边界拉开 3）收弧电流不合理，产生弧坑裂纹	1）选择含硫量较低的焊丝 2）采用合适的接头工装夹具及拘束力 3）优化收弧电流，必要时采取预热和缓冷措施	热裂纹
焊接变形	焊件由焊接而产生的角变形、弯曲变形等	1）工件固定不牢，受焊接残余应力作用而变形 2）焊接顺序不当，导致焊接应力集中而变形 3）焊接接头设计不合理	1）采用反变形法或工装夹具刚性固定 2）选择合理的焊接顺序 3）优化接头设计及焊接参数	焊接变形

5.2.2 焊接机器人编程指令

基于示教 – 再现原理的焊接机器人，其完成作业所执行的运动轨迹、焊接条件和动作次序均是用户编制的任务程序。机器人任务程序的构成包含两部分：数据声明和指令集合。前者是机器人示教编程过程中形成的相关数据（如示教点位姿数据），以规定的格式予以保存；后者是机器人完成具体操作的编程指令程序，一般由行号码、行标识、指令语句和程序结构记号等构成，如图 5-21 所示。熟知焊接机器人的任务程序构成及指令基本格式，是编辑机器人任务程序的基础。

（1）行号码 行号码是机器人制造商为提高任务程序的阅读性，以及便于编程员快速定位任务程序指令语句而自行开发的一种数字助记符号。行号码会自动插入到指令语句的最左侧。当删除或移动指令语句至程序的其他位置时，程序将自动重新生成新的行号码，使得首行始终为行 1，第 2 行为行 2……

（2）行标识 行标识是机器人制造商为提高任务程序的阅读性，以及警示编程员关键示教点用途或机器人 TCP 运动状态而自行开发的一种图形助记符号。行标识会自动插入到指令语句的左侧。Panasonic 焊接机器人任务程序的行标识见表 5-17。

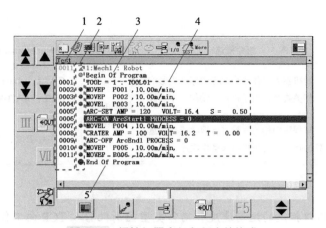

图 5-21　焊接机器人任务程序的构成

1—行号码　2—行标识　3—程序开始记号　4—指令语句　5—程序结束记号

表 5-17　Panasonic 焊接机器人任务程序的行标识

行标识	备　注	行标识	备　注	行标识	备　注
⬤	程序开始	⬧	到达指令位姿	▣	标签指令
⬤	空走点	⬦	离开指令位姿	⬕	调用指令
⬤	焊接点	⬇	沿指令路径运动	⬢	机构运动组
○	摆焊振幅点	⬇	沿点动路径运动	⬤	程序结束

（3）程序结构记号　程序结构记号是机器人制造商为提高任务程序的阅读性而自行开发的一种文本助记符号，包括程序开始记号（如 Begin of Program）和程序结束记号（如 End of Program）。程序结构记号会自动插入到程序的开头和尾部。当插入指令时，程序结束记号自动下移。程序执行至结束记号时，通常会自动返回第 1 行并结束执行。

（4）指令语句　用户编程指令是机器人制造商为让机器人执行特定功能而自行开发的专用编程语言。指令及其参数构成指令语句，若干指令语句的集合构成机器人任务程序。焊接机器人编程指令包含运动类、焊接类、信号处理类、流程控制类和数据运算类等。表 5-18 是 Panasonic 机器人焊接作业常用的编程指令。

表 5-18　Panasonic 机器人焊接作业常用的编程指令

序号	指令类别	指令描述	执行对象	Panasonic 机器人指令示例
1	运动指令	对焊接机器人系统各关节运动轴（含附加轴）的转动和移动控制的相关指令，用于机器人运动轨迹示教	焊接机器人系统	MOVEP、MOVEL、MOVEC、MOVELW、MOVECW、WEAVEP 等
2	焊接指令	对机器人焊接引弧和收弧等进行控制以及焊接工艺条件设置的相关指令，用于机器人作业条件示教	焊接系统	ARC-ON、ARC-OFF、ARC-SET、CRATER、WAIT-ARC、WIREFWD 等
3	信号处理指令	对焊接机器人信号输入/输出通道进行操作的相关指令，包括对单个信号通道和多个信号通道的设置和读取等，用于机器人动作次序示教	工艺辅助设备	IN、OUT、PULSE 等

（续）

序号	指令类别	指令描述	执行对象	Panasonic 机器人指令示例
4	流程控制指令	对机器人操作指令执行顺序产生影响的相关指令，用于机器人动作次序示教	焊接机器人系统	CALL、DELAY、IF、JUMP、LABEL、WAIT-VAL 等
5	数据运算指令	对程序中相关变量进行数学或布尔运算的指令，用于机器人动作次序示教		ADD、INC、DEC、CLEAR 等

1. 运动指令

运动指令是指以指定的运动速度和动作类型控制机器人 TCP 向工作空间内的目标位置运动的指令，包含关节动作指令（MOVEP）、直线动作指令（MOVEL）和圆弧动作指令（MOVEC）等。以图 5-21 所示任务程序为例，第二行的程序指令语句功能是：在保持焊枪姿态自由前提下，机器人所有关节运动轴同时加速（TCP 线性速度为 10.00m/min）移向指令位姿 P001，待 TCP 到达 P001 位置时，所有关节运动轴同时减速后停止。归纳起来，焊接机器人运动指令主要由动作类型、位置坐标、运动速度、定位方式和附加选项等五大要素构成，不同品牌的机器人指令要素呈现形式有所不同，如图 5-22 所示。以 Panasonic 机器人为例，其运动指令语句默认配置为简略显示，定位方式和附加选项等要素可以通过交互式弹出界面（隐性）配置。当然，修改默认配置（辅助菜单 【扩展选项】→ 【编辑设置】），可以完整显示运动指令要素。各运动指令要素的内涵详见表 5-19。

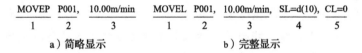

$$\underset{1}{\text{MOVEP}} \quad \underset{2}{\text{P001,}} \quad \underset{3}{\text{10.00m/min}} \qquad \underset{1}{\text{MOVEL}} \quad \underset{2}{\text{P001,}} \quad \underset{3}{\text{10.00m/min,}} \quad \underset{4}{\text{SL=d(10),}} \quad \underset{5}{\text{CL=0}}$$

a）简略显示　　　　　　　　　　　b）完整显示

图 5-22　焊接机器人运动指令要素

1—动作类型　2—位置坐标　3—运动速度　4—定位方式　5—附加选项（可选项）

表 5-19　焊接机器人运动指令要素的内涵

序号	指令要素	指令要素内涵	Panasonic 机器人指令示例
1	动作类型	指定机器人从当前位置向指令位姿的运动轨迹，包含不进行轨迹 / 姿势控制的关节动作和进行轨迹 / 姿势控制的直线、圆弧动作	关节动作 MOVEP：将机器人移至目标位置的基本移动方法，机器人全部运动轴同时加 / 减速，TCP 的运动轨迹通常为非线性，且移动过程中焊枪姿态不受控制。例如 MOVEP P001, 10.00m/min // 机器人原点（HOME） MOVEP P002, 10.00m/min // 焊接临近点 直线动作 MOVEL：以线性插补方式对从运动起始点到目标点的 TCP 运动轨迹和焊枪姿态进行连续路径控制的一种运动形式，在对目标结束点进行示教时记忆动作类型即可。例如 MOVEP P003, 5.00m/min // 直线焊缝起始点 MOVEL P004, 5.00m/min // 直线焊缝结束点

（续）

序号	指令要素	指令要素内涵	Panasonic 机器人指令示例
2	位置坐标	记忆焊接运动路径上规划的关键位置点坐标数据，默认情况下采用基于直角坐标的位置数据记忆，即以所选工具坐标相对工件（用户）坐标或机座坐标的机器人 TCP 空间位姿，包括工具的空间位置 X、Y、Z 和空间姿态 U、V、W	记忆对象： P[i]——局部变量 GA[i]——全部变量 基于直角坐标的位置数据： 位置名　P001　浏览 机器人　● XYZ　○ 角度 X = 800.00 (mm)　U = 180.00 (°) Y = 0.00 (mm)　V = 43.47 (°) Z = 520.00 (mm)　W = 180.00 (°) 基于关节坐标的位置数据： 位置名　P001　浏览 机器人　○ XYZ　● 角度 RT = 0.00 (°)　RW = 0.00 (°) UA = 0.00 (°)　BW = -90.00 (°) FA = 0.00 (°)　TW = 0.00 (°)
3	运动速度	指定机器人从当前位置向指令位姿的运动快慢，其速度单位根据动作类型变化而不同。在程序执行过程中，运动速度受到速度倍率的限制	关节动作： ● 当单位为 % 时，在 1% ～ 100% 的范围内指定相对最大运动速度的比率 ● 当单位为 m/min 时，在 1 ～ 180m/min 范围内指定（视本体型号而定） 直线动作和圆弧动作： ● 当单位为 m/min 时，在 1 ～ 180m/min 范围内指定（视本体型号而定）

4	定位方式	指定机器人在目标位置的定位准确度和运动结束方式，分为精确定位和平滑过渡两种	精确定位：机器人在目标位置减速停止（定位）后，再加速向下一个目标位置运动。例如
			MOVEP P003, 5.00m/min, SL=d (0) // 焊接起始点
			MOVEL P004, 5.00m/min, SL=d (0) // 焊接结束点
			平滑过渡：
			● 机器人靠近目标位置，但不在目标位置停止而向下一个目标位置运动
			● 机器人靠近目标位置到什么程度，由 0 ～ 10 之间的值来定义
			● 指定 1 时，机器人在最靠近目标位置处动作，但不在目标位置定位而开始下一个动作
			● 指定 10 时，机器人在目标位置附近不减速而马上向下一个目标位置运动，偏离目标位置最大。例如
			MOVEP P002, 5.00m/min, SL=d (6) // 焊接临近点

（续）

序号	指令要素	指令要素内涵	Panasonic 机器人指令示例
5	附加选项	在机器人运动过程中，控制其执行特定动作的指令，如腕关节指令（CL）、加减速倍率指令（ACCEL）等	腕关节指令 CL：指定不在轨迹控制动作中对手腕的姿势进行控制，由此，虽然手腕的姿势在移动中发生变化，但不会引起因腕部轴奇异点而造成的腕部轴反转动作，从而使 TCP 沿着编程轨迹动作。用于直线动作和圆弧动作场合。例如 MOVEL P001, 10.00m/min, SL=d (6), CL=0 加减速倍率指令 ACCEL：指定机器人运动中的加减速所需时间的比率，是一种从根本上延缓机器人运动的功能。减小加减速倍率时，加减速时间将会延长（慢慢地进行加速 /减速）；增大加减速倍率时，加减速时间将会缩短（快速地进行加速 / 减速）。通过加减速倍率，可以使机器人从开始位置到目标位置的运动时间缩短或延长。例如 MOVEP P001, 10.00m/min, SL=d (6), ACCEL A50% B50% // 加减速倍率 50

2. 焊接指令

焊接指令是指定机器人何时、如何进行焊接的指令，包含焊接开始指令（ARC-ON）、焊接结束指令（ARC-OFF）和焊接条件指令（ARC-SET、CRATER）等。在执行焊接开始指令和焊接结束指令之间所示教的运动指令语句序列，机器人进行焊接作业。以图 5-21 所示任务程序为例，指令位置 P003 为焊接起始点、P004 为焊接结束点，第 4 ~ 9 行程序指令语句序列的功能是：机器人携带焊枪采用 ARC-SET 指令指定的焊接开始规范（焊接电流为 120A、电弧电压为 16.4V），从指令位置 P003 成功引弧后，按照 0.50m/min 的焊接速度线性移向目标点 P004，并在此位置点减速收弧停止，收弧规范由 CRATER 指令指定（收弧电流为 100A、收弧电压为 16.2V）。机器人焊接（弧焊）指令的功能见表 5-20。

表 5-20　机器人焊接指令的功能

序号	焊接指令	指令功能	Panasonic 机器人指令示例
1	焊接开始规范	指定机器人执行正常焊接（弧焊）时的作业规范，有两种指令格式：一是基于焊接条件编号的间接记忆；二是焊接规范在焊接指令中直接记忆	ARC-SET AMP＝120 VOLT＝16.4 S＝0.50 // 焊接电流为 120A，电弧电压为 16.4V，焊接速度为 0.50m/min
2	焊接开始	指定机器人按照一定的动作次序开始执行焊接（弧焊）作业，并通过引弧再试功能尽可能保证成功引弧	ARC-ON ArcStart1 PROCESS＝0 // 按照 ArcStart1 程序文件中记忆的动作次序开始引弧焊接，未启用引弧再试功能
3	焊接结束规范	指定机器人结束焊接（弧焊）时的作业规范，有两种指令格式：一是基于焊接条件编号的间接记忆；二是焊接规范在焊接指令中直接记忆	CRATER AMP＝100 VOLT＝16.2 T＝0.00 // 收弧电流为 100A，收弧电压为 16.2V，弧坑不做处理

（续）

序号	焊接指令	指令功能	Panasonic 机器人指令示例
4	焊接结束	指定机器人按照一定的动作次序结束焊接（弧焊）作业，并通过粘丝解除功能尽可能避免焊丝与工件、导电嘴粘在一起	ARC-OFF ArcEnd1 PROCESS = 0 // 按照 ArcEnd1 程序文件中记忆的动作次序结束焊接作业，未启用粘丝解除功能
5	保护气体阀门	打开或关闭机器人机座位置处的保护气体电磁阀门	GASVALVE ON // 打开保护气体阀门 DELAY 2.00s // 吹气 2.00s GASVALVE OFF // 关闭保护气体阀门
6	焊枪开关	打开或关闭焊枪开关	TORCHSW ON // 打开焊枪开关 WAIT-ARC // 等待引弧成功 TORCHSW OFF // 关闭焊枪开关
7	电弧检测	监测焊接电流，使机器人在成功引弧后方可移动	TORCHSW ON // 打开焊枪开关 WAIT-ARC // 等待引弧成功 MOVEL P004, 5.00m/min // 移向焊接中间点或焊接结束点
8	送丝启停	开始或停止送丝	WIREFWD ON // 开始送丝 DELAY 0.10s // 等待 0.10s WIRERWD OFF // 停止送丝
9	粘丝检测	开启或关闭粘丝检测功能	STICKCHK ON // 打开粘丝检测功能 DELAY 0.30s // 等待 0.30s STICKCHK OFF // 关闭粘丝检测功能

焊接点的机器人运动速度由焊接开始规范指令（如 ARC-SET）设置；空走点的机器人运动速度由运动指令的运动速度要素予以指定。

5.2.3 机器人任务程序编辑

熟知焊接机器人的常见缺陷和编程指令后，编程员需要根据机器人焊接的实际效果，合理调整焊枪姿态和焊接条件，即机器人任务程序编辑。常见的任务程序编辑主要涉及示教点和指令语句的变更操作。

1. 编辑功能图标

同办公软件编辑类似，任务程序指令语句的剪切、复制、粘贴、查找和替换等编辑操作，可以通过主菜单 【编辑】和辅助菜单 【编辑选项】实现。Panasonic G Ⅲ机器人程序编辑操作常用功能图标见表 5-21。

表 5-21 Panasonic G Ⅲ 机器人程序编辑操作常用功能图标

图标	图标名称	图标功能	图标	图标名称	图标功能
	编辑选项	编辑模式下程序编辑状态的切换，如插入、修改和删除等		替换	编辑模式下选择替换操作
	插入	编辑模式下切换至插入状态		动作类型	动作模式下机器人动作类型的选择，如关节、直线和圆弧等动作
	修改	编辑模式下切换至修改状态		PTP	动作模式下选择机器人关节动作
	删除	编辑模式下切换至删除状态		直线动作	动作模式下选择机器人直线动作
	剪切	编辑模式下选择剪切操作		圆弧动作	动作模式下选择机器人圆弧动作
	复制	编辑模式下选择复制操作		直线摆动	动作模式下选择机器人直线摆动动作
	粘贴（顺）	编辑模式下选择顺序粘贴操作		圆弧摆动	动作模式下选择机器人圆弧摆动动作
	粘贴（逆）	编辑模式下选择逆序粘贴操作		空走点	动作模式下将示教点设置为空走点
	查找	编辑模式下选择查找操作		焊接点	动作模式下将示教点设置为焊接点

2. 示教点编辑

在实际任务编程过程中，焊接机器人的路径规划和轨迹示教基本不可能一蹴而就，需要经常插入新的示教点、变更或删除已有示教点，编辑方法见表 5-22。

表 5-22 Panasonic G Ⅲ 机器人示教点的插入、变更和删除

编辑类别	编辑步骤
插入示教点	1）在编辑模式下，移动光标至待插入示教点的上一行 2）点按 【窗口键】，移动光标至菜单栏，依次单击辅助菜单 【编辑选项】→ 【插入】，切换程序编辑至插入状态 3）点按【动作功能键Ⅷ】， （灯灭）→ （灯亮），激活机器人动作功能，点动机器人至目标位置，如图 5-23 所示 4）点按 【确认键】，新的指令位姿被插入到光标所在行的下一行
变更示教点	1）在编辑模式下，移动光标至待变更示教点所在行 2）点按 【窗口键】，移动光标至菜单栏，依次单击辅助菜单 【编辑选项】→ 【修改】，切换程序编辑至修改状态 3）点按【动作功能键Ⅷ】， （灯灭）→ （灯亮），激活机器人动作功能，点动机器人至新的目标位置，如图 5-24 所示 4）点按 【确认键】，新的指令位姿被记忆覆盖光标所在示教点

（续）

编辑类别	编辑步骤
删除示教点	1）在编辑模式下，移动光标至待删除示教点所在行 2）点按 ☐【窗口键】，移动光标至菜单栏，依次单击辅助菜单 ⊟【编辑选项】→ ⊟【删除】，切换程序编辑至删除状态 3）点按 ⬦【确认键】，弹出示教点删除确认界面，再次点按 ⬦【确认键】，示教点被删除

对于 Panasonic 机器人而言，程序编辑处于不同模式状态时，其示教盒标题栏的底色随之改变（与编辑状态功能图标颜色保持一致）。处于插入状态时，标题栏的底色显示为蓝绿色；切换至修改状态时，标题栏的底色显示为蓝色；而当切换至删除状态时，标题栏的底色显示为红紫色。

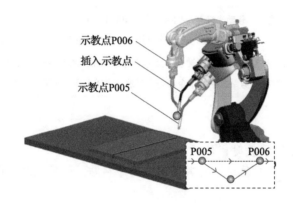

示教点P006
插入示教点
示教点P005

图 5-23 示教点的插入示意

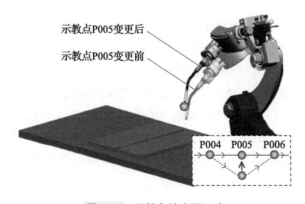

示教点P005变更后
示教点P005变更前

图 5-24 示教点的变更示意

3. 指令语句编辑

除示教点的变更操作外，焊接机器人任务程序编辑主要包括指令语句的剪切、复制和粘贴等。Panasonic G Ⅲ机器人指令语句的编辑方法见表 5-23。

表 5-23　Panasonic G Ⅲ机器人编程指令的剪切、复制和粘贴

编辑类别	编辑步骤
剪切	1）在编辑模式下，移动光标至待剪切的指令语句行 2）点按 □【窗口键】，移动光标至菜单栏，依次单击主菜单 ◻【编辑】→ ✂【剪切】 3）转动【拨动旋钮】，选中要剪切的指令语句序列（示教盒程序编辑区反显选中的指令语句序列），侧击【拨动旋钮】，确认剪切操作 4）点按 ◻【确认键】，所选指令序列从任务程序文件中删除，并被暂存在剪贴板中
复制	1）在编辑模式下，移动光标至待复制的指令语句行 2）点按 □【窗口键】，移动光标至菜单栏，依次单击主菜单 ◻【编辑】→ ◻【复制】 3）转动【拨动旋钮】，选中要复制的指令语句序列（示教盒程序编辑区反显选中的指令语句序列），侧击【拨动旋钮】，确认复制操作 4）点按 ◻【确认键】，所选指令序列并被暂存在剪贴板中
粘贴	1）在编辑模式下，移动光标至待插入指令语句的上一行 2）点按 □【窗口键】，移动光标至菜单栏，依次单击主菜单 ◻【编辑】→ ◻【粘贴（顺）】，暂存在剪贴板中的指令语句序列被顺序插入到光标所在行的下一行；依次单击 ◻【编辑】→ ◻【粘贴（逆）】，暂存在剪贴板中的指令语句序列被倒序插入到光标所在行的下一行

> 当进行往返动作示教时，使用 ◻【复制】+ ◻【粘贴（逆）】组合操作非常方便。此时，仅需示教前行轨迹，将其复制并倒序粘贴，即可完成返回轨迹。

任务分析

实现厚度为 1.5mm 碳钢薄板的平焊对接，要求焊缝成形美观、余高 ≤ 1.5mm 且焊接变形控制合理，焊件的控形质量要求较高。众所周知，焊接过程是一个准稳态过程，达到此状态需要一个热积累的过程。由图 5-18 ～图 5-20 可以看出，当无引弧板和引出板时，欲获得宽度（熔透）均匀、余高平整的高质量焊缝，常需要分段（区）优化调整焊接条件。同时，基于焊接导航功能所生成的参考焊接规范，也需要结合焊接电源的性能和功能配置，合理调整优化工艺参数。本任务将重点从焊枪姿态（行进角）、焊接速度和焊接电流三方面入手，逐一调整焊接参数，直至焊缝成形质量达标。

任务实施

1. 示教前的准备

开始任务程序编辑前，需做如下准备：

1）工件换装清理。更换新的试板，将其表面铁锈和油污等杂质清理干净。

2）工件组对点固。使用焊条电弧焊设备将两块新的待焊试板定位焊组对起来。

3）工件装夹与固定。选择合适的夹具将新的试板固定在焊接工作台上。

4）示教模式确认。切换【模式旋钮】对准"TEACH"，选择手动模式。

5）加载任务程序。通过 🅡【文件】菜单加载任务 5.1 中创建的"Butt_weld"程序。

2. 任务程序编辑

为获得成形美观的高质量焊缝，在机器人焊接过程中可以适度逐渐减小焊枪的行进角；为获得合适的焊接熔深和变形控制，可以适度提高焊接速度或降低焊接电流。当单因素改变焊枪姿态、焊接速度或焊接电流时，均可参照图 3-18 所示的示教流程测试验证程序和再现施焊。板－板对接接头机器人平焊任务程序编辑步骤见表 5-24。综合优化后的焊缝宽度为 4.1mm，正面余高为 1.1mm，背面余高为 0.4mm，焊件的弯曲变形程度降低，整体成形效果如图 5-25 所示。

表 5-24 板－板对接接头机器人平焊任务程序编辑步骤

编辑类别	编辑步骤
焊枪姿态调整	1）在编辑模式下，移动光标至待变更示教点 P003 所在行 2）点按 ▢【窗口键】，移动光标至菜单栏，依次单击辅助菜单 ▣【编辑选项】→ ▤【修改】，切换程序编辑至修改状态 3）点按【动作功能键Ⅷ】，🐾（灯灭）→🐾（灯亮），激活机器人动作功能 4）按住【右切换键】的同时，点按【动作功能键Ⅳ】或依次单击辅助菜单 ⬇【点动坐标系】→ 🧲【工件坐标系】，切换机器人点动坐标系为系统默认的工件（用户）坐标系，即与 🔧【机座坐标系】重合 5）在工件（用户）坐标系中，绕 🔧点动机器人，适度减小焊枪行进角，如 α＝70° 6）点按 ⇨【确认键】，新的焊枪姿态（指令位姿）被记忆覆盖示教点 P003 7）在工件（用户）坐标系中，使用【动作功能键Ⅳ、Ⅴ】+【拨动按钮】组合键，点动机器人沿 🔧、🔧线性移至焊接结束点 P004 8）再次点按 ⇨【确认键】，新的焊枪姿态（指令位姿）被记忆覆盖示教点 P004
焊接速度变更	1）在编辑模式下，移动光标至 ARC-SET 指令语句所在行，侧击【拨动按钮】，弹出焊接开始规范配置界面 2）向下转动【拨动按钮】，移动光标至"焊接速度"选项，侧击【拨动按钮】，弹出焊接速度配置界面，适度增加焊接速度，如 0.65～0.70m/min 3）待参数确认无误后，连续两次点按 ⇨【确认键】，结束焊接速度变更
焊接电流微调	1）在编辑模式下，移动光标至 ARC-SET 指令语句所在行，侧击【拨动按钮】，弹出焊接开始规范配置界面 2）侧击【拨动按钮】，弹出焊接电流配置界面，适度降低焊接电流（如 80A）后，单击【标准】按钮，一元化适配电弧电压 3）确认参数无误，点按 ⇨【确认键】，结束焊接电流变更

精彩视频

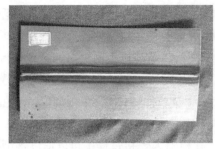

a）焊缝正面成形

b）焊接背面成形

图 5-25 厚度为 1.5mm 碳钢试板板－板对接接头机器人平焊焊缝成形效果

拓展阅读

Panasonic 焊接机器人的示教设置

为提高焊接机器人示教编程效率，预先配置好运动指令和焊接指令的默认参数，当记忆焊接起始点和焊接结束点等指令位姿时，上述预设配置的焊接条件被同步记忆保存。编程员可以依次单击辅助菜单 【扩展选项】→ 【示教设置】，弹出示教设置界面，如图 5-26 所示。

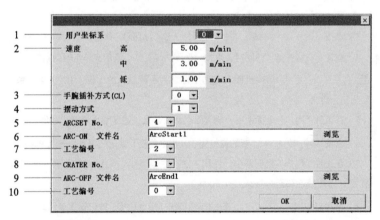

图 5-26 Panasonic G Ⅲ焊接机器人的示教设置界面

（1）用户坐标系 也称工件坐标系，是用户自定义的直角坐标系。在使用工件坐标系前，首先需要设置工件坐标系，并指定工件坐标系的编号（0～2）。默认为 0，表示使用机器人机座坐标系。

（2）运动速度 机器人运动轨迹示教时，决定示教点间的运动快慢，分为高、中、低三个档次，默认为中档。

（3）手腕插补方式 指定机器人末端工具（焊枪）变换位姿时腕部轴的插补算法，以编号形式设置（0～4），默认为 0（自动计算）。

（4）摆动方式 指定机器人在振幅点之间一边沿焊缝宽度方向横向摆动、一边沿焊缝长度方向线性前移的动作类型，以编号形式设置（1～6），默认为 1（低速单摆）。

（5）焊接开始规范　配置正常焊接作业时的规范参数（焊接电流、电弧电压和焊接速度），以编号形式设置（1～5），默认为1。依次单击主菜单 ▦【设置】→ ✐【弧焊】，在弹出界面依次选择"特性1：TAWERS1（通常使用特性）"→"焊接条件数据"，可以查看机器人制造商预设的五套焊接开始规范。

（6）焊接开始动作次序　配置机器人开始焊接的动作次序，以文件形式设置。焊接开始动作次序文件共有五套（ArcStart1～ArcStart5），默认为ArcStart1。依次单击主菜单 ▦【设置】→ ✐【弧焊】，在弹出界面依次选择"特性1：TAWERS1（通常使用特性）"→"焊接开始设置"，可以查看机器人制造商预设的五套焊接开始动作次序。

（7）引弧再试　开始焊接时，一旦未能成功引弧，机器人将自动移动一段距离，再次重新接触引弧（图5-27）。以编号形式设置（0～5），默认为0（引弧再试功能无效）。

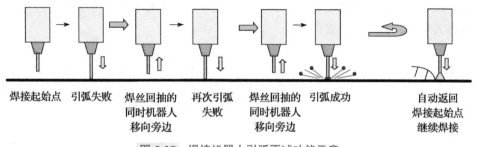

焊接起始点　引弧失败　焊丝回抽的　再次引弧　焊丝回抽的　引弧成功　　　自动返回
　　　　　　　　　同时机器人　失败　　同时机器人　　　　　　焊接起始点
　　　　　　　　　移向旁边　　　　　　移向旁边　　　　　　　继续焊接

图 5-27　焊接机器人引弧再试功能示意

（8）焊接结束规范　配置焊接收弧时的规范参数（收弧电流、收弧电压和弧坑处理时间），以编号形式设置（1～5），默认为1。依次单击主菜单 ▦【设置】→ ✐【弧焊】，在弹出界面依次选择"特性1：TAWERS1（通常使用特性）"→"焊接条件数据"，可以查看机器人制造商预设的五套焊接结束规范。

（9）焊接结束动作次序　配置机器人结束焊接的动作次序，以文件形式设置。焊接结束动作次序文件共有五套（ArcEnd1～ArcEnd5），默认为ArcEnd1。依次单击主菜单 ▦【设置】→ ✐【弧焊】，在弹出界面依次选择"特性1：TAWERS1（通常使用特性）"→"焊接结束设置"，可以查看机器人制造商预设的五套焊接结束动作次序。

（10）粘丝解除　在结束焊接时，为防止焊丝与工件粘在一起，焊接电源会输出瞬时高电压进行防粘丝处理，若仍无法解除粘丝，将输出"已粘丝"信号，机器人停止运行（图5-28）。以编号形式设置（0～5），默认为0（禁用粘丝解除功能）。

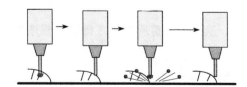

焊接结束点　粘丝检测　自动通电　再次粘丝检测
　　　　　　发生粘丝　解除粘丝　机器人移至下一点

图 5-28　焊接机器人粘丝解除功能示意

知识测评

一、填空题

1. Panasonic 机器人完成直线焊缝的焊接需示教 _____ 个特征点（直线的 _____ 点），插补方式选 _____ 。

2. Panasonic 机器人程序内容画面主要由 _____ 、 _____ 、 _____ 及 _____ 等几部分组成，其中 ●（蓝色）表示 _____ 点、●（红色）表示 _____ 点、○（黄色）表示 _____ 点。

3. 弧焊机器人作业条件的登录，主要涉及以下几个方面：①在 _____ 指令中设定焊接开始规范；②在 _____ 指令中设定焊接结束规范；③手动调节焊丝干伸长度和保护气体流量。

4. 请将下表中填入各图标的名称或定义，然后选取以下图标中的一个或几个按照一定的组合填入空中，完成所指定的操作。

 (1)	 (2)	 (3)	 (4)	 (5)	 (6)	 (7)	 (8)	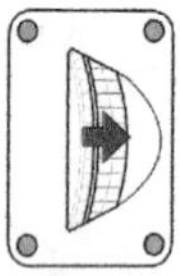
 (9)	 (10)	 (11)	 (12)	 (13)	 (14)	 (15)	 (16)	(17)
 (18)	 (19)	 (20)	 (21)	 (22)	 (23)	 (24)	 (25)	 (26)

①关闭机器人动作功能，复制光标当前所在行指令。 _____ → _____ → _____

②关闭机器人动作功能，删除光标当前所在行指令。 _____ → _____ → _____

③伺服电源接通的状态下，从光标当前所在程序行进行程序测试操作。 _____ → _____ → _____ + _____

④激活送丝·吹气功能，手动送丝。 _____ → _____ → _____

二、选择题

1. 直线焊缝机器人焊接（弧焊）的关键参数包括（　　　）等。

①焊接电流；②焊接速度；③电弧电压；④送丝速度；⑤焊丝干伸长度；⑥保护气体流量

A. ①②③④⑤　　　　B. ①②④⑤⑥　　　　C. ①②③④⑤⑥　　　　D. ①②③④⑥

2. 焊接机器人常见的插补方式有（　　　）。

①PTP；②直线插补；③圆弧插补；④直线摆动；⑤圆弧摆动

A. ①②③④⑤　　　　B. ①②⑤　　　　C. ①②④　　　　D. ①②③④

3. 机器人完成具体操作的编程指令程序，一般由（　　　）等构成。

①程序结构记号；②行标识；③行号码；④指令语句

A. ②③④　　　　B. ①②③　　　　C. ①②④　　　　D. ①②③④

三、判断题

1. 机器人完成直线焊缝焊接一般仅需示教两个关键位置点（直线的两端点），且直线结束点的动作类型（或插补方式）为直线动作。（　　　）

2. 焊接机器人运动指令主要由动作类型、位置坐标、运动速度、定位方式和附加选项等五大要素构成，不同品牌的机器人指令要素呈现形式相同。（　　　）

3. 运动指令是指以指定的运动速度和动作类型控制机器人 TCP 向工作空间内的目标位置运动的指令。（　　　）

4. 相同的焊接热量条件下，存在两种可选择的焊接规范，一种是大电流、短时间；另一种是小电流、长时间。在实际生产中偏向小电流、长时间的选择。（　　　）

5. 焊丝干伸长度是指焊丝从喷嘴端部到工件的距离。（　　　）

四、综合实践

尝试使用富氩气体（如 Ar80% + $CO_2$20%）、直径为 1.2mm 的 ER50-6 实心焊丝和 Panasonic G Ⅲ 焊接机器人，通过合理规划机器人运动路径和焊枪姿态，完成中厚板碳钢 T 形接头角焊缝的机器人平角焊作业（图 5-29，I 形坡口，对称焊接），要求焊缝饱满，焊脚对称且尺寸为 6mm，无咬边、气孔等表面缺陷。

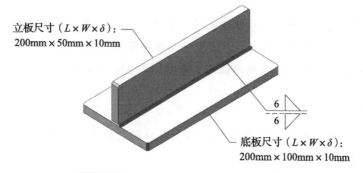

图 5-29　中厚板 T 形接头机器人平角焊

项目6　焊接机器人的圆弧轨迹编程

弧形（圆周）焊缝是管－板T形接头、管－管对接接头和管－管角接接头的主流焊缝形式，很多复杂的焊接结构都是由直线和弧形焊缝组合连接而成，如锅炉、压力容器及其关键部件焊接。圆弧轨迹是焊接机器人连续路径运动的另一典型，同时也是焊接机器人任务编程的又一常见运动轨迹。

本项目参照1+X"焊接机器人编程与维护"职业技能等级要求，以Panasonic G Ⅲ焊接机器人为例，通过尝试骑坐式管－板平角焊的任务示教编程，掌握机器人圆弧轨迹焊缝的示教要领，完成圆弧轨迹任务程序的调试。根据焊接机器人编程员的岗位工作内容，本项目共设置两项任务：一是骑坐式管－板T形接头机器人平角焊任务编程；二是机器人圆弧轨迹任务程序编辑。

学习目标

知识目标

1）能够列举圆弧、圆周和连弧焊缝机器人焊接轨迹示教的差异性。
2）能够说明弧形（圆周）焊缝机器人焊接条件的配置原则。
3）能够使用机器人运动指令和焊接指令完成弧形（圆周）焊缝的任务编程。

技能目标

1）能够灵活使用示教盒调整骑坐式管－板T形接头机器人平角焊焊枪姿态。
2）能够熟练配置弧形（圆周）焊缝机器人焊接条件。
3）能够根据焊接缺陷合理编辑弧形（圆周）焊缝机器人任务程序。

素养目标

1）培养学生分析和解决圆弧轨迹机器人焊接问题的基本能力，为后续专业学习及应用打下坚实基础。
2）将专业知识适度与国家发展战略相结合，培养学生识大体、求奋进、专业化的职业精神。

学习导图

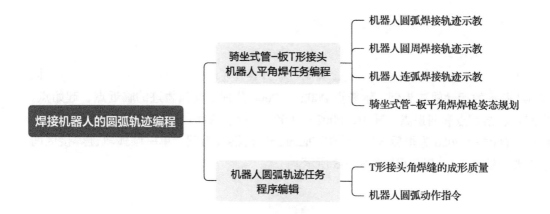

机器人圆弧焊接轨迹示教

机器人圆周焊接轨迹示教

骑坐式管-板T形接头
机器人平角焊任务编程 ── 机器人连弧焊接轨迹示教

骑坐式管-板平角焊焊枪姿态规划

焊接机器人的圆弧轨迹编程

T形接头角焊缝的成形质量

机器人圆弧轨迹任务
程序编辑 ── 机器人圆弧动作指令

▶ **任务 6.1　骑坐式管-板 T 形接头机器人平角焊任务编程**

任务提出

管-板 T 形接头可以看成为板-板 T 形接头的延伸，不同之处在于管-板角焊缝位于圆管的端部，属于弧形（圆周）焊缝。根据接头结构形式的不同，可将管-板 T 形接头可分为插入式和骑坐式管-板接头两类；根据空间位置不同，每类管-板 T 形接头又可分为垂直固定俯焊（平角焊）、垂直固定仰焊（仰角焊）和水平固定全位置焊三种。

本任务要求使用富氩气体（如 Ar80%+$CO_2$20%）、直径为 1.2mm 的 ER50-6 实心焊丝和 Panasonic G Ⅲ 焊接机器人，完成骑坐式管-板（无缝钢管尺寸为 ϕ60mm×60mm×6mm，底板尺寸为 100mm×100mm×10mm，钢管与底板材质均为 Q235，图 6-1）T 形接头机器人平角焊作业，焊脚对称且尺寸为 6mm，焊缝呈凹形圆滑过渡，无咬边、气孔等焊接缺陷。

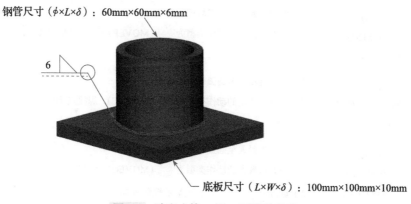

钢管尺寸（$\phi \times L \times \delta$）：60mm×60mm×6mm

6

底板尺寸（$L \times W \times \delta$）：100mm×100mm×10mm

图 6-1　骑坐式管-板 T 形接头示意

6.1.1　机器人圆弧焊接轨迹示教

机器人完成单一圆弧焊缝的焊接至少需要示教三个关键位置点（圆弧起始点、圆弧中间点和圆弧结束点），且每个关键位置点的动作类型（或插补方式）均为圆弧动作。以图 6-2 所示的运动轨迹为例，示教点 P002 ～ P006 分别是圆弧轨迹的临近点、起始点、中间点、结束点和回退点。其中，P002 → P003 为焊前区间段，P003 → P005 为焊接区间段，P005 → P006 为焊后区间段。以 Panasonic 机器人为例，单一圆弧轨迹焊接区间示教要领见表 6-1，任务程序如图 6-3 所示。

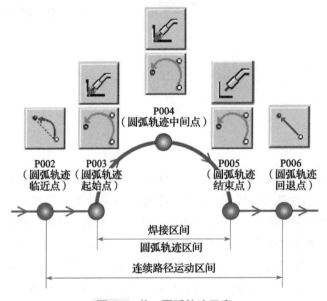

图 6-2　单一圆弧轨迹示意

表 6-1　Panasonic 机器人单一圆弧轨迹焊接区间示教要领

序号	示教点	示教要领
1	P002 圆弧轨迹临近点 （焊接临近点）	1）点动机器人至圆弧轨迹临近点 2）变更示教点的动作类型为 ⬔（MOVEP）或 ◣（MOVEL），空走点 ◪ 3）点按 ⇨【确认键】，记忆示教点 P002
2	P003 圆弧轨迹起始点 （焊接起始点）	1）点动机器人至圆弧轨迹起始点 2）变更示教点的动作类型为 ◔（MOVEC），焊接点 ◪ 3）点按 ⇨【确认键】，记忆示教点 P003
3	P004 圆弧轨迹中间点 （焊接路径点）	1）点动机器人至圆弧轨迹中间点 2）变更示教点的动作类型为 ◔（MOVEC），焊接点 ◪ 3）点按 ⇨【确认键】，记忆示教点 P004

（续）

序号	示教点	示教要领
4	P005 圆弧轨迹结束点 （焊接结束点）	1）点动机器人至圆弧轨迹结束点 2）变更示教点的动作类型为 ⌒（MOVEC），空走点 ✎ 3）点按 ⇨【确认键】，记忆示教点 P005
5	P006 圆弧轨迹回退点 （焊接回退点）	1）点动机器人至圆弧轨迹回退点 2）变更示教点的动作类型为 ＼（MOVEL），空走点 ✎ 3）点按 ⇨【确认键】，记忆示教点 P006

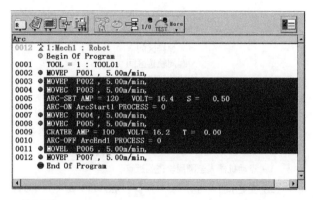

图 6-3　Panasonic 机器人单一圆弧轨迹任务程序示例

- 无论圆弧轨迹临近点采用关节动作还是直线动作，从圆弧轨迹临近点至圆弧轨迹起始点区段，机器人系统自动按直线路径规划运动轨迹。
- 圆弧轨迹示教时，若示教点数量少于三个点或任务程序中紧邻圆弧运动指令少于三条，则机器人系统无法计算圆弧中心及轨迹，将发出报警信息或按直线路径规划运动轨迹。

6.1.2　机器人圆周焊接轨迹示教

机器人完成圆周焊缝的焊接至少需要示教四个关键位置点（一个圆周起始点 / 圆周结束点和三个圆周中间点），且每个关键位置点的动作类型（或插补方式）均为圆弧动作。以图 6-4 所示的运动轨迹为例，示教点 P002 ～ P008 分别是圆周轨迹的临近点、起始点、中间点、结束点和回退点。其中，P002 → P003 为焊前区间段，P003 → P007 为焊接区间段，P007 → P008 为焊后区间段。以 Panasonic 机器人为例，圆周轨迹焊接区间示教要领见表 6-2，任务程序如图 6-5 所示。

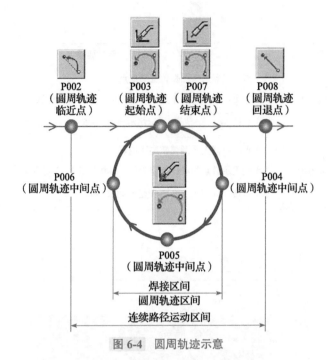

图 6-4　圆周轨迹示意

表 6-2　Panasonic 机器人圆周轨迹焊接区间示教要领

序号	示教点	示教要领
1	P002 圆周轨迹临近点 （焊接临近点）	1）点动机器人至圆周轨迹临近点 2）变更示教点的动作类型为 ↘（MOVEP）或 ↘（MOVEL），空走点 ✐ 3）点按 ⇨【确认键】，记忆示教点 P002
2	P003 圆周轨迹起始点 （焊接起始点）	1）点动机器人至圆周轨迹起始点 2）变更示教点的动作类型为 ⌒（MOVEC），焊接点 ✍ 3）点按 ⇨【确认键】，记忆示教点 P003
3	P004 圆周轨迹中间点 （焊接路径点）	1）点动机器人至圆周轨迹中间点 2）变更示教点的动作类型为 ⌒（MOVEC），焊接点 ✍ 3）点按 ⇨【确认键】，记忆示教点 P004
4	P005 圆周轨迹中间点 （焊接路径点）	1）点动机器人至圆周轨迹中间点 2）变更示教点的动作类型为 ⌒（MOVEC），焊接点 ✍ 3）点按 ⇨【确认键】，记忆示教点 P005
5	P006 圆周轨迹中间点 （焊接路径点）	1）点动机器人至圆周轨迹中间点 2）变更示教点的动作类型为 ⌒（MOVEC），焊接点 ✍ 3）点按 ⇨【确认键】，记忆示教点 P006
6	P007 圆周轨迹结束点 （焊接结束点）	1）点动机器人至圆周轨迹结束点 2）变更示教点的动作类型为 ⌒（MOVEC），空走点 ✐ 3）点按 ⇨【确认键】，记忆示教点 P007
7	P008 圆周轨迹回退点 （焊接回退点）	1）点动机器人至圆周轨迹回退点 2）变更示教点的动作类型为 ↘（MOVEL），空走点 ✐ 3）点按 ⇨【确认键】，记忆示教点 P008

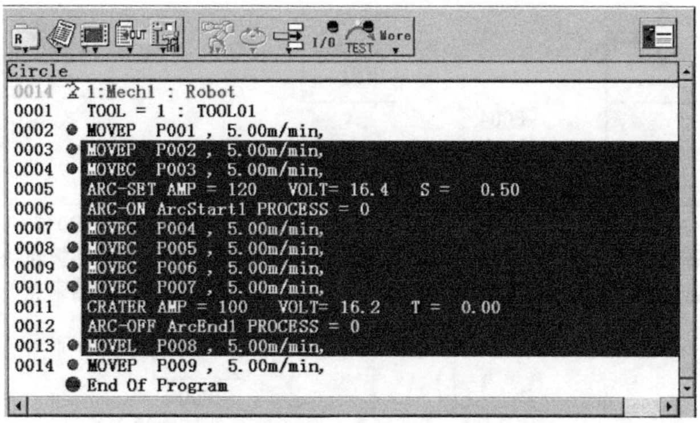

图 6-5　Panasonic 机器人圆周轨迹任务程序示例

- 鉴于无缝钢管加工制造存在圆度误差，建议采用六个及以上均匀分布的关键位置点（沿顺时针方向每转过约 60° 记忆一个示教点）示教圆周焊缝，以保证焊接路径准确度和焊缝质量。
- 当机器人任务程序包含三条以上紧邻的圆弧运动指令（或存在多个圆弧中间点）时，焊接机器人系统将至上而下、逐次取出三条圆弧运动指令进行圆弧插补运算，如图 6-4 所示的圆周焊缝，将依次按照 P003 → P005、P004 → P006、P005 → P007 三个圆弧分段计算圆弧运动轨迹。

6.1.3　机器人连弧焊接轨迹示教

　　机器人完成两个及以上连续圆弧焊缝轨迹的焊接至少需要示教 2+x 个关键位置点（一个圆弧起始点、一个圆弧结束点和若干圆弧中间点），且每个关键位置点的动作类型（或插补方式）均为圆弧动作。以图 6-6 所示的两种运动轨迹为例，示教点 P002 ～ P008 分别是连弧轨迹的临近点、起始点、中间点、结束点和回退点。其中，示教点 P005 既是前段圆弧的结束点，又是后段圆弧的起始点。P002 → P003 为焊前区间段，P003 → P007 为焊接区间段，P007 → P008 为焊后区间段。

　　按照机器人系统"自上而下、逐块插补"的圆弧动作原则，图 6-6a 所示的 P003 → P007 连弧轨迹区间的运动又分为 P003 → P005、P004 → P006、P005 → P007 三个圆弧分段。需要强调的是，P003 → P004 分段的运动是由 P003 ～ P005 三个示教点计算生成，P004 → P005 分段的运动则由 P004 ～ P006 三个示教点计算生成，P005 → P007 分段的运动由 P005 ～ P007 三个示教点计算生成。同为连弧轨迹区间，若要实现图 6-6b 所示的 P003 → P005 和 P005 → P007 两个圆弧分段的焊接，则需要在两个圆弧分段连接点处设置一个圆弧分离点（SO，图 6-7）。对于 Panasonic 机器人而言，连弧轨迹焊接区间的示教要领与圆周轨迹极为相似，见表 6-3，任务程序如图 6-7 所示。

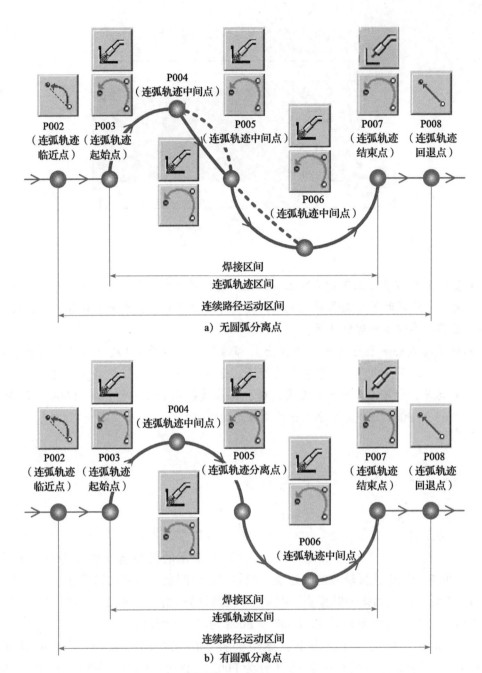

a）无圆弧分离点

b）有圆弧分离点

图 6-6　连弧轨迹示意

表 6-3　Panasonic 机器人连弧轨迹焊接区间示教要领

序号	示教点	示教要领
1	P002 连弧轨迹临近点 （焊接临近点）	1）点动机器人至连弧轨迹临近点 2）变更示教点的动作类型为 （MOVEP）或 ![](MOVEL）（MOVEL），空走点 ![] 3）点按 ![] 【确认键】，记忆示教点 P002

（续）

序号	示教点	示教要领
2	P003 连弧轨迹起始点 （焊接起始点）	1）点动机器人至连弧轨迹起始点 2）变更示教点的动作类型为 ◠（MOVEC），焊接点 ✍ 3）点按 ⇨【确认键】，记忆示教点 P003
3	P004 连弧轨迹中间点 （焊接路径点）	1）点动机器人至连弧轨迹中间点 2）变更示教点的动作类型为 ◠（MOVEC），焊接点 ✍ 3）点按 ⇨【确认键】，记忆示教点 P004
4	P005 连弧轨迹中间点或 分离点 （焊接路径点）	1）点动机器人至连弧轨迹中间点（或分离点） 2）若为中间点，仅变更示教点的动作类型为 ◠（MOVEC），焊接点 ✍；若为分离点，需要同时勾选"圆弧分离点"复选框 3）点按 ⇨【确认键】，记忆示教点 P005
5	P006 连弧轨迹中间点 （焊接路径点）	1）点动机器人至连弧轨迹中间点 2）变更示教点的动作类型为 ◠（MOVEC），焊接点 ✍ 3）点按 ⇨【确认键】，记忆示教点 P006
6	P007 连弧轨迹结束点 （焊接结束点）	1）点动机器人至连弧轨迹结束点 2）变更示教点的动作类型为 ◠（MOVEC），空走点 ✐ 3）点按 ⇨【确认键】，记忆示教点 P007
7	P008 连弧轨迹回退点 （焊接回退点）	1）点动机器人至连弧轨迹回退点 2）变更示教点的动作类型为 ╲（MOVEL），空走点 ✐ 3）点按 ⇨【确认键】，记忆示教点 P008

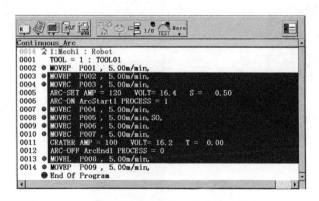

图 6-7　Panasonic 机器人连弧轨迹任务程序示教（圆弧分离点）

　　圆弧分离点（SO）的设置本质上可以看成为"一点多用"，即同一示教点既是上一段圆弧的结束点，又是下一段圆弧的起始点，同时还是动作类型的转换点（相当于在两条紧邻的圆弧运动指令之间插入一条直线动作指令）。

6.1.4　骑坐式管－板平角焊焊枪姿态规划

　　除携带焊枪完成空间定位外，焊接机器人的另一项重要任务就是在指定空间位置完成焊枪指向的调整。作为板－板 T 形接头角焊缝的延伸，管－板 T 形接头角焊缝的机器人焊枪姿态（行进角 α 和工作角 β）规划与板－板 T 形接头角焊缝极为相似，如图 6-8 所示。针对（I 形坡口）T 形接头角焊缝，当焊脚 S_1、$S_2 \leqslant 7mm$ 时，通常采用单层（道）焊，焊枪行进角 $\alpha = 65° \sim 80°$、工作角 $\beta = 45°$；当焊脚 S_1、$S_2 > 7mm$ 时，则需要横向摆动焊枪（摆焊）或多层多道焊工艺。此外，焊枪的指向位置（焊丝端头与接头根部的距离 L_1、L_2）与钢管壁厚 δ 关联。若钢管壁厚 $\delta \leqslant T_1$，则 $L_1 = 0mm$、$L_2 = (1.0 \sim 1.5)$ Φ；反之，若 $\delta > T_1$，则 $L_1 = (1.0 \sim 1.5)$ Φ、$L_2 = 0mm$。式中，Φ 为焊丝直径，单位为 mm。需要引起注意的是，管－板角焊缝为弧形（圆周）焊缝，焊枪姿态随管－板角焊缝的弧度变化而动态调整。同时，管状试件与板类试件的散热、熔化情况不同，当焊枪姿态规划不合理时，焊接过程中易产生咬边、焊偏和气孔等缺陷。

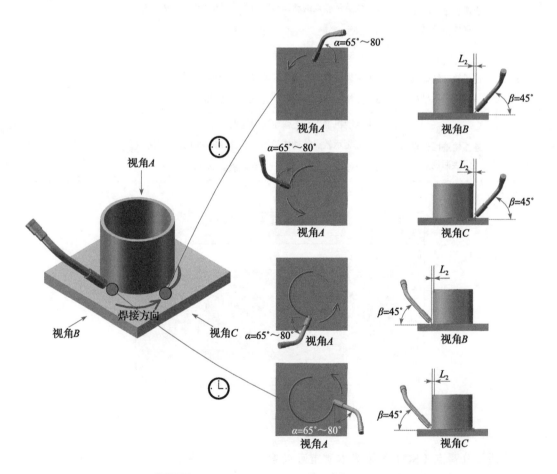

图 6-8　骑坐式管－板 T 形接头平角焊姿态示意

在实际调整机器人焊枪姿态过程中，为便于精准调控机器人焊枪指向（TCP 姿态），编程员可以依次单击主菜单▦【视图】→▦【状态显示】→▦【位置信息】→▦【直角】，打开机器人位姿信息显示界面。

任务分析

同直线焊缝轨迹示教相比较，管 – 板 T 形环缝机器人焊接的任务示教相对复杂一些。使用机器人完成骑坐式管 – 板（无缝钢管和底板）T 形接头平角焊作业需要示教九个目标位置点，其运动路径、焊枪姿态和焊丝端头（电弧对中）位置规划如图 6-9 所示。各示教点用途见表 6-4。实际示教时，可以按照图 3-18 所示的流程进行示教编程。

任务实施

1. 示教前的准备

开始任务示教前，需做如下准备：

1）工件表面清理。核对钢管和试板的几何尺寸后，将待焊区域表面铁锈和油污等杂质清理干净。

2）接头组对点固。采用焊条电弧焊沿钢管内壁（或外壁）将组对好的管 – 板接头定位焊点固。

3）工件装夹与固定。选择合适的夹具将组对好的试件固定在焊接工作台上。

4）机器人原点确认。执行机器人控制器内存储的原点程序，让机器人返回原点（如 BW = –90°、RT = UA = FA = RW = TW = 0°）。

5）机器人坐标系设置。参照本书项目 4 设置焊接机器人的工具坐标系和工件（用户）坐标系编号。

6）新建任务程序。参照本书项目 3 创建一个文件名为 " Fillet_weld " 的焊接程序文件。

2. 运动轨迹示教

针对图 6-9 所示的圆周运动路径和焊枪姿态规划，点动机器人依次通过机器人原点 P001、焊接临近点 P002、圆周焊接起始点 P003、圆周焊接路径点 P004 ～ P006、圆周焊接结束点 P007、焊接回退点 P008 等九个目标位置点，并记忆示教点的位姿信息。其中，机器人原点 P001 应设置在远离作业对象（待焊工件）的可动区域的安全位置；焊接临近点 P002 和焊接回退点 P008 应设置在临近焊接作业区间且便于调整焊枪姿态的安全位置。具体示教步骤见表 6-5。编制完成的任务程序见表 6-6。

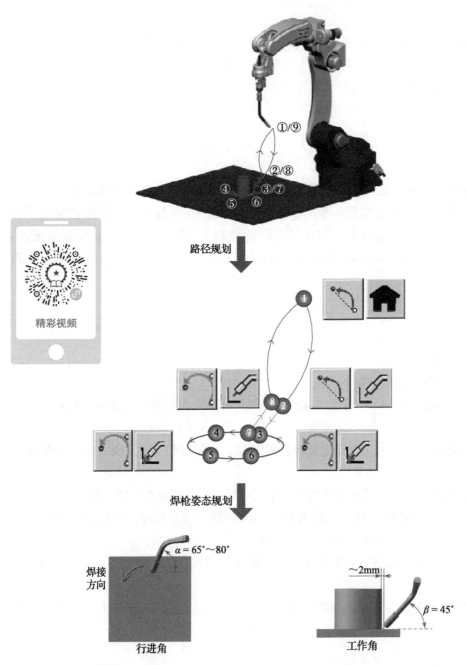

图 6-9 骑坐式管 – 板 T 形接头机器人平角焊的运动路径和焊枪姿态规划

表 6-4 骑坐式管 – 板 T 形接头机器人平角焊任务的示教点

示教点	备 注	示教点	备 注	示教点	备 注
①	原点（HOME）	④	（圆周）焊接路径点	⑦	（圆周）焊接结束点
②	焊接临近点	⑤	（圆周）焊接路径点	⑧	焊接回退点
③	（圆周）焊接起始点	⑥	（圆周）焊接路径点	⑨	原点（HOME）

表 6-5　骑坐式管 - 板 T 形接头机器人平角焊的运动轨迹示教步骤

示教点	示教步骤
机器人 原点 P001	1）在"TEACH"模式下，轻握【安全开关】至 ◉【伺服接通按钮】指示灯闪烁，此时按下 ◉【伺服接通按钮】，指示灯亮，接通机器人运动轴伺服电源 2）点按【动作功能键Ⅷ】，🐾（灯灭）→🐾（灯亮），激活机器人动作功能 3）按住【右切换键】，切换至示教点记忆界面，点按【动作功能键Ⅰ、Ⅲ】，变更示教点 P001 的动作类型为 ↘（MOVEP），空走点 ✐ 4）点按 ⇨【确认键】，记忆示教点 P001 为机器人原点
焊接临 近点 P002	1）按住【右切换键】的同时，点按【动作功能键Ⅳ】或依次单击辅助菜单 ⇕【点动坐标系】→🐾【工件坐标系】，切换机器人点动坐标系为系统默认的工件（用户）坐标系，即与 ⅄【机座坐标系】重合 2）在工件坐标系中，使用【动作功能键Ⅳ～Ⅵ】+【拨动按钮】组合键，点动机器人沿 ⁺ˣ₊ᵁˢᵉʳ、⁺ʸ₋ᵁˢᵉʳ、ᵁˢᵉʳ₋�z 线性贴近焊接起始点附近的参考点，如钢管端头外沿 3）依次单击主菜单 🖥【视图】→▥【状态显示】→▥【位置信息】→ₓᵧz【直角】，将示教盒右侧界面切换至"XYZ（直角）"，显示机器人 TCP 的当前位姿 4）在工件（用户）坐标系中，使用【动作功能键Ⅱ、Ⅲ】+【拨动按钮】组合键，点动机器人先后绕 -Z 轴 ᵁˢᵉʳ、+Y 轴（或 -Y 轴）ᵁˢᵉʳ 定点转动，实时查看示教盒右侧界面显示的机器人 TCP 姿态，精确调整焊枪工作角 $\beta = 45°$ 5）在工件（用户）坐标系中，使用【动作功能键Ⅴ、Ⅵ】+【拨动按钮】组合键，点动机器人沿 -Z 轴 ᵁˢᵉʳ₋z 和 -X 轴 ᵁˢᵉʳ₋ˣ 线性缓慢移至焊接起始点 6）在工件（用户）坐标系中，使用【动作功能键Ⅰ】+【拨动按钮】组合键，点动机器人绕 -X 轴 ᵁˢᵉʳ 定点转动，实时查看示教盒右侧界面显示的机器人 TCP 姿态，精确调整焊枪行进角 $\alpha = 65° \sim 80°$ 7）按住【右切换键】的同时，点按【动作功能键Ⅳ】或依次单击辅助菜单 ⇕【点动坐标系】→✂【工具坐标系】，切换机器人点动坐标系为工具坐标系 8）在工具坐标系中，保持焊枪姿态不变，沿 -X 轴 ✂ 点动机器人线性移向远离焊接起始点的安全位置，如距离起始点距离为 30 ～ 50mm，如图 6-10 所示 9）按住【右切换键】，切换至示教点记忆界面，点按【动作功能键Ⅰ、Ⅲ】，变更示教点 P002 的动作类型为 ↘（MOVEP），空走点 ✐ 10）点按 ⇨【确认键】，记忆示教点 P002 为焊接临近点
（圆周） 焊接起 始点 P003	1）在工具坐标系中，保持焊枪姿态不变，沿 +X 轴 ✂ 点动机器人线性移至（圆周）焊接起始点，如图 6-11 所示 2）按住【右切换键】，切换至示教点记忆界面，点按【动作功能键Ⅰ、Ⅲ】变更示教点 P003 的动作类型为 ↷（MOVEC），焊接点 ✐ 3）点按 ⇨【确认键】，记忆示教点 P003 为（圆周）焊接起始点，焊接开始指令被同步记忆

（续）

示教点	示教步骤
（圆周）焊接路径点 P004	1）按住【右切换键】的同时，点按【动作功能键Ⅳ】或依次单击辅助菜单 💬【点动坐标系】→ 🦾【工件坐标系】，切换机器人点动坐标系为系统默认的工件（用户）坐标系 2）在工件（用户）坐标系中，使用【动作功能键Ⅲ】+【拨动按钮】组合键，点动机器人绕 +Z 轴 🔲定点转动 90°，实时查看示教盒右侧界面显示的机器人 TCP 姿态，精确调整焊枪行进角 α = 65°～80°、工作角 β = 45° 3）在工件坐标系中，使用【动作功能键Ⅳ～Ⅵ】+【拨动按钮】组合键，点动机器人沿 🔲、🔲、🔲线性移至（圆周）焊接路径点，如图 6-12 所示 4）按住【右切换键】，切换至示教点记忆界面，点按【动作功能键Ⅰ、Ⅲ】变更示教点 P004 的动作类型为 🔲（MOVEC），焊接点 ✍ 5）点按 ⇨【确认键】，记忆示教点 P004 为（圆周）焊接路径点
（圆周）焊接路径点 P005	1）在工件（用户）坐标系中，使用【动作功能键Ⅲ】+【拨动按钮】组合键，点动机器人绕 +Z 轴 🔲定点转动 90°，实时查看示教盒右侧界面显示的机器人 TCP 姿态，精确调整焊枪行进角 α = 65°～80°、工作角 β = 45° 2）在工件坐标系中，使用【动作功能键Ⅳ～Ⅵ】+【拨动按钮】组合键，点动机器人沿 🔲、🔲、🔲线性移至（圆周）焊接路径点，如图 6-13 所示 3）按住【右切换键】，切换至示教点记忆界面，点按【动作功能键Ⅰ、Ⅲ】变更示教点 P005 的动作类型为 🔲（MOVEC），焊接点 ✍ 4）点按 ⇨【确认键】，记忆示教点 P005 为（圆周）焊接路径点
（圆周）焊接路径点 P006	1）在工件（用户）坐标系中，使用【动作功能键Ⅲ】+【拨动按钮】组合键，点动机器人绕 +Z 轴 🔲定点转动 90°，实时查看示教盒右侧界面显示的机器人 TCP 姿态，精确调整焊枪行进角 α = 65°～80°、工作角 β = 45° 2）在工件坐标系中，使用【动作功能键Ⅳ～Ⅵ】+【拨动按钮】组合键，点动机器人沿 🔲、🔲、🔲线性移至（圆周）焊接路径点，如图 6-14 所示 3）按住【右切换键】，切换至示教点记忆界面，点按【动作功能键Ⅰ、Ⅲ】变更示教点 P006 的动作类型为 🔲（MOVEC），焊接点 ✍ 4）点按 ⇨【确认键】，记忆示教点 P006 为（圆周）焊接路径点
（圆周）焊接结束点 P007	1）在工件（用户）坐标系中，使用【动作功能键Ⅲ】+【拨动按钮】组合键，点动机器人绕 +Z 轴 🔲定点转动 90°，实时查看示教盒右侧界面显示的机器人 TCP 姿态，精确调整焊枪行进角 α = 65°～80°、工作角 β = 45° 2）在工件坐标系中，使用【动作功能键Ⅳ～Ⅵ】+【拨动按钮】组合键，点动机器人沿 🔲、🔲、🔲线性移至（圆周）焊接结束点，如图 6-15 所示 3）按住【右切换键】，切换至示教点记忆界面，点按【动作功能键Ⅰ、Ⅲ】变更示教点 P007 的动作类型为 🔲（MOVEC），空走点 ✍ 4）点按 ⇨【确认键】，记忆示教点 P007 为（圆周）焊接结束点

（续）

示教点	示教步骤
焊接回退点 P008	1）按住【右切换键】的同时，点按【动作功能键Ⅳ】或依次单击辅助菜单 😊【点动坐标系】→ ✂【工具坐标系】，切换机器人点动坐标系为工具坐标系 2）在工具坐标系中，继续保持焊枪姿态，沿 –X轴 ✂，点动机器人移向远离焊接结束点的安全位置 3）按住【右切换键】，切换至示教点记忆界面，点按【动作功能键Ⅰ、Ⅲ】变更示教点 P008 的动作类型为 ◥（MOVEL），空走点 🖊 4）点按 ⇨【确认键】，记忆示教点 P008 为焊接回退点
机器人原点 P009	1）松开【安全开关】，点按【动作功能键Ⅷ】，🤖（灯亮）→ 🤖（灯灭），关闭机器人动作功能，进入编辑模式。按【用户功能键 F6】切换用户功能图标至复制和粘贴功能 2）使用【拨动按钮】移动光标至示教点 P001 所在指令语句行，点按【用户功能键 F3】（复制），然后侧击【拨动按钮】，弹出"复制"确认界面，点按 ⇨【确认键】，完成指令语句的复制操作 3）移动光标至示教点 P008 所在指令语句行，点按【用户功能键 F4】（粘贴），完成指令语句的粘贴操作

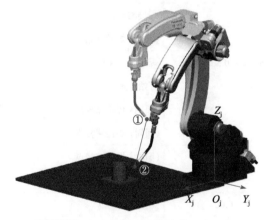

图 6-10　点动机器人至焊接临近点 P002

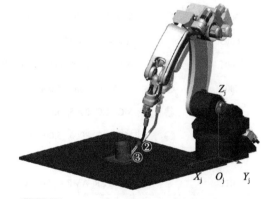

图 6-11　点动机器人至（圆周）焊接起始点 P003

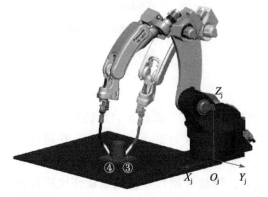

图 6-12　点动机器人至（圆周）焊接路径点 P004

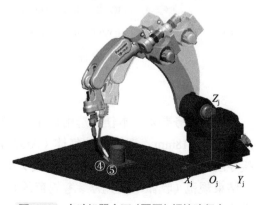

图 6-13　点动机器人至（圆周）焊接路径点 P005

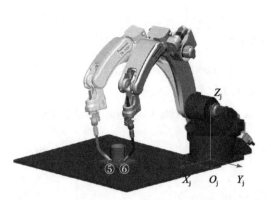

图 6-14 点动机器人至（圆周）焊接路径点 P006

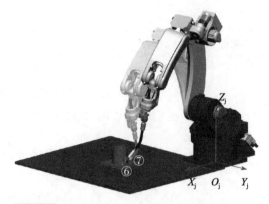

图 6-15 点动机器人至（圆周）焊接结束点 P007

表 6-6 骑坐式管－板 T 形接头机器人平角焊的任务程序

行号码	行标识	指令语句	备 注
	◯	Begin Of Program	程序开始
0001		TOOL = 1：TOOL01	工具坐标系（焊枪）选择
0002	●	MOVEP P001, 10.00m/min	机器人原点（HOME）
0003	●	MOVEP P002, 10.00m/min	焊接临近点
0004	●	MOVEC P003, 5.00m/min	（圆周）焊接起始点
0005		ARC-SET AMP = 120 VOLT = 16.4 S = 0.50	焊接开始规范
0006		ARC-ON ArcStart1 PROCESS = 0	开始焊接
0007	●	MOVEC P004, 5.00m/min	（圆周）焊接路径点
0008	●	MOVEC P005, 5.00m/min	（圆周）焊接路径点
0009	●	MOVEC P006, 5.00m/min	（圆周）焊接路径点
0010	●	MOVEC P007, 5.00m/min	（圆周）焊接结束点
0011		CRATER AMP = 100 VOLT = 16.2 T = 0.00	焊接结束规范
0012		ARC-OFF ArcEnd1 PROCESS = 0	结束焊接
0013	●	MOVEL P008, 5.00m/min	焊接回退点
0014	●	MOVEP P009, 10.00m/min	机器人原点（HOME）
	●	End Of Program	程序结束

3. 焊接条件和动作次序示教

根据任务要求，本任务选用直径为 1.2mm 的 ER50-6 实心焊丝，合理的焊丝干伸长度为 12 ～ 18mm，富氩保护气体（Ar80%+$CO_2$20%）流量为 20 ～ 25L/min，并通过焊接导航功能生成骑坐式管－板 T 形接头机器人平角焊的参考规范，如图 6-16 所示。焊接结束规范（收弧电流）为参考规范的 80% 左右，焊接开始和焊接结束动作次序保持默认。

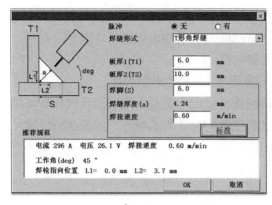
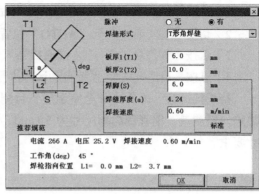

a）MAG   b）脉冲 MAG

图 6-16 骑坐式管 - 板 T 形接头机器人平角焊的参考规范（焊接导航）

> Panasonic CO_2/MAG 焊接机器人的焊接导航功能生成的参考规范与焊接电源配置、焊接软件包版本以及系统弧焊设置等密切关联。依次单击主菜单 ⬛【设置】→ ⬕【弧焊】，在弹出界面依次选择"特性 1：TAWERS1（通常使用特性）"→"焊丝 / 材质 / 焊接方法"，可以查看或变更材质、焊丝直径、保护气体种类和脉冲模式等默认设置。

4. 程序验证与再现施焊

参照项目 5 中表 5-11 所示的 Panasonic 机器人任务程序验证方法，依次通过单步程序验证和连续测试运转确认机器人 TCP 运动轨迹的合理性和精确度。待任务程序验证无误后，方可再现施焊，如图 6-17 所示。自动模式下，机器人自动运转任务步骤如下：

a）焊前准备   b）焊接过程

c）焊缝表面成形

图 6-17 骑坐式管 - 板 T 形接头机器人平角焊

1）在编辑模式下，将光标移至程序开始记号（Begin of Program）。

2）切换【模式旋钮】至"AUTO"位置（自动模式），禁用电弧锁定功能 （灯灭）。

3）点按【伺服接通按钮】，接通机器人伺服电源。

4）点按【启动按钮】，系统自动运转执行任务程序，机器人开始焊接。

待焊接结束、焊件冷却至室温后，目测焊缝微凸且成形美观，无咬边和气孔等焊接缺陷。经测量，钢管侧焊脚尺寸为 5.1mm，底板侧焊脚尺寸为 5.4mm，未能达到焊脚尺寸要求。

拓展阅读

大国工匠 | 卢仁峰："独手焊侠"为国筑剑

【工匠档案】卢仁峰，内蒙古第一机械集团有限公司大成装备制造公司高级焊接技师。第 9 届全国技术能手中焊接界唯一一位"中华技能大奖"获奖者，几十年如一日，用一只手执着追求焊接技术革新、被誉为"独手焊侠"。

先后获得"全国技术能手""中华技能大奖""中国好人榜"等称号，荣获 2021 年"大国工匠年度人物"。

不幸遭遇事故，他的人生却依然精彩。

作为一名焊工，左手几乎丧失劳动能力，许多人劝他改行，可倔强的他克服了常人难以想象的困难，练就一手绝技，成为国家级技能大师、中华技能大奖获得者、全国"最美职工"和"大国工匠年度人物"。他就是中国兵器首席技师、内蒙古第一机械集团有限公司焊工——卢仁峰。

1. 一只手练就一身电焊绝活

1979 年，年仅 16 岁的卢仁峰来到内蒙古第一机械集团从事焊接工作。当时他就给自己定了目标——学好、学精焊接技术。日积月累的刻苦训练，让他的焊接技术日臻成熟。一次，厂里的一条水管爆裂，要抢修又不能停水，这让大家束手无策。而卢仁峰用十多分钟就焊接成功。从此，带水焊接成了卢仁峰的招牌绝活，也让他成了厂里的名人。

然而，就在这时，卢仁峰却遭遇到人生中最沉重的打击，一场突发灾难，让他的左手丧失劳动能力。后来，单位安排他做库管员，但卢仁峰没有接受，他做出了一个大家都没想到的决定——继续做焊工。那段日子，卢仁峰常常一连几个月吃住在车间，他给自己定下每天练习 50 根焊条的底线，常常一蹲就是几个小时。一次次的练习中，卢仁峰不断寻找替代左手的办法——特制手套、牙咬焊帽等。凭着这股倔劲，他不但恢复了焊接技术，仅靠右手练就一身电焊绝活，还攻克了一个个焊接难题，他的焊条电弧焊单面焊双面成形技术堪称一绝，压力容器焊接缺陷返修合格率达百分之百，赢得"独手焊侠"的美誉。

卢仁峰家里珍藏着一只大手套。"当时我戴着这只手套将残疾的左手掩饰起来，参加首届兵器工业技能大赛，我要用单手竞赛来证明自己。比赛第二名的成绩，验证了我的技术，也让我对未来充满了信心。"卢仁峰说。

一次，某军品项目的高压泵体突然出现裂纹，按常规需更换泵体，可市场上没有相应的备件。卢仁峰主动请缨，在没有技术参数、没有可靠技术保障的情况下，他反复思考、试验，52 个小时便用手中的焊枪止住了高压水流，挽回损失近 400 万元。

2. 在技术创新上不断突破自己

21 世纪初，我国研制新型主战坦克和装甲车辆，这些国之重器使用坚硬的特种钢材作为装甲，材料的焊接难度极高，这让卢仁峰和同事们一筹莫展。爱琢磨的卢仁峰经过数百次攻关，终于解决了难题。

2009 年，作为国庆阅兵装备的某型号车辆首次批量生产，在整车焊接蜗壳部位过程中，由于焊接变形和焊缝成形难以控制，致使平面度超差，严重影响整车的装配质量和进度。卢仁峰投入到紧张的技术攻关中。从焊丝的型号到电流大小的选择，他和工友们反复研究细节，确定操作步骤。最终，利用焊接变形的特性，采用"正反面焊接，以变制变"的方法，使该产品生产合格率从 60% 提高到 96%。

工友们常说，卢仁峰之所以被称为焊接"大师"，是因为有一手绝活——一动焊枪，他就知道钢材的焊接性如何，仅凭一块钢板掉在地上的声音，就能辨别出碳含量有多少，应采用怎样的工艺。在穿甲弹冲击和车体涉水等试验过程中，他焊接的坦克车体坚如磐石、密不透水。

通过多年的研究和实践，卢仁峰最终创造了熔化极氩弧焊、微束等离子弧焊、单面焊双面成形等操作技能，《短段逆向带压操作法》《特种车辆焊接变形控制》等多项成果，

"HT 火花塞异种钢焊接技术"等国家专利。

卢仁峰先后完成了《解决某车辆焊接变形和焊缝成型》《某轻型战术车焊接技术攻关》《某新型民品科研项目焊接攻关》等 23 项"卡脖子"技术难题的攻关，其中《解决某车辆焊接变形和焊缝成形》项目节创经济价值 500 万元以上。

2021 年，卢仁峰对某海军装备铝合金雷达结构件焊接变形问题进行攻关，通过优化焊接顺序、改进焊接方法、制作防变形工装等措施，一举解决了该装备变形问题，为公司开拓海军装备市场、提升装备质量奠定了工艺技术基础。

多年来，他牵头完成 152 项技术难题攻关，提出改进工艺建议 200 余项，一批关键技术瓶颈的突破为实现强军目标贡献了智慧和力量。

3. 传承，匠人之重任

2017 年，中华全国总工会向 100 个"全国示范性劳模和工匠人才创新工作室"授牌，内蒙古一机集团卢仁峰创新工作室荣耀上榜。

攻克难关，取得荣誉，这在卢仁峰看来并非是工作的全部。作为"手艺人"，传承必不可少。他的工作室是希望的发源地，也是传承的大平台。卢仁峰带领的科研攻关班，被命名为"卢仁峰班组"。他虽然性格温和，但是教起徒弟却变得十分严苛。为了提高徒弟们焊接手法的精确度，他总结出"强化基础训练法"，每带一名新徒弟，不管过去基础如何，一年内必须每天进行 5 块板、30 根焊条的"定位点焊"，每点误差不得大于 0.5mm，不合格就重来。

如今，卢仁峰已经带出了 50 多位徒弟，且个个都成为了技术骨干。他带出的百余名工匠，都迅速成长为企业的技师、高级技师和技术能手，有的还获得了"全国劳动模范""五一劳动奖章""全国技术能手"等殊荣。他归纳提炼出的《理论提高 6000 字读本》"三项焊法""短段逆向操作法""带水带压焊法"等一批先进操作法，已成为公司焊工的必学"宝典"。

卢仁峰执著地在焊接岗位上坚守了 40 多年。"最大的心愿就是把这门手艺传下去"，面对众多荣誉，卢仁峰的心态非常平和。

▶ 任务 6.2   机器人圆弧轨迹任务程序编辑

任务提出

无论板－板 T 形接头角焊缝还是管－板 T 形接头角焊缝，它们均为非全焊透焊缝。当利用机器人实现上述角焊缝的自动化焊接时，机器人焊枪姿态、焊接速度、焊接电流等关键参数的调控主要以角焊缝的成形质量（如焊脚尺寸和熔深等）为依据。

本任务针对上一任务——骑坐式管－板 T 形接头机器人平角焊，焊缝成形美观、凹形圆滑过渡，焊脚对称且尺寸为 6mm，无咬边和气孔等焊接质量要求，调整优化机器人焊枪姿态、焊接速度和焊接电流等作业条件，旨在加深焊接机器人系统关键参数对 T 形接头角焊缝成形质量的影响规律的理解。

知识准备

6.2.1　T 形接头角焊缝的成形质量

根据焊缝表面平整情况，可将角焊缝分为凸形角焊缝和凹形角焊缝两种。在其他条件一定时，凹形角焊缝比凸形角焊缝应力集中小，承受动力荷载的性能好，因此关键部位角焊缝的外形应为凹形为圆滑过渡。T 形接头角焊缝的成形质量指标主要包括焊脚尺寸、焊缝厚度和焊缝凹（凸）度等，见表 6-7。

表 6-7　T 形接头角焊缝的成形质量指标

指标	指标说明	指标示例
焊脚尺寸	焊脚指的是在角焊缝横截面中，从一个直角面上的焊趾到另一个直角面表面的最小距离；焊脚尺寸指的是在角焊缝横截面内画出的最大等腰直角三角形的直角边的长度。凸形角焊缝的焊脚和焊脚尺寸相等；凹形角焊缝的焊脚尺寸略小于焊脚。当母材厚度 $\delta \leqslant 6mm$ 时，最小焊脚尺寸为 3mm；母材厚度 $6mm < \delta \leqslant 12mm$ 时，最小焊脚尺寸为 5mm；母材厚度 $12mm < \delta \leqslant 20mm$ 时，最小焊脚尺寸为 6mm；母材厚度 $\delta > 20mm$ 时，最小焊脚尺寸为 8mm	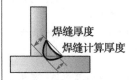 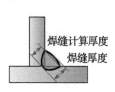
焊缝（计算）厚度	焊缝厚度指的是在焊接接头横截面上，从焊缝正面到焊缝背面的距离；焊缝计算厚度（喉厚）指的是设计焊缝时使用的焊缝厚度，它等于在角焊缝横截面内画出的最大等腰直角三角形中，从直角顶点到斜边的垂线长度。单道（层）焊缝厚度不宜超过 4～5mm	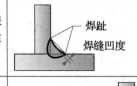 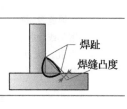
焊缝凹（凸）度	在角焊缝横截面上，焊趾连线与焊缝表面之间的最大距离，建议焊缝凸度控制在 3mm 以内、凹度控制在 1.5mm 以内	
熔深	在焊接接头横截面上，母材或前道焊缝熔化的深度，建议母材熔深控制在 0.5～1.0mm	

注：焊趾是焊缝表面与母材交界处。

　　机器人焊接具有质量稳定、一致性好等优点。但是，当机器人路径准确度和焊接参数配置不合理时，焊接接头将出现未熔合、未焊透、咬边、气孔和裂纹等外观缺陷。表 6-8 是常见的 T 形接头角焊缝机器人焊接（弧焊）外观缺陷及调整方法。

表 6-8　常见的 T 形接头角焊缝机器人焊接（弧焊）外观缺陷及调整方法

类别	外观特征	产生原因	调整方法	缺陷示例
成形差	焊缝两侧附着大量焊接飞溅，焊道断续	1）导电嘴磨损严重，焊丝指向弯曲，焊接电弧跳动 2）焊丝干伸长度过长，焊接电弧燃烧不稳定 3）焊接参数选择不当，导致焊接过程飞溅大	1）更换新的导电嘴和送丝压轮，校直焊丝 2）调整至合适的焊丝干伸长度 3）选择合适的焊接电流、电弧电压和焊接速度	飞溅
未焊透	接头根部未完全熔透	1）焊接电流过小，焊接速度太快，焊接热输入偏小，导致接头根部无法受热熔化 2）焊丝端头偏离接头根部较远，导致根部很难熔透	1）调整至合适的焊接电流（送丝速度）和焊接速度 2）选择合适的焊丝端头与接头根部距离	未焊透
未熔合	焊道与母材之间或焊道与焊道之间，未完全熔化结合	1）焊接电流过小，焊接速度太快，导致母材或焊道受热熔化不足 2）焊接电弧作用位置不当，母材未熔化时已被液态熔敷金属覆盖	1）调整至合适的焊接电流（送丝速度）和焊接速度 2）调整至合适的焊枪倾角和电弧作用位置	未熔合
咬边	沿焊趾的母材部位产生沟槽或凹陷，呈撕咬状	1）焊接电流太大，焊缝边缘的母材熔化后未得到熔敷金属的充分填充 2）焊接电弧过长，母材被熔化区域过大 3）坡口两侧停留时间太长或太短	1）调整至合适的焊接电流（送丝速度）和焊接速度 2）调整至合适的焊丝干伸长度 3）调整至合适的坡口两侧停留时间	咬边
气孔	焊缝表面有密集或分散的小孔，大小、分布不等	1）母材表面污染，受热分解产生的气体未及时排出 2）保护气体覆盖不足，导致焊接熔池与空气接触发生反应 3）焊缝金属冷却过快，导致气体来不及逸出	1）焊前清理焊接区域的油污、油漆、铁锈、水或镀锌层等 2）调整保护气体流量、焊丝干伸长度和焊枪倾角 3）调整至合适的焊接速度	气孔
焊瘤	熔化金属流淌到焊缝外的母材上形成的金属瘤	熔池温度过高，冷却凝固较慢，液态金属因自重产生下坠	调整至合适的送丝速度和焊接电流	焊瘤

（续）

类别	外观特征	产生原因	调整方法	缺陷示例
热裂纹	焊接过程中在焊缝和热影响区产生焊接裂纹	1）焊丝含硫量较高，焊接时形成低熔点杂质 2）焊接头拘束不当，凝固的焊缝金属沿晶粒边界拉开 3）收弧电流不合理，产生弧坑裂纹	1）选择含硫量较低的焊丝 2）采用合适的接头工装夹具及拘束力 3）优化收弧电流，必要时采取预热和缓冷措施	热裂纹

6.2.2　机器人圆弧动作指令

由于坡口形式、焊接位置和焊接材料等焊接环境的多样性，新创建的机器人焊接任务程序往往需要不断编辑优化机器人运动轨迹和焊接条件。圆弧动作是以圆弧插补方式对从圆弧起始点，经由圆弧中间点，移向圆弧结束点的 TCP 运动轨迹和焊枪姿态进行连续路径控制的一种运动形式。作为典型运动指令之一，机器人圆弧动作指令也包含动作类型、位置坐标、运动速度、定位方式和附加选项等五大要素。表 6-9 是 Panasonic 机器人直线动作指令与圆弧动作指令要素的差异性。

表 6-9　Panasonic 机器人直线动作指令与圆弧动作指令要素的差异性比较

指令要素	运动指令	
	直线动作（MOVEL）	圆弧动作（MOVEC）
动作类型	仅记忆线性运动目标结束点，即一条直线动作指令	连续记忆圆弧运动起始点、中间点和结束点，即三条连续圆弧动作指令
位置坐标	通常只是机器人 TCP 空间位置发生改变，运动过程中空间指向保持不变	机器人 TCP 的空间位置和空间指向在运动过程中均发生动态变化
运动速度	线性路径上机器人 TCP 以匀速运动为主	弧形路径上机器人 TCP 以匀速运动为主
定位方式	精确定位，平滑等级默认为 SL=d（6）	平滑过渡，平滑等级默认为 SL=d（10）
附加选项	手腕插补方式，默认为 CL=0（自动计算）	手腕插补方式，默认为 CL=0（自动计算）；连弧轨迹需要设置圆弧分离点（SO）

此外，T 形接头角焊缝机器人平角焊的焊接条件优化重点是焊接电流、电弧电压和焊接速度之间的匹配度，即编辑焊接开始规范和焊接结束规范指令语句。对于 Panasonic 焊接机器人而言，引弧规范可以通过 ARC-SET 指令设置，收弧规范可以通过 CRATER 指令设置。

任务分析

实现骑坐式管 – 板 T 形接头机器人平角焊，要求焊缝成形美观、凹形圆滑过渡，焊脚对称、尺寸 6mm，无咬边、气孔等表面缺陷，焊缝成形质量要求较高。由图 6-17 可以发现，基于焊接导航功能所生成的参考焊接规范，实际获得的角焊缝焊脚尺寸偏小，而且由于焊丝端头与接头根部的距离（电弧作用位置）较远，电弧热量输入至底板较多，使得角焊缝的两个焊脚尺寸存在偏差。此外，焊接收弧处亦存在较为明显的弧坑。本任务将重点从机器人焊枪位姿、焊接速度和焊接电流三方面入手，逐一调整焊接参数，直至焊缝成形质量达标。

任务实施

1. 示教前的准备

开始任务程序编辑前，需做如下准备：

1）工件换装清理。更换新的钢管和试板，将其表面铁锈和油污等杂质清理干净。

2）工件组对点固。使用焊条电弧焊设备将新的待焊钢管和试板组对定位焊点固。

3）工件装夹与固定。选择合适的夹具将新的管 – 板接头固定在焊接工作台上。

4）示教模式确认。切换【模式旋钮】对准 "TEACH"，选择手动模式。

5）加载任务程序。通过 📂【文件】菜单加载任务 6.1 中创建的 "Fillet_weld" 程序。

2. 任务程序编辑

为获得成形美观、凹形圆滑过渡的角焊缝，焊接过程中可以适度逐渐降低焊接速度或增加焊接电流；为获得大小一致的焊脚尺寸，可以适度减小焊丝端头与接头根部的距离和机器人焊枪的行进角。当单因素改变机器人焊枪位姿、焊接速度和焊接电流时，均可参照图 3-18 所示的示教流程测试验证程序和再现施焊。具体的焊接接头质量优化实施过程详见表 6-10。综合优化后的角焊缝呈凹形圆滑过渡，焊脚对称且尺寸为 6.3 ～ 6.8mm，无咬边和气孔等焊接缺陷，整体成形效果如图 6-18 所示。

表 6-10 骑坐式管 – 板 T 形接头机器人平角焊任务程序

编辑类别	编辑步骤
焊枪位姿调整	1）在编辑模式下，移动光标至待变更示教点 P003 所在行 2）点按 🗔【窗口键】，移动光标至菜单栏，依次单击辅助菜单 ⊟【编辑选项】→ ▤【修改】，切换程序编辑至修改状态 3）依次点按【动作功能键Ⅷ】和【用户功能键 F1】，激活机器人动作功能（ ⬚ → ⬚ ）和程序验证功能（ ⬚ → ⬚ ） 4）按住【动作功能键Ⅳ】 ⬚ 的同时，持续按住【拨动按钮】或【 + 键】，程序执行至光标所在行，机器人移至示教点 P003 5）再次点按【用户功能键 F1】，禁用程序验证功能（ ⬚ → ⬚ ）

（续）

编辑类别	编辑步骤
焊枪位姿 调整	6）按住【右切换键】的同时，点按【动作功能键Ⅳ】或依次单击辅助菜单 ⟲【点动坐标系】→ 🦴【工件坐标系】，切换机器人点动坐标系为系统默认的工件（用户）坐标系，即与 🔧【机座坐标系】重合 7）在工件（用户）坐标系中，使用【动作功能键Ⅳ、Ⅴ】+【拨动按钮】组合键，点动机器人沿 ⬛User+X→、⬛User+Y 线性贴近接头根部，在焊丝干伸长度不变情况下，调整焊丝端头与接头根部的距离至焊丝直径；同时，点按【动作功能键Ⅰ】+【拨动按钮】组合键，点动机器人绕 X 轴 ⬛User+X→定点转动，适度减小焊枪行进角，如 $\alpha = 70°$ 8）点按 ⟳【确认键】，新的焊枪位姿（指令位姿）被记忆覆盖示教点 P003 9）重复上述步骤，将机器人分别快速移至示教点 P004 ~ P007，然后点动机器人调整焊枪位姿，并记忆覆盖原有示教点的位置坐标
焊接速度 变更	1）在编辑模式下，移动光标至 ARC-SET 指令语句所在行，侧击【拨动按钮】，弹出焊接开始规范配置界面 2）向下转动【拨动按钮】，移动光标至"焊接速度"选项，侧击【拨动按钮】，弹出焊接速度配置界面，适度降低焊接速度，如 0.25 ~ 0.35m/min 3）待参数确认无误后，连续两次点按 ⟳【确认键】，结束焊接速度变更
焊接电流 微调	1）在编辑模式下，移动光标至 ARC-SET 指令语句所在行，侧击【拨动按钮】，弹出焊接开始规范配置界面 2）侧击【拨动按钮】，弹出焊接电流配置界面，适度增加焊接电流（如 305A）后，单击【标准】按钮，一元化适配电弧电压 3）确认参数无误，点按 ⟳【确认键】，结束焊接电流变更

a）MAG

b）脉冲 MAG

精彩视频

图 6-18　骑坐式管 – 板 T 形接头机器人平角焊焊缝成形效果

 拓展阅读

Panasonic 焊接机器人的编辑设置

当示教圆弧、圆周和连弧焊缝机器人焊接运动轨迹时，为完整显示机器人运动指令的定位方式、附加选项等核心要素，需要预先设置运动指令的默认参数。编程员可以通

过依次单击辅助菜单 【扩展选项】→ 【编辑设置】，在弹出界面中选择"编辑设定"，打开运动指令参数设置界面，如图6-19所示。

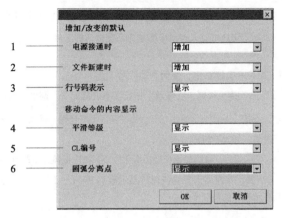

图6-19 Panasonic G Ⅲ焊接机器人的编辑设置界面

（1）电源接通时 在设置机器人任务程序示教过程中，当机器人运动轴伺服电源接通（或机器人动作功能激活）时，示教点记忆的默认模式为 【插入】。

（2）文件新建时 设置机器人任务程序创建或机器人动作功能关闭时，示教点记忆的默认模式为 【插入】。

（3）行号码表示 指定机器人任务程序中是否显示"行号码（0001…）"。当选择"显示"时，示教所记忆的编程指令显示为"0008 MOVEC P005, 5.00m/min, …, CL=0"；当选择"不显示"时，示教所记忆的编程指令显示为" MOVEC P005, 5.00m/min"，行号码被隐藏。

（4）定位平滑等级 设置机器人任务程序中运动指令是否显示"定位平滑等级（SL = …）"。当选择"显示"时，示教点记忆的运动指令显示为" MOVEP/MOVEL/MOVEC P001, 5.00m/min, SL=d (10)"；当选择"不显示"时，示教点记忆的运动指令显示为"MOVEP/MOVEL/MOVEC P001, 5.00m/min"，SL=d（10）被隐藏。

（5）手腕插补方式（CL）编号 指定机器人任务程序中非关节动作指令是否显示"手腕插补方式（CL=…）"。当选择"显示"时，连续路径示教点记忆的运动指令显示为" MOVEL/MOVEC P001, 5.00m/min, …, CL = 0"；当选择"不显示"时，连续路径示教点记忆的运动指令显示为"MOVEL/MOVEC P001, 5.00m/min"，CL = 0被隐藏。

（6）圆弧分离点 设置连弧焊缝任务程序中运动指令是否显示"圆弧分离点（SO）"。当选择"显示"时，圆弧分离点记忆的运动指令显示为" MOVEC P005, 5.00m/min, …, SO"；当选择"不显示"时，圆弧分离点记忆的运动指令显示为"MOVEC P005, 5.00m/min"，SO被隐藏。

知识测评

一、填空题

1. Panasonic机器人完成单一圆弧焊缝的焊接至少需要示教_____个关键位置点

（圆弧 _____ 、圆弧 _____ 和圆弧 _____ ），且每个关键位置点的动作类型（或插补方式）均为 _____ 。

2. 根据焊缝表面平整情况，可将角焊缝分为 _____ 角焊缝和 _____ 角焊缝两种。

3. 根据接头结构形式，可将管－板 T 形接头分为 _____ 和 _____ 管－板接头两类；根据空间位置不同，每类管－板 T 形接头又可分为 _____ 、 _____ 和 _____ 三种。

4. 机器人完成两个及以上连续圆弧焊缝轨迹的焊接至少需要示教 _____ 个关键位置点。

二、选择题

1. 作为典型运动指令之一，机器人圆弧动作指令也包含（　　　）等要素。
　①动作类型；②位置坐标；③运动速度；④定位形式；⑤附加选项
　A. ①②③④　　　　B. ①②④⑤　　　　C. ①②③④⑤　　　　D. ①②③⑤

2. T 形接头角焊缝的成形质量指标主要包括（　　　）等。
　①焊脚尺寸；②焊缝厚度；③焊缝凹（凸）度；④熔深
　A. ①③④　　　　B. ①②③　　　　C. ②③④　　　　D. ①②③④

3. 当利用机器人实现角焊缝的自动化焊接时，机器人关键参数（　　　）等的调控主要以角焊缝的成形质量（如焊脚尺寸和熔深等）为依据。
　①焊枪姿态；②焊接速度；③焊接电流
　A. ①③　　　　B. ①②③　　　　C. ②③　　　　D. ①②

三、判断题

1. 机器人完成圆周焊缝的焊接至少需要示教三个关键位置点，且每个关键位置点的动作类型（或插补方式）均为圆弧动作。（　　　）

2. 管－板接头角焊缝为弧形（圆周）焊缝，焊枪姿态需要随管－板接头角焊缝的弧度变化而进行动态调整。（　　　）

3. 在其他条件一定时，凸形角焊缝比凹形角焊缝应力集中小，承受动力荷载的性能好，因此关键部位角焊缝的外形应以凸形圆滑过渡。（　　　）

4. 圆弧动作是以圆弧插补方式对从圆弧起始点，经由圆弧中间点，移向圆弧结束点的 TCP 运动轨迹和焊枪姿态进行连续路径控制的一种运动形式。（　　　）

5. 对于 Panasonic 焊接机器人而言，起弧规范可以通过 ARC-SET 指令设置，收弧规范可以通过 CRATER 指令设置。（　　　）

四、综合实践

　　尝试使用富氩气体（如 Ar80% + $CO_2$20%）、直径为 1.2mm 的 ER50-6 实心焊丝和 Panasonic G Ⅲ焊接机器人，通过合理规划机器人运动路径和焊枪姿态，完成组合式碳钢 T 形接头机器人平角焊作业（图 6-20，I 形坡口，对称焊接），要求单侧连续焊接，焊缝饱满，焊脚对称且尺寸为 6mm，无咬边和气孔等表面缺陷。

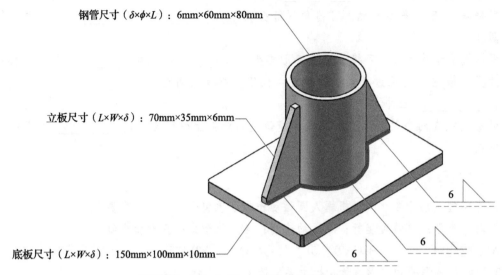

图 6-20　组合式碳钢 T 形接头机器人平角焊

项目 7 焊接机器人的摆动轨迹编程

在弧焊机器人作业过程中，熔池的几何形态和大小直接决定着焊缝成形质量。为避免立焊、横焊和全位置焊时熔池因重力而向下流淌，合理控制焊接电弧对母材和熔池的动态热作用，即机器人焊枪摆动轨迹的控制至关重要。摆动轨迹是焊接机器人连续路径运动的体现，同时也是焊接机器人任务编程的常见运动轨迹之一。

本项目参照 1+X "焊接机器人编程与维护" 职业技能等级要求，以 Panasonic G Ⅲ 焊接机器人为例，通过尝试板 – 板立角焊任务编程，掌握机器人摆动轨迹的示教要领，完成摆焊任务程序的编辑与调试。根据焊接机器人编程员的岗位工作内容，本项目共设置两项任务：一是板 – 板 T 形接头机器人立角焊任务编程；二是机器人摆动轨迹任务程序编辑。

 学习目标

知识目标

1）能够举例说明线状焊道和摆动焊道机器人运动轨迹示教的差异性。
2）能够说明机器人焊枪摆动参数的配置原则。
3）能够使用机器人运动指令和焊接指令完成摆动焊道的任务编程。

技能目标

1）能够灵活使用示教盒调整和测试机器人立角焊的摆动轨迹及焊枪姿态。
2）能够熟练配置摆动焊道的机器人焊接条件。
3）能够根据焊接缺陷，合理编辑机器人摆焊任务程序。

素养目标

1）培养学生分析和解决摆动轨迹机器人焊接问题的基本能力，为今后从事相关工作提供坚实的保障。
2）结合教学实验和项目实施，使课堂教学内容服务实际项目，实际项目促进课堂学习，培养学生解决实际工程问题的能力。

学习导图

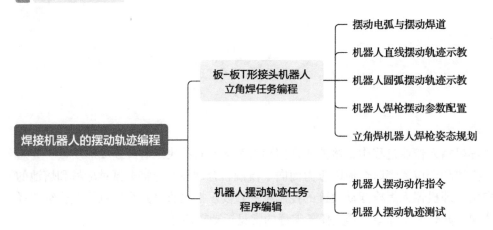

```
                                        ┌── 摆动电弧与摆动焊道
                                        │
                                        ├── 机器人直线摆动轨迹示教
                        板-板T形接头机器人   │
                        立角焊任务编程      ├── 机器人圆弧摆动轨迹示教
                                        │
                                        ├── 机器人焊枪摆动参数配置
                                        │
焊接机器人的摆动轨迹编程                     └── 立角焊机器人焊枪姿态规划


                        机器人摆动轨迹任务   ┌── 机器人摆动动作指令
                        程序编辑          │
                                        └── 机器人摆动轨迹测试
```

▶ 任务 7.1 板 – 板 T 形接头机器人立角焊任务编程

任务提出

在大型钢结构制造领域，由于无法灵活调整焊缝位置，所以板 – 板 T 形接头立角焊缝成为箱体等焊接结构的常见焊缝形式。根据热源（焊接电弧）移动方向不同，可将立角焊分为向上立角焊和向下立角焊两种。目前，向上立角焊在生产中的应用更为广泛。向上立角焊的热源自下而上运动，熔深较大，但熔池容易下淌，形成凸形角焊缝，采用摆动焊道利于改善焊缝成形；向下立角焊的热源自上而下运动，大多采用较快的焊接速度，熔深浅，适用于薄板和非重要结构的焊接，且需选择表面张力系数较大的向下立（角）焊专用焊接材料。

本任务要求使用富氩气体（如 Ar80%+$CO_2$20%）、直径为 1.0mm 的 ER50-6 实心焊丝和 Panasonic G Ⅲ 焊接机器人，完成厚度为 10mm 的板 – 板 T 形接头（材质均为 Q235，图 7-1）机器人向上立角焊作业，焊脚对称且尺寸为 6mm，焊缝饱满微凸，无咬边和气孔等焊接缺陷。

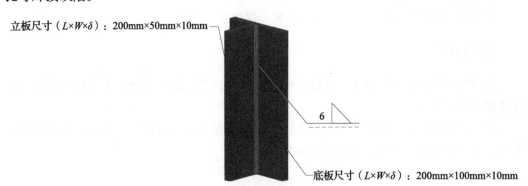

立板尺寸（$L×W×δ$）：200mm×50mm×10mm

底板尺寸（$L×W×δ$）：200mm×100mm×10mm

图 7-1 板 – 板 T 形接头立角焊示意

知识准备

7.1.1　摆动电弧与摆动焊道

对于电弧焊而言，焊接电弧是熔化母材和填充金属的重要热源，通常一次熔敷形成一条单道焊缝（焊道）。根据焊接过程中电弧或电极摆动与否，可以将焊道分为线状焊道和摆动焊道两类，如图 7-2 所示。线状焊道是指焊接时，电弧不摆动，呈线状前进所完成的窄焊道，如向下立（角）焊；摆动焊道是指焊接时，电弧做横向摆动所完成的焊道，如向上立（角）焊。显然，摆动焊道的焊缝更宽、余高更小、焊波美观，且通过调整摆动电弧在坡口两侧的停留时间，利于保证坡口侧壁的熔合质量。目前，摆动电弧或摆动焊道在非平（角）焊位置、焊脚尺寸为 8～9mm、焊缝表面要求平整、焊接电弧跟踪等场合得到广泛应用。

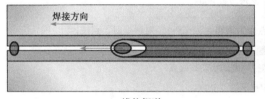
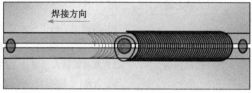

a）线状焊道　　　　　　　　　　　　　　b）摆动焊道

图 7-2　线状焊道与摆动焊道

7.1.2　机器人直线摆动轨迹示教

焊接机器人的直线摆动是以线性内插摆动方式对从运动起始点到目标点的 TCP 运动轨迹和焊枪姿态进行连续路径控制的一种运动形式。机器人完成直线焊缝的摆焊至少需要示教四个关键位置点（一个摆焊起始点、两个摆焊振幅点和一个摆焊结束点），且摆焊起始点和摆焊结束点的动作类型（或插补方式）均为直线摆动。以图 7-3 所示的直

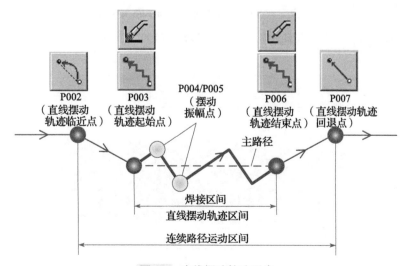

图 7-3　直线摆动轨迹示意

线摆动轨迹为例，示教点 P002～P007 分别是直线摆动轨迹的临近点、起始点、振幅点、结束点和回退点。其中，P002→P003 为焊前区间段，P003→P006 为焊接区间段，P006→P007 为焊后区间段。以 Panasonic 机器人为例，直线摆动轨迹的示教要领见表7-1，任务程序如图7-4所示。

表 7-1　Panasonic 机器人直线摆动轨迹示教要领

序号	示教点	示教要领
1	P002 直线摆动轨迹临近点 （焊接临近点）	1）点动机器人至直线摆动轨迹临近点 2）变更示教点的动作类型为 （MOVEP），空走点 3）点按 【确认键】，记忆示教点 P002
2	P003 直线摆动轨迹起始点 （焊接起始点）	1）点动机器人至直线摆动轨迹起始点 2）变更示教点的动作类型为 （MOVELW），焊接点 3）点按 【确认键】，记忆示教点 P003
3	P004 摆动振幅点	1）当弹出"将下一示教点作为振幅点记忆吗?"对话框时，点按 【确认键】，将随后的两个示教点定义为摆动振幅点（WEAVEP） 2）点动机器人至焊接主路径一侧的摆动振幅点 3）点按 【确认键】，记忆示教点 P004
4	P005 摆动振幅点	1）当弹出"将下一示教点作为振幅点记忆吗?"对话框时，点按 【确认键】，将随后的示教点定义为摆动振幅点（WEAVEP） 2）点动机器人至焊接主路径另一侧的摆动振幅点 3）点按 【确认键】，记忆示教点 P005
5	P006 直线摆动轨迹结束点 （焊接结束点）	1）点动机器人至直线摆动轨迹结束点 2）变更示教点的动作类型为 （MOVELW），空走点 3）点按 【确认键】，记忆示教点 P006
6	P007 直线摆动轨迹回退点 （焊接回退点）	1）点动机器人至直线摆动轨迹回退点 2）变更示教点的动作类型为 （MOVEL），空走点 3）点按 【确认键】，记忆示教点 P007

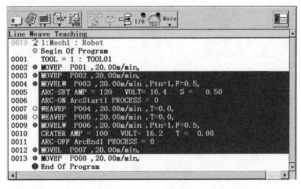

图 7-4　Panasonic 机器人直线摆动轨迹任务程序示例

- 摆动振幅点的示教数量视摆动方式而定，一般为 2～4 个，且行标识为○。
- 直线摆动轨迹示教时，若示教点数量少于四个点，即使示教点的动作类型记忆为直线摆动，机器人系统也将发出报警信息或按直线路径规划运动轨迹。
- 在摆动结束点后继续插入直线摆动示教点，机器人摆动动作将延续执行，且摆动参数保持不变。若想变更摆动参数（如摆动幅度），则需再次示教摆动振幅点。

7.1.3　机器人圆弧摆动轨迹示教

　　焊接机器人的圆弧摆动是以圆弧内插摆动方式对从圆弧起始点，经由圆弧中间点，移向圆弧结束点的 TCP 运动轨迹和焊枪姿态进行连续路径控制的一种运动形式。机器人完成单一圆弧焊缝的摆动焊接至少需要示教五个关键位置点（一个摆焊起始点、两个摆焊振幅点、一个摆焊中间点和一个摆焊结束点），且摆焊起始点、中间点和结束点的动作类型（或插补方式）均为圆弧摆动。以图 7-5 所示的单一圆弧摆动轨迹为例，示教点 P002～P008 分别是圆弧摆动轨迹的临近点、起始点、振幅点、中间点、结束点和回退点。其中，P002 → P003 为焊前区间段，P003 → P007 为焊接区间段，P007 → P008 为焊后区间段。以 Panasonic 机器人为例，单一圆弧摆动轨迹的示教要领见表 7-2，任务程序如图 7-6 所示。

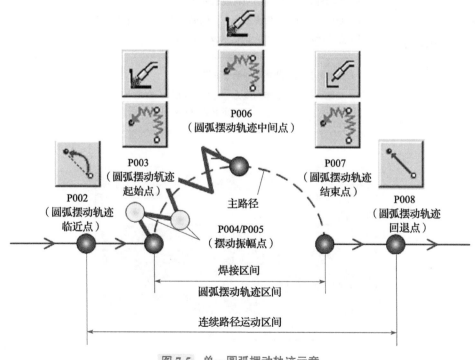

图 7-5　单一圆弧摆动轨迹示意

表 7-2　Panasonic 机器人单一圆弧摆动轨迹示教要领

序号	示教点	示教要领
1	P002 圆弧摆动轨迹 临近点 （焊接临近点）	1）点动机器人至圆弧摆动轨迹临近点 2）变更示教点的动作类型为 ⤴（MOVEP）或 ↘（MOVEL），空走点 ▱ 3）点按 ⇨【确认键】，记忆示教点 P002
2	P003 圆弧摆动轨迹 起始点 （焊接起始点）	1）点动机器人至圆弧摆动轨迹起始点 2）变更示教点的动作类型为 ⤴（MOVECW），焊接点 ↙ 3）点按 ⇨【确认键】，记忆示教点 P003
3	P004 摆动振幅点	1）当弹出"将下一示教点作为振幅点记忆吗？"对话框时，点按 ⇨【确认键】，将随后的两个示教点定义为摆动振幅点（WEAVEP） 2）点动机器人至焊接主路径一侧的摆动振幅点 3）点按 ⇨【确认键】，记忆示教点 P004
4	P005 摆动振幅点	1）当弹出"将下一示教点作为振幅点记忆吗？"对话框时，点按 ⇨【确认键】，将随后的示教点定义为摆动振幅点（WEAVEP） 2）点动机器人至焊接主路径另一侧的摆动振幅点 3）点按 ⇨【确认键】，记忆示教点 P005
5	P006 圆弧摆动轨迹 中间点 （焊接路径点）	1）点动机器人至圆弧摆动轨迹中间点 2）变更示教点的动作类型为 ⤴（MOVECW），焊接点 ↙ 3）点按 ⇨【确认键】，记忆示教点 P006
6	P007 圆弧摆动轨迹 结束点 （焊接结束点）	1）点动机器人至圆弧摆动轨迹结束点 2）变更示教点的动作类型为 ⤴（MOVECW），空走点 ▱ 3）点按 ⇨【确认键】，记忆示教点 P007
7	P008 圆弧摆动轨迹 回退点 （焊接回退点）	1）点动机器人至圆弧摆动轨迹回退点 2）变更示教点的动作类型为 ↘（MOVEL），空走点 ▱ 3）点按 ⇨【确认键】，记忆示教点 P008

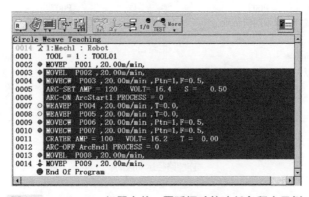

图 7-6　Panasonic 机器人单一圆弧摆动轨迹任务程序示例

- 无论圆弧摆动轨迹临近点采用关节动作还是直线动作，圆弧摆动轨迹临近点至圆弧摆动轨迹起始点区段机器人系统自动按直线路径规划运动轨迹。
- 圆弧摆动轨迹示教时，若示教点数量少于五个点，即使示教点的动作类型记忆为圆弧摆动，机器人系统也将发出报警信息或按直线摆动路径规划运动轨迹。
- 圆周和连弧轨迹的摆焊示教点数量较常规焊接多 2 ～ 4 点，即摆动振幅点（取决于摆动方式）。

7.1.4　机器人焊枪摆动参数配置

如上所述，弧焊机器人的焊缝质量控制关键在于焊接电弧和熔池，摆动焊道自然也不例外。针对不同的焊接位置和接头形式，机器人焊枪的摆动参数配置既要符合焊接机器人操作机的运动特性，又要满足一定条件下的焊接电弧和熔池控制要求，方能获得质量优良的摆动焊道。归纳起来，弧焊机器人焊枪的关键摆动参数主要包括摆动方式、摆动频率、摆动宽度和左（右）停留时间等。表 7-3 列出的是 Panasonic 机器人焊枪关键摆动参数的配置说明。不同品牌的机器人摆动参数的配置略有差异，但基本逻辑是相通的。

表 7-3　Panasonic 机器人焊枪关键摆动参数的配置说明

摆动参数		参数配置说明	摆动示例
摆动方式	锯齿形摆动（低速单摆）	机器人焊枪在振幅点之间一边以 "Z" 字形路径横向往返摆动、一边沿着焊缝长度方向纵向行进，是弧焊机器人的默认摆动方式，适用于对接焊缝和角焊缝填充层、盖面层的平（角）焊及立（角）焊	
	L 形摆动	机器人焊枪在振幅点之间一边以 "L" 字形路径横向往返摆动、一边沿着焊缝长度方向纵向行进，适用于角焊缝平角焊	
	三角形摆动	机器人焊枪在振幅点之间一边以 "三角" 形路径横向往返摆动、一边沿着焊缝长度方向纵向行进，适用于角焊缝不开坡口时根部焊道立角焊	
	U 形摆动	机器人焊枪在振幅点之间一边以 "U" 字形路径横向往返摆动、一边沿着焊缝长度方向纵向行进，适用于角焊缝开单侧坡口、预留根部间隙时根部焊道以及填充层立角焊	

（续）

摆动参数		参数配置说明	摆动示例
摆动 方式	梯形摆动	机器人焊枪在振幅点之间一边以"梯形"路径横向往返摆动、一边沿着焊缝长度方向纵向行进，适用于角焊缝开单侧坡口、预留根部间隙时根部焊道以及填充层立角焊	
	月牙形摆动 （高速单摆）	机器人焊枪在振幅点之间一边以"月牙"形路径横向往返摆动、一边沿着焊缝长度方向纵向行进，适用于对接焊缝和角焊缝立（角）焊	
摆动频率		机器人焊枪每秒摆动的次数，单位是Hz。摆动频率越高，机器人焊枪摆动速度越快，建议将摆动频率控制在 0.1 ~ 2.0Hz 范围内	
摆动宽度		机器人焊枪横向摆动振幅点与焊缝中心线的垂直距离，单位是 mm。根据焊缝宽度及坡口大小调节摆动宽度，距离坡口侧壁 1 倍焊丝直径，建议将摆动宽度控制在 1 ~ 10mm 范围内	
左（右）停留时间		机器人焊枪横向摆动到左（右）振幅点后的停留时间，单位是 s。根据焊缝表面成形及两侧是否圆滑过渡调节左（右）停留时间，建议将停留时间控制在 0 ~ 0.5s 范围内	

- 以上六种摆动方式是 Panasonic 焊接机器人运动控制的标准配置，分别对应编号 1 ~ 6，U 形摆动和梯形摆动需要示教四个振幅点，其余仅示教两个振幅点，不同品牌的机器人摆动功能有所差异。
- 编程员可以依次单击辅助菜单 【扩展选项】→ 【示教设置】，设置 Panasonic 机器人的默认摆动方式。

综合而言，Panasonic 机器人焊枪的摆动参数配置主要涉及以下方面：在摆动轨迹起始点处设置摆动方式（以编号形式指定）；在摆动振幅点处设置摆动宽度和左（右）停留时间；在摆动轨迹结束点处设置摆动频率；在焊接起始点处设置主路径运动速度（通过

ARC-SET 指令指定)。表 7-4 是 Panasonic G Ⅲ 机器人焊枪的摆动参数配置方法。

表 7-4　Panasonic G Ⅲ 机器人焊枪的摆动参数配置方法

序号	摆动参数	示教点	配置方法
1	摆动方式	摆动轨迹起始点	1）在程序编辑模式下，移动光标至摆动轨迹起始点对应的 MOVELW 或 MOVECW 指令语句上，侧击【拨动按钮】，弹出摆动参数配置界面，如图 7-7a 所示 2）移动光标至"模式编号"选项，选择拟指定摆动方式对应的模式编号 3）点按⇨【确认键】，保存摆动方式变更
2	摆动宽度、左（右）停留时间	摆动振幅点	1）在程序编辑模式下，移动光标至摆动振幅点对应的 WEAVEP 指令语句上，侧击【拨动按钮】，弹出摆动参数配置界面，如图 7-7b 所示 2）移动光标至"振幅"或"端点停留时间"选项，输入具体的摆动宽度和左（右）停留时间数值 3）点按⇨【确认键】，保存摆动宽度和左（右）停留时间变更
3	摆动频率	摆动轨迹结束点	1）在程序编辑模式下，移动光标至摆动轨迹结束点对应的 MOVELW 或 MOVECW 指令语句上，侧击【拨动按钮】，弹出摆动参数配置界面，如图 7-7a 所示 2）移动光标至"频率"选项，输入具体的摆动频率数值 3）点按⇨【确认键】，保存摆动频率变更
4	主路径运动速度	焊接起始点	1）在程序编辑模式下，移动光标至焊接起始点对应的 ARC-SET 指令语句上，侧击【拨动按钮】，弹出焊接开始规范配置界面，参考图 5-7 2）移动光标至"速度"选项，输入具体的焊接速度数值 3）点按⇨【确认键】，保存主路径运动速度变更

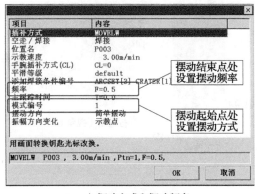
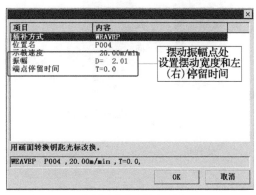

a）摆动方式和摆动频率　　　　　b）摆动宽度和停留时间

图 7-7　Panasonic G Ⅲ 机器人焊枪摆动参数配置界面

●当规划 Panasonic 机器人焊枪摆动和附加轴的协调运动时，摆动方式的编号应"+10"。例如，针对管–板圆周焊缝，若仅依靠机器人低速环形摆动焊接，选择模式编号为 1；而通过焊接变位机转动工件和机器人定点摆动焊接，应选择模式编号为 11。

- 为避免摆动参数配置不合理而导致机器人操作机运动时发生振动或异响，将 Panasonic 机器人焊枪摆动频率最高设置为 5Hz（摆动方式 1 ~ 5）或 9.9Hz（摆动方式 6）。同时，将摆动宽度与摆动频率相乘，最大值为 60mm·Hz（摆动方式 1 ~ 5）或 125°·Hz（摆动方式 6）。

- 摆动振幅点的左（右）停留时间应满足：$1/F-(T0 + T1 + T2 + T3 + T4) > A$，其中 F 为摆动频率；T0 为摆动起始点指定的时间值；T1 ~ T4 为摆动振幅点 1 ~ 4 指定的时间值；A = 0.1（摆动方式 1、2、5）或 A = 0.075（摆动方式 3）或 A = 0.15（摆动方式 4）或 A = 0.05（摆动方式 6）。

7.1.5 立角焊机器人焊枪姿态规划

与平（角）焊、船形焊等位置相似，机器人立角焊时除携带焊枪在工作空间内完成横向摆动外，还有一项重要任务是末端执行器姿态（焊枪指向）的调整，尤其当熔池向下流淌趋势明显时。针对（I形坡口）T 形接头角焊缝，机器人向上立角焊宜采用短弧焊接、较小的焊接电流，焊枪行进角 $\alpha = 60° ~ 80°$、工作角 $\beta = 45°$；向下立角焊宜采用线性焊道，辅以合适的焊接电流，借助电弧力托起熔池，焊枪行进角 $\alpha = 50° ~ 60°$、工作角 $\beta = 45°$，如图 7-8 和图 7-9 所示。当机器人焊枪姿态规划不合理时，立角焊过程中易产生未熔合和未焊透等缺陷。

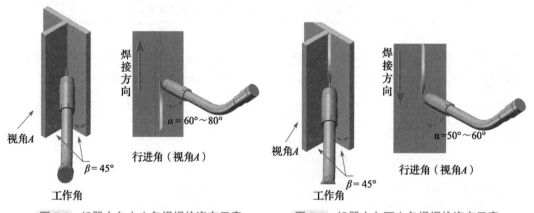

图 7-8 机器人向上立角焊焊枪姿态示意　　图 7-9 机器人向下立角焊焊枪姿态示意

- 对接焊缝机器人立焊位置的工作角与平焊时的相同，工作角 $\beta = 90°$。

- 实际调整机器人焊枪姿态时，为精准调控机器人焊枪指向（TCP 姿态），编程员可以依次单击主菜单 ▦【视图】→ ▦【状态显示】→ ▦【位置信息】→ XYZ【直角】，打开机器人位姿信息显示界面。

任务分析

为降低熔池液态金属的下淌趋势，机器人焊枪需要同时沿着焊缝长度方向和焊缝宽度方向运动，从而使板 – 板 T 形接头机器人立角焊作业的示教变得较为复杂一些。使用机器人完成板厚为 10mm 的碳钢试板 T 形接头角焊缝的向上立角焊至少需要示教八个目标位置点，其运动路径和焊枪姿态规划如图 7-10 所示。各示教点用途参见表 7-5。在实际示教时，可以按照图 3-18 所示的流程进行示教编程。

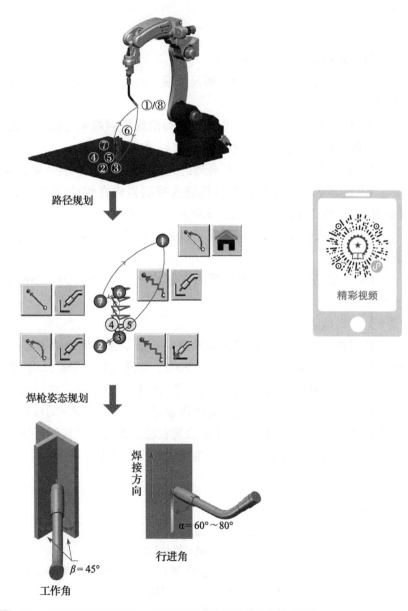

图 7-10　板 – 板 T 形接头机器人立角焊的运动路径和焊枪姿态规划

表 7-5　板－板 T 形接头机器人立角焊任务的示教点

示教点	备注	示教点	备注	示教点	备注
①	原点（HOME）	④	摆动振幅点	⑦	焊接回退点
②	焊接临近点	⑤	摆动振幅点	⑧	原点（HOME）
③	焊接起始点	⑥	焊接结束点		

任务实施

1. 示教前的准备

开始示教前，需做如下准备：

1）工件表面清理。核对试板尺寸后，将待焊区附近的表面铁锈和油污等杂质清理干净。

2）接头组对点固。采用焊条电弧焊沿底板两端头的侧面将组对好的板－板 T 形接头定位焊点固，注意保证立板的垂直度。

3）工件装夹与固定。选择合适的夹具将组对好的试件固定在焊接工作台上。

4）机器人原点确认。执行机器人控制器内存储的原点程序，让机器人返回原点（如 BW = –90°、RT = UA = FA = RW = TW = 0°）。

5）机器人坐标系设置。参照项目 4 设置焊接机器人的工具坐标系和工件（用户）坐标系编号。

6）新建任务程序。参照项目 3 创建一个文件名为" Weave_bead "的焊接程序文件。

2. 运动轨迹示教

针对图 7-10 所示的机器人运动路径、摆动方式和焊枪姿态规划，点动机器人依次通过机器人原点 P001、焊接临近点 P002、焊接起始点 P003、摆动振幅点 P004 ～ P005、焊接结束点 P006、焊接回退点 P007 等八个目标位置点，并记忆示教点的位姿信息。其中，机器人原点 P001 应设置在远离作业对象（待焊工件）的可动区域的安全位置；焊接临近点 P002 和焊接回退点 P007 应设置在临近焊接作业区间且便于调整焊枪姿态的安全位置。具体示教步骤见表 7-6。编制完成的任务程序见表 7-7。

表 7-6　板－板 T 形接头机器人立角焊的运动轨迹示教步骤

示教点	示教步骤
机器人 原点 P001	1）在" TEACH "模式下，轻握【安全开关】至 ◈【伺服接通按钮】指示灯闪烁，此时按下 ◉【伺服接通按钮】，指示灯亮，接通机器人运动轴伺服电源
	2）点按【动作功能键Ⅷ】，▨（灯灭）→ ▨（灯亮），激活机器人动作功能
	3）按住【右切换键】，切换至示教点记忆界面，点按【动作功能键Ⅰ、Ⅲ】，变更示教点 P001 的动作类型为 ◥（MOVEP），空走点 ▱
	4）点按 ⇨【确认键】，记忆示教点 P001 为机器人原点

（续）

示教点	示教步骤
焊接临近点 P002	1）依次单击主菜单【视图】→【状态显示】→【位置信息】→ XYZ【直角】，将示教盒右侧界面切换至“XYZ（直角）”，显示机器人 TCP 的当前位姿 2）按住【右切换键】的同时，点按【动作功能键Ⅳ】或依次单击辅助菜单【点动坐标系】→【工件坐标系】，切换机器人点动坐标系为系统默认的工件（用户）坐标系，即与【机座坐标系】重合 3）在工件（用户）坐标系中，使用【动作功能键Ⅱ】+【拨动按钮】组合键，点动机器人绕 +Y 轴定点转动，实时查看示教盒右侧界面显示的机器人 TCP 姿态，焊枪行进角 $\alpha=60°\sim80°$ 4）在工件（用户）坐标系中，使用【动作功能键Ⅳ～Ⅵ】+【拨动按钮】组合键，点动机器人沿 User X、User Y、User Z 线性贴近焊接起始点附近的参考点，如立板外侧边沿点 5）在工件（用户）坐标系中，使用【动作功能键Ⅲ】+【拨动按钮】组合键，点动机器人绕 Z 轴定点转动，实时查看示教盒右侧界面显示的机器人 TCP 姿态，精确调整焊枪工作角 $\beta=45°$ 6）在工件（用户）坐标系中，使用【动作功能键Ⅳ、Ⅴ】+【拨动按钮】组合键，点动机器人沿 X 轴 User X 和 Y 轴 User Y 线性缓慢移至焊接起始点 7）按住【右切换键】的同时，点按【动作功能键Ⅳ】或依次单击辅助菜单【点动坐标系】→【工具坐标系】，切换机器人点动坐标系为工具坐标系 8）在工具坐标系中，保持焊枪姿态不变，沿 –X 轴点动机器人线性移向远离焊接起始点的安全位置，如距离起始点的距离为 30 ～ 50mm，如图 7-11 所示 9）按住【右切换键】，切换至示教点记忆界面，点按【动作功能键Ⅰ、Ⅲ】，变更示教点 P002 的动作类型为（MOVEP），空走点 10）点按【确认键】，记忆示教点 P002 为焊接临近点
焊接起始点 P003	1）在工具坐标系中，保持焊枪姿态不变，沿 +X 轴点动机器人线性移至焊接起始点，如图 7-12 所示 2）按住【右切换键】，切换至示教点记忆界面，点按【动作功能键Ⅰ、Ⅲ】变更示教点 P003 的动作类型为（MOVELW），焊接点 3）点按【确认键】，记忆示教点 P003 为焊接起始点，焊接开始指令被同步记忆
摆动振幅点 P004	1）当弹出“将下一示教点作为振幅点记忆吗？”对话框时，点按【确认键】，将随后的两个示教点定义为摆动振幅点（WEAVEP） 2）按住【右切换键】的同时，点按【动作功能键Ⅳ】或依次单击辅助菜单【点动坐标系】→【工件坐标系】，切换机器人点动坐标系为系统默认的工件（用户）坐标系 3）在工件（用户）坐标系中，使用【动作功能键Ⅳ～Ⅵ】+【拨动按钮】组合键，点动机器人沿 User X、User Y、User Z 线性移至焊接主路径一侧（如立板侧）的摆动振幅点，如图 7-13 所示 4）点按【确认键】，记忆示教点 P004 为摆动振幅点
摆动振幅点 P005	1）当弹出“将下一示教点作为振幅点记忆吗？”对话框时，点按【确认键】，将随后的示教点定义为摆动振幅点（WEAVEP） 2）在工件（用户）坐标系中，使用【动作功能键Ⅳ～Ⅵ】+【拨动按钮】组合键，点动机器人沿 User X、User Y、User Z 线性移至焊接主路径一侧（如底板侧）的摆动振幅点，如图 7-14 所示 3）点按【确认键】，记忆示教点 P005 为摆动振幅点

（续）

示教点	示教步骤
焊接结束点 P006	1）在工件（用户）坐标系中，使用【动作功能键Ⅵ】+【拨动按钮】组合键，点动机器人沿 +Z 轴 User Z 线性移至焊接结束点，如图 7-15 所示 2）按住【右切换键】，切换至示教点记忆界面，点按【动作功能键Ⅰ、Ⅲ】变更示教点 P006 的动作类型为 (MOVELW)，空走点 3）点按 ⇔【确认键】，记忆示教点 P006 为焊接结束点
焊接回退点 P007	1）按住【右切换键】的同时，点按【动作功能键Ⅳ】或依次单击辅助菜单 ☺【点动坐标系】→ 【工具坐标系】，切换机器人点动坐标系为工具坐标系 2）在工具坐标系中，继续保持焊枪姿态，沿 −X 轴 ，点动机器人移向远离焊接结束点的安全位置，如图 7-16 所示 3）按住【右切换键】，切换至示教点记忆界面，点按【动作功能键Ⅰ、Ⅲ】变更示教点 P007 的动作类型为 (MOVEL)，空走点 4）点按 ⇔【确认键】，记忆示教点 P007 为焊接回退点
机器人原点 P008	1）松开【安全开关】，点按【动作功能键Ⅷ】，(灯亮) → (灯灭)，关闭机器人动作功能，进入编辑模式。按【用户功能键 F6】切换用户功能图标至复制和粘贴功能 2）使用【拨动按钮】移动光标至示教点 P001 所在指令语句行，点按【用户功能键 F3】（复制），然后侧击【拨动按钮】，弹出"复制"对话框，点按 ⇔【确认键】，完成指令语句的复制操作 3）移动光标至示教点 P007 所在指令语句行，点按【用户功能键 F4】（粘贴），完成指令语句的粘贴操作

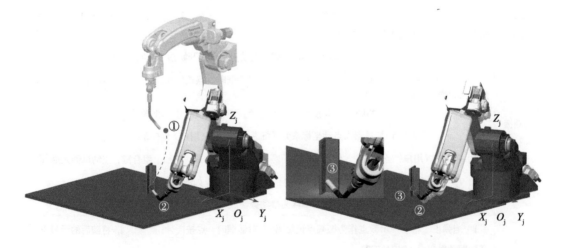

图 7-11 点动机器人至焊接临近点 P002　　　　图 7-12 点动机器人至焊接起始点 P003

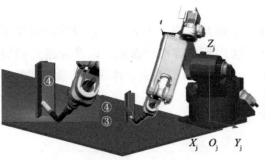

图 7-13　点动机器人至摆动振幅点 P004

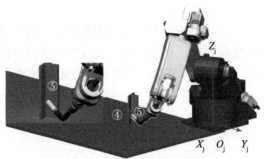

图 7-14　点动机器人至摆动振幅点 P005

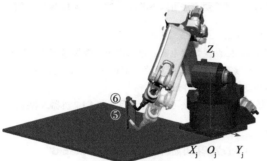

图 7-15　点动机器人至焊接结束点 P006

图 7-16　点动机器人至焊接回退点 P007

表 7-7　板－板 T 形接头机器人立角焊的任务程序

行号码	行标识	指令语句	备注
	○	Begin Of Program	程序开始
0001		TOOL = 1∶TOOL01	工具坐标系（焊枪）选择
0002	◑	MOVEP P001, 10.00m/min	机器人原点（HOME）
0003	◑	MOVEP P002, 10.00m/min	焊接临近点
0004	◑	MOVELW P003, 5.00m/min, Ptn = 1, F = 0.5	焊接起始点
0005		ARC-SET AMP = 120 VOLT = 16.4 S = 0.50	焊接开始规范
0006		ARC-ON ArcStart1 PROCESS = 0	开始焊接
0007	○	WEAVEP P004, 5.00m/min, T = 0.0	摆动振幅点
0008	○	WEAVEP P005, 5.00m/min, T = 0.0	摆动振幅点
0009	◑	MOVELW P006, 5.00m/min	焊接结束点
0010		CRATER AMP = 100 VOLT = 16.2 T = 0.00	焊接结束规范
0011		ARC-OFF ArcEnd1 PROCESS = 0	结束焊接
0012	◑	MOVEL P007, 5.00m/min	焊接回退点
0013	◑	MOVEP P008, 10.00m/min	机器人原点（HOME）
	●	End Of Program	程序结束

3. 摆动参数、焊接条件和动作次序示教

根据任务要求，实现板厚为 10mm 的碳钢 T 形接头机器人向上立角焊作业需要配置摆动方式、摆动宽度、左（右）停留时间、摆动频率等摆动参数，以及焊接开始规范、保护气体流量、焊接结束规范等焊接条件和焊接开始、结束动作次序，参考规范见表 7-8。

表 7-8　Panasonic G Ⅲ 机器人立角焊的摆焊参数示教

序号	摆焊参数	编程指令	配置方法
1	摆动方式	MOVELW	1）在焊接起始点 P003 处设置摆动方式，选择"三角形摆动（编号 3）" 2）机器人焊枪摆动方式的变更方法可以参考项目 7 中 7.1.4 机器人焊枪摆动参数配置
2	焊接开始规范	ARC-SET	1）在焊接起始点 P003 处设置焊接电流、电弧电压和焊接速度（主路径运动速度）等焊接开始规范，建议焊接电流为 120 ～ 130A、电弧电压为 22.0 ～ 23.0V、焊接速度为 0.10 ～ 0.15m/min 2）机器人焊接开始规范的变更方法可以参考项目 5 中 5.1.2 机器人焊接条件示教
3	焊接开始动作次序	ARC-ON	1）在焊接起始点 P003 处设置焊接开始动作次序，选择"ArcStart3" 2）机器人焊接开始动作次序的变更方法可以参考项目 5 中 5.1.3 机器人焊接动作次序示教
4	摆动宽度、左（右）停留时间	WEAVEP	1）在摆动振幅点 P004、P005 两处设置摆动宽度和左（右）停留时间，建议摆动宽度为 2.5 ～ 3.0mm，左（右）停留时间为 0.1 ～ 0.3s 2）机器人焊枪摆动宽度和左（右）停留时间的变更方法可以参考项目 7 中 7.1.4 机器人焊枪摆动参数配置
5	摆动频率	MOVELW	1）在焊接结束点 P006 处设置摆动频率，建议摆动频率为 0.5 ～ 1.0Hz 2）机器人焊枪摆动频率的变更方法可以参考项目 7 中 7.1.4 机器人焊枪摆动参数配置
6	焊接结束规范	CRATER	1）在焊接结束点 P006 处设置收弧电流、收弧电压和弧坑处理时间等焊接结束规范，建议收弧电流为焊接电流的 60% ～ 80%，弧坑处理时间为 0.5 ～ 1.0s 2）机器人焊接结束规范的变更方法可以参考项目 5 中 5.1.2 机器人焊接条件示教
7	焊接结束动作次序	ARC-OFF	1）在焊接结束点 P006 设置焊接结束动作次序，选择"ArcEnd3" 2）机器人焊接结束动作次序的变更方法可以参考项目 5 中 5.1.3 机器人焊接动作次序示教
8	保护气体流量	—	1）此任务选用直径为 1.0mm 的 ER50-6 实心焊丝，较为合理的焊丝干伸长度为 12 ～ 15mm，建议富氩保护气体（80%Ar+20%CO_2）的流量为 15 ～ 20L/min 2）保护气体流量的变更方法可以参考项目 5 中 5.1.2 机器人焊接条件示教

开始任务示教前，编程员可以依次单击辅助菜单 ^{More} 【扩展选项】→ 【示教设置】，设置 Panasonic 机器人默认的用户坐标系、摆动方式、焊接开始（结束）规范和焊接开始（结束）动作次序等摆焊参数。

4. 程序验证与再现施焊

参照项目 5 中表 5-11 所示的 Panasonic 机器人任务程序验证方法，依次通过单步程序验证和连续测试运转确认机器人 TCP 摆动轨迹的合理性和精确度。待任务程序验证无误后，方可再现施焊，如图 7-17 所示。自动模式下，机器人自动运转任务步骤如下：

a）焊前准备　　　　　　　　　　　　b）焊接过程

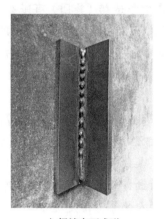

c）焊缝表面成形

图 7-17　板 - 板 T 形接头机器人立角焊

1）在编辑模式下，将光标移至程序开始记号（Begin of Program）。

2）切换【模式旋钮】至 "AUTO" 位置（自动模式），禁用电弧锁定功能 （灯灭）。

3）点按【伺服接通按钮】，接通机器人伺服电源。

4）点按【启动按钮】，系统自动运转执行任务程序，机器人开始焊接。

焊接过程电弧燃烧断断续续，焊缝无法成形，咬边和焊瘤等焊接缺陷严重，未能达到焊接质量要求。

拓展阅读

大国工匠 | 张冬伟："焊"出天衣无缝

【工匠档案】张冬伟，沪东中华造船（集团）有限公司高级焊接技师。先后参与了110000t 成品油轮系列超大型集装箱船、液化天然气（LNG）船、45000t 集滚船等多种船型的建造，为建造世界一流舰船，擦亮"上海制造"名片做出了重要贡献。

先后获得"全国技术能手""全国职工职业道德建设标兵个人""上海市劳模年度人物""船舶贡献奖"等称号。

"不管面对多大的阻碍，我都没有想到过放弃，一次都没有。"

说这话的是沪东中华造船（集团）有限公司（以下简称沪东中华）的焊工张冬伟，现年（2022 年）41 岁的他，凭着勤奋好学、决不放弃的精神，于 2019 年 9 月 23 日，以全国技术能手、上海市劳模年度人物等身份走进市工人文化宫《"致敬！劳动者"——庆祝中华人民共和国成立 70 周年主题图片展》。

这位略显稚气的"造船工匠"，自参加工作后，就与被誉为造船业"皇冠上的明珠"——液化天然气船（LNG 船）结下了不解之缘。该型船是国际上公认的顶尖船舶，与其打了十多年的"交道"，他韧劲十足。也就是这股子"坚持到底"的韧劲，不仅让他尝遍了各种艰辛，也收获了"全国技术能手"等一系列荣誉。

1. 在钢板上"绣花"

应该说，张冬伟是幸运的。进入沪东中华，目前国内唯一能够建造 LNG 船的企业；

遇到名师秦毅，企业最年轻的焊接高级技师、专家型人才和央企劳动模范；得到了一次集训的机会，亲眼看到了秦毅单面焊双面成形的高超技术。

"当时我感觉焊接中的学问不少，很多东西自己还不知道，需要刻苦学习。"也是在那次集训中，他的"好学"给秦毅和其他人留下了深刻的印象。

其时，沪东中华正在积极备战国内首艘LNG船的建造，首当其冲必须攻克该船高难度焊接技术——殷瓦钢焊接的难关。

曾有人形象地做了一个比喻，厚度仅为0.7mm的殷瓦钢板，焊接时犹如在钢板上"绣花"。一艘LNG船，手工焊缝长达13km，短短几米长的焊缝，通常需要焊接五六个小时，而任何一个针眼大小的漏点，都有可能带来致命的后果。

不过，张冬伟并没有因此而退缩，相反，当看到法文版厚厚的LNG船焊接资料时，他的第一感觉是相当兴奋："原来焊接还可以做到这样！我一定要掌握它！"

凭着那股子勤学苦练的劲头，不断地学习、练习和思考，张冬伟焊接技术提高得很快。师父秦毅是中国获得LNG船殷瓦钢焊接G证证书第一人，他以师父为榜样，跟在师父身后仔细观察和学习他的每一个焊接手势，连最小的细节都不放过。

他发现，师父的那些手势看似简单，但真正要做起来却不容易。比如在焊接时经常需要添加焊丝，双手的配合必须恰到好处、严丝合缝，其中的精妙之处，难以用语言来形容。为了做到像师父那样完美，张冬伟早也练、晚也练，回到家中与家人吃饭时，也常常习惯性地用筷子在空中比划，反复寻找焊接过程中添丝的手感。

"业精于勤"是句名言，也是不争的事实。施焊时，张冬伟可以连续几个小时静静地守在殷瓦钢板上，持续不断地进行焊接。

正是那种不怕困难、坚持到底的信念，让他具有了超越其年龄的耐心和韧性，也让他在这个原本十分艰苦和枯燥的岗位上，找到了极大的乐趣。

2. "十年铸剑"亮绝活

十多年的"磨剑"经历，使张冬伟在高难度焊接技术方面积累了许多经验。例如，LNG船液货舱围护系统液穹区域不锈钢托架是非常重要的支承部件，与船体的安装间隙仅为4～7mm，要求单面焊接双面成形，变形需控制在2mm以内，焊接难度很大。张冬伟不惧挑战，经过认真分析和研究，采取特殊的工艺手段，将焊接时的温度严格控制在15℃以下，有效地减小了变形与合金元素的烧损。再比如焊接殷瓦钢时，除了必须同时满足焊缝表面要求及熔深符合标准外，特别对人、机方面有着较高的要求。跟牛皮纸一样薄的殷瓦钢板，后面就是一个木箱，电流规范用得不好，很有可能使里面的箱子着火。为了得到完美的结果，先要在装配过程中一丝不苟，实际操作时一定要试烧一段，检验合格后才能正常进行，而且还要确保焊缝接头密配度高，最好控制在0.2mm以内，再严格按照焊接参数严格施焊。

张冬伟一边抖落着"高招绝活"，一边若有所思地脱口而出"手艺这活，是要手脑并用的，当你热爱它时，你才会用心去学它"。

寥寥数语，道出了众多"大国工匠"们成功的诀窍。

▶ **任务 7.2** 机器人摆动轨迹任务程序编辑

任务提出

立（角）焊时，若熔池温度过高，液态金属易下淌形成焊瘤，导致焊缝（焊道）表面不平整，多层焊会产生未熔合、夹渣等缺陷。当利用机器人实现向上立角焊时，机器人焊枪的摆动方式、摆动宽度、摆动频率、左（右）停留时间以及焊接电流等关键摆焊参数的调控主要是以角焊缝的成形质量（如焊脚尺寸、熔深等）为依据。

本任务针对上一任务——板 – 板 T 形接头机器人立角焊，焊缝饱满微凸，焊脚对称且尺寸为 6mm，无咬边和气孔等焊接质量要求，调整优化机器人焊枪摆动参数和焊接电流等作业条件，旨在加深机器人摆焊关键参数对 T 形接头角焊缝成形质量影响规律的理解。

知识准备

7.2.1 机器人摆动动作指令

由表 7-8 不难看出，机器人摆焊参数调控包括摆动方式、摆动宽度、左（右）停留时间、摆动频率、焊接电流、电弧电压、焊接速度（主路径运动速度）、保护气体流量、收弧电流、弧坑处理时间等十几个因素，且各参数间相互关联影响，使得摆焊工艺质量控制较为复杂。通常编程员需要反复编辑、优化机器人摆焊任务程序（如摆动轨迹、焊接条件等），方能满足机器人立角焊接头的质量要求。

与直线、圆弧动作指令相似，机器人直线摆动、圆弧摆动指令同样包含动作类型、位置坐标、运动速度、定位方式和附加选项等五大要素。编程员可以通过编辑直线（圆弧）摆动指令的要素来调控机器人摆动轨迹。表 7-9 是 Panasonic 机器人直线（圆弧）动作指令与直线（圆弧）摆动指令要素的差异性。

表 7-9 Panasonic 机器人直线（圆弧）动作与直线（圆弧）摆动指令要素的差异性

指令要素	运动指令			
	直线动作（MOVEL）	直线摆动（MOVELW）	圆弧动作（MOVEC）	圆弧摆动（MOVECW）
动作类型	仅记忆线性运动目标结束点，即一条直线动作指令	连续记忆线性摆动运动起始点和结束点，即 2 条直线摆动指令	连续记忆圆弧运动起始点、中间点和结束点，即三条连续圆弧动作指令	连续记忆圆弧摆动起始点、中间点和结束点，即三条连续圆弧动作指令
位置坐标	通常只是机器人 TCP 空间位置发生改变，运动过程中空间指向保持不变		机器人 TCP 的空间位置和空间指向在运动过程中均动态变化	
运动速度	线性路径上机器人 TCP 以匀速运动为主		弧形路径上机器人 TCP 以匀速运动为主	
定位方式	精确定位，平滑等级默认为 SL=d（6）		平滑过渡，平滑等级默认为 SL=d（10）	

（续）

指令要素	运动指令			
	直线动作（MOVEL）	直线摆动（MOVELW）	圆弧动作（MOVEC）	圆弧摆动（MOVECW）
附加选项	手腕插补方式，默认为CL=0（自动计算）	手腕插补方式，默认为CL=0（自动计算）；摆动方式，默认Ptn=1；摆动频率，默认F=0.5	手腕插补方式，默认为CL=0（自动计算）；连弧轨迹需要设置圆弧分离点（SO）	手腕插补方式，默认为CL=0（自动计算）；摆动方式，默认Ptn=1；摆动频率，默认F=0.5；连弧轨迹需要设置圆弧分离点（SO）

对于 Panasonic 机器人而言，除直线摆动（MOVELW）、圆弧摆动（MOVECW）指令外，机器人焊枪摆动动作的实现还需与振幅指令（WEAVEP）组合使用，即 MOVELW+WEAVEP 或 MOVECW+WEAVEP。在摆动开始点后面紧随 2～4 条 WEAVEP 指令，其数量取决于摆动方式。

此外，T 形接头机器人立角焊的焊接条件优化重点是焊接电流、电弧电压和焊接速度之间的匹配度，以及三者与摆焊参数之间的适配性。编程员可以通过编辑焊接开始规范指令语句变更上述焊接参数，如 Panasonic 焊接机器人的 ARC-SET 指令。关于机器人摆动轨迹和焊接条件的编辑详见表 7-8，此处不赘述。

7.2.2 机器人摆动轨迹测试

待机器人运动轨迹、焊接条件和动作次序示教完毕，编程员通常需要正向和反向逐条执行指令和连续测试运转指令序列验证任务程序，以此确认机器人 TCP 的摆动轨迹。值得注意的是，摆动轨迹区间的正向和反向单步程序验证动作有所不同。正向单步程序验证时，机器人在摆动轨迹区间内一边沿着焊缝宽度方向横向摆动、一边沿着焊缝长度方向线性前移，此方法比较适合摆动参数合理性的确认。反向单步程序验证时，机器人在摆动轨迹区间内仅按照（示教）指令路径的反方向运动，即从摆动轨迹结束点经由摆动振幅点，移向摆动轨迹起始点，此方法比较适合摆动宽度的变更，如图 7-18 所示。

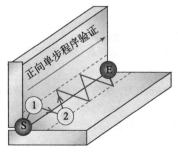
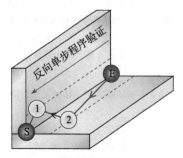

a）正向单步程序验证　　　　　　b）反向单步程序验证

图 7-18 机器人摆动轨迹的单步程序验证

任务分析

实现板–板 T 形接头机器人向上立角焊，要求焊缝饱满微凸，焊脚对称且尺寸为 6mm，无咬边和气孔等表面缺陷，焊缝成形质量要求较高。综合图 7-17 和表 7-8 的内容分析来看，由于摆动宽度、摆动频率等摆动参数与焊接电流、电弧电压、焊接速度（主路径运动速度）之间的匹配度不好，导致焊接过程电弧燃烧断断续续，焊缝无法成形，咬边和焊瘤等焊接缺陷严重。本任务将重点从机器人焊枪摆动宽度、左（右）停留时间、焊接速度和焊接电流四方面入手，逐一调整摆焊参数，直至焊缝成形质量达标。

任务实施

1. 示教前的准备

开始任务程序编辑前，需做如下准备：

①工件换装清理。更换新的试板，将其表面铁锈和油污等杂质清理干净。

②工件组对点固。使用焊条电弧焊将新的 T 形接头待焊试件组对定位焊点固。

③工件装夹与固定。选择合适的夹具将新的板–板 T 形接头固定在焊接工作台上。

④示教模式确认。切换【模式旋钮】对准 "TEACH"，选择手动模式。

⑤加载任务程序。通过 R【文件】菜单加载任务 7.1 中创建的 "Weave_bead" 程序。

2. 任务程序编辑

为获得成形美观、表面微凸的角焊缝，在摆焊过程中可以适度降低焊接电流、增加焊接速度或左（右）停留时间；为获得尺寸稍小的焊脚尺寸，可以适度减小机器人焊枪的摆动宽度。当单因素改变机器人焊枪摆动宽度、左（右）停留时间、焊接速度和焊接电流时，均可参照图 3-18 所示的示教流程测试验证程序和再现施焊。具体的焊接接头质量优化实施过程见表 7-10。综合优化后的角焊缝饱满微凸，焊脚对称且尺寸为 6.7～6.9mm，无咬边和气孔等表面缺陷，整体成形效果如图 7-19 所示。

表 7-10　板–板 T 形接头机器人立角焊任务程序编辑步骤

编辑类别	编辑步骤
摆动宽度调整	1）在编辑模式下，移动光标至待变更示教点 P004 所在行，侧击【拨动按钮】，弹出摆动振幅点参数配置界面 2）向下转动【拨动按钮】，移动光标至"振幅"选项，侧击【拨动按钮】，弹出摆动振幅配置界面，适度增加机器人焊枪的摆动宽度，如 4.5～5.0mm 3）点按 ⇨【确认键】，新的焊道左侧振幅点被记忆覆盖示教点 P004 4）重复上述步骤，将光标移至示教点 P005，修改焊道右侧振幅点（摆动宽度），并记忆覆盖原有示教点 P005
摆动频率修改	1）在编辑模式下，移动光标至待变更示教点 P006 所在行，侧击【拨动按钮】，弹出摆动参数配置界面 2）向下转动【拨动按钮】，移动光标至"频率"选项，侧击【拨动按钮】，弹出摆动频率配置界面，适度增加摆动频率，如 1.0～1.5Hz 3）点按 ⇨【确认键】，保存摆动频率的变更

（续）

编辑类别	编辑步骤
焊接速度变更	1）在编辑模式下，移动光标至 ARC-SET 指令语句所在行，侧击【拨动按钮】，弹出焊接开始规范配置界面 2）向下转动【拨动按钮】，移动光标至"焊接速度"选项，侧击【拨动按钮】，弹出焊接速度配置界面，适度降低焊接速度，如 0.10～0.12m/min 3）待参数确认无误后，连续两次点按 ⇨【确认键】，结束焊接速度变更
焊接电流微调	1）在编辑模式下，移动光标至 ARC-SET 指令语句所在行，侧击【拨动按钮】，弹出焊接开始规范配置界面 2）侧击【拨动按钮】，弹出焊接电流配置界面，适度降低焊接电流（如 110～120A）后，单击【标准】按钮，一元化适配电弧电压 3）确认参数无误，点按 ⇨【确认键】，结束焊接电流变更

精彩视频

图 7-19　板－板 T 形接头机器人立角焊成形效果

 拓展阅读

Panasonic 焊接机器人的摆动方向设置

前文对 Panasonic 机器人焊枪的摆动方式、摆动宽度、摆动频率和左（右）停留时间等关键摆焊参数作了较为详细的阐述。在实际摆焊过程中，机器人系统是如何根据焊接速度（主路径运动速度）、摆动宽度和摆动频率等确定焊枪的摆动方向呢？在摆动参数配置界面（图 7-7）中，编程员可以根据需要变更"摆动方向"为简单摆动方式或振幅点基准方式。为说明两种摆动方向设置之间的差异性，不妨以锯齿形摆动（低速单摆）实例来描述简单摆动方向和基于振幅点基准的摆动方向的计算过程。

假设焊缝长度 L=30mm，焊接速度 v=30cm/min（主路径运动速度），摆动频率 F=1.0Hz，摆动宽度 D=2.0mm，左（右）停留时间 T=0.0s，则

$$摆动次数\ n = \frac{焊缝长度\ L \times 摆动频率\ F}{焊接速度\ v} = \frac{30mm \times 1Hz}{5mm/s} = 6\ （次）$$

$$摆动长度\ l = \frac{焊接速度\ v}{摆动频率\ F} = \frac{5mm/s}{1Hz} = 5mm$$

图7-20所示为简单摆动和基于振幅点基准的摆动方向配置下的机器人摆动轨迹。此外，编程员还可以改变"振幅方向变化"的设置，如示教点、工具跟踪等，此处不再赘述。

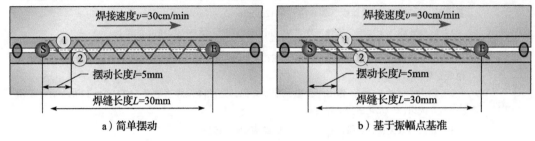

a）简单摆动   b）基于振幅点基准

图7-20 不同摆动方向配置下的机器人摆动轨迹

知识测评

一、填空题

1. 根据热源（焊接电弧）移动方向不同，可将立角焊分为 _____ 和 _____ 两种。目前，生产中应用更为广泛的是 _____。

2. 根据焊接过程中电弧或电极摆动与否，可以将焊道分为 _____ 和 _____ 两类。

3. 机器人完成单一圆弧焊缝的摆动焊接至少需要示教 _____ 个关键位置点，且摆焊起始点、中间点和结束点的动作类型（或插补方式）均为 _____。

4. 针对不同的焊接位置和接头形式，机器人焊枪的摆动参数配置既要符合 _____，又要满足一定条件下的 _____，方能获得质量优良的摆动焊道。

5. Panasonic 机器人焊枪的摆动参数配置主要涉及 _____、_____、_____ 和 _____ 方面。

二、选择题

1. 弧焊机器人焊枪的关键摆动参数主要包括（　　　）等。
   ①摆动方式；②摆动频率；③摆动宽度；④左（右）停留时间
   A.①②③④   B.①②④   C.①②③   D.②③④

2. Panasonic 焊接机器人的摆动方式有（　　　）。
   ①锯齿形摆动；②L形摆动；③三角形摆动；④U形摆动；⑤梯形摆动；⑥月牙形摆动；⑦低速单摆；⑧高速单摆
   A.①②③④⑤⑥   B.①②③④⑤⑥⑦⑧   C.①②③④⑤   D.①②③④⑦⑧

3. 与直线、圆弧动作指令相似，机器人直线摆动、圆弧摆动指令同样包含（　　　）等要素。

①动作类型；②位置坐标；③运动速度；④定位方式；⑤附加选项
A.①②③④　　　　B.①②③⑤　　　　C.②③④⑤　　　　D.①②③④⑤

三、判断题

1. 摆动焊道是指焊接时，电弧做横向摆动所完成的焊道，如向下立（角）焊。(　　)
2. 焊接机器人的圆弧摆动是以圆弧内插摆动方式对从圆弧起始点，经由圆弧中间点，移向圆弧结束点的 TCP 运动轨迹和焊枪姿态进行连续路径控制的一种运动形式。(　　)
3. 无论圆弧摆动轨迹临近点采用关节动作还是直线动作，圆弧摆动轨迹临近点至圆弧摆动轨迹起始点区段机器人系统自动按圆弧路径规划运动轨迹。(　　)
4. 针对（I 形坡口）T 形接头角焊缝，机器人向下立角焊宜采用短弧焊接、较小的焊接电流，焊枪行进角 $\alpha = 60° \sim 80°$、工作角 $\beta = 45°$。(　　)
5. 摆动轨迹区间的正向和反向单步程序验证动作相同。(　　)

四、综合实践

尝试使用富氩气体（如 Ar80% + $CO_2$20%）、直径为 1.2mm 的 ER50-6 实心焊丝和 Panasonic G Ⅲ 焊接机器人，通过合理规划机器人摆动轨迹和焊枪姿态，完成组合式碳钢 T 形接头角焊缝的机器人立角焊作业（图 7-21，I 形坡口，对称焊接），要求焊缝饱满，焊脚对称且尺寸为 6mm，无咬边和气孔等表面缺陷。

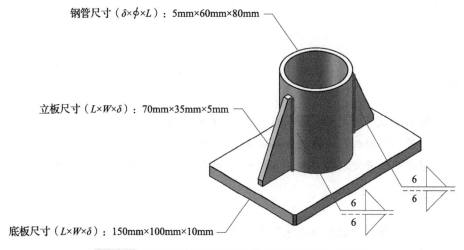

钢管尺寸（$\delta \times \phi \times L$）：5mm×60mm×80mm
立板尺寸（$L \times W \times \delta$）：70mm×35mm×5mm
底板尺寸（$L \times W \times \delta$）：150mm×100mm×10mm

图 7-21　组合式碳钢 T 形接头角焊缝的机器人立角焊

项目 8 焊接机器人的动作次序编程

在一套成熟的焊接机器人系统中，为尽可能减少清理或更换系统配件所产生的停机时间，以及始终通过保持最佳的焊接位置来保证焊接质量的稳定性，合理的焊接机器人与自动清枪器、焊接变位机等周边（工艺）辅助设备之间的动作次序显得尤为重要。动作次序是焊接机器人任务编程的三大主要内容之一，同时也是焊接机器人系统柔性作业的良好展示。

本项目参照 1+X "焊接机器人编程与维护"职业技能等级要求，以 Panasonic G Ⅲ 焊接机器人为例，通过尝试机器人焊枪清洁和骑坐式管－板 T 形接头船形焊的任务编程，掌握焊接机器人与周边（工艺）辅助设备间的动作次序示教要领，完成清枪剪丝及附加轴联动任务程序的编辑与调试。根据焊接机器人编程员的岗位工作内容，本项目一共设置两项任务：一是机器人焊枪自动清洁任务编程；二是骑坐式管－板 T 形接头机器人船形焊任务编程。

学习目标

知识目标

1）能够简要说明通用 I/O 信号和专用 I/O 信号的差异性。
2）能够区别焊接机器人系统本体轴和附加轴的联动。
3）能够使用信号处理指令和流程控制指令完成机器人焊枪自动清洁的任务编程。

技能目标

1）能够灵活使用示教盒点动机器人附加轴及查看其位置信息。
2）能够熟练配置 T 形接头船形焊的机器人焊接条件。
3）能够根据自动清枪器的模块配置合理编辑机器人焊枪清洁任务程序。

素养目标

1）培养学生掌握焊接机器人与周边（工艺）辅助设备间的动作次序编辑要领，完成岗位工作内容，以获得更好的作业效果和产品质量。
2）将所学知识综合运用在实际操作过程中，应用于学生自己的职业生涯，适应现代智能制造技术发展，培养学生具有较强实践能力和创新精神。

学习导图

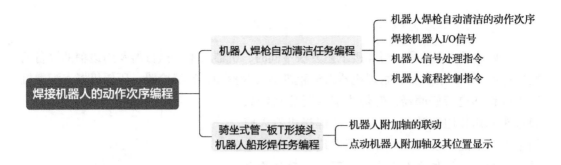

任务 8.1　机器人焊枪自动清洁任务编程

任务提出

　　飞溅是熔焊机器人作业过程中向周围飞散的金属颗粒，与熔滴过渡、电弧斑点压力和焊接冶金反应等因素密切相关。随着机器人熔焊作业时间的延续，飞溅通常会在机器人焊枪喷嘴内壁和导电嘴表面附着。当飞溅附着量较多或遇到大颗粒飞溅时，容易堵塞机器人焊枪喷嘴或保护气体通道，导致产生气孔和焊缝成形不良等缺陷。此外，粗大的焊丝球状端头如同加粗了焊丝直径，并在球状端头表面形成一层氧化膜，不利于焊接引弧。因此，机器人焊枪的自动清洁成为了机器人自动化焊接系统的刚性需求。

　　本任务要求使用自动清枪器（如宾采尔 BINZEL、泰佰亿 TBi）和 Panasonic G Ⅲ 焊接机器人，完成骑坐式管 – 板 T 形接头平角焊连续熔焊作业过程中，机器人焊枪喷嘴内壁附着物（飞溅）的清除和焊丝球状端头的剪断任务，如图 8-1 所示。焊接机器人系统信号配置如下：O1#（1：wire cutting）启动剪丝；O1#（2：torch cleaning）启动清枪；I1#（1：nozzle clamp open）夹紧气缸松开。

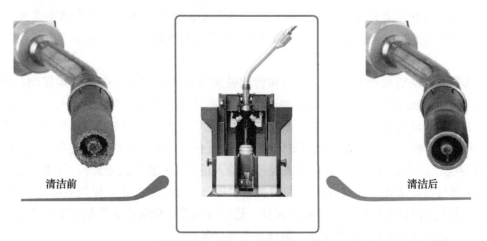

清洁前　　　　　　　　　　　　　　　　　　　　　清洁后

图 8-1　机器人焊枪自动清洁示意

知识准备

8.1.1 机器人焊枪自动清洁的动作次序

正如项目 2 中所述，当焊接工艺方法不同时，机器人末端执行器及周边辅助设备的配置也各不相同。例如，熔焊机器人配置机器人焊枪和自动清枪器，压焊机器人配置机器人焊钳和电极修磨器，钎焊机器人配置烙铁式焊接头和烙铁咀清洁器。不过，从焊接机器人应用来看，上述系统配置均以"提质增效"为根本目的。对于熔焊机器人而言，机器人自动清枪器（图 8-2）主要包括清洁、喷油和剪丝三个模块。其中，清洁模块一般通过铰刀旋转清除粘堵在焊枪喷嘴里的飞溅，确保保护气体能畅通地进入焊接区域，保护金属熔滴、熔池及焊缝区；喷油模块可向喷嘴内喷射防飞溅剂，清洗导电嘴上的焊接积尘和分流器上气口的脏污，减少飞溅附着率，增加耐用性；剪丝模块负责剪断焊丝球状端头，保证焊丝干伸长度的一致性，提高焊缝寻位检出精度和焊接引弧性能。

图 8-2　焊接机器人自动清枪器
1—喷油模块　2—清洁模块　3—剪丝模块

- 采用机器人焊枪自动清洁方式可以有效解决人工清洁存在的以下突出问题：①减轻操作员的工作量，避免产生因频繁进入机器人工作空间而带来的安全隐患；②防止人工清洁不及时而影响焊接质量；③防止因人工清洁反复拆装喷嘴而导致连接螺纹磨损，延长焊枪及配件寿命，降低生产成本；④防止因连接螺纹磨损而引起喷嘴歪斜，使保护气体导偏造成维护失效。
- 焊接机器人自动清枪器的喷油模块既可以与机器人焊枪清洁功能在同一位置实现，构成开放式系统，又可以在不同位置安装独立喷油仓，形成闭合式系统。由于电气控制较为简单，所以机器人系统集成制造商更倾向于前者（图 8-1）。

机器人自动清枪器的清洁、喷油和剪丝模块通常由机器人控制器直接控制，并向机器人控制器反馈信号，它们之间的通信一般使用航空插头进行点对点连接。以 TBi BRG-2 系列自动清枪器为例，其与机器人控制器的电气接线原理如图 8-3 所示。不难发现，机器人焊枪的自动清洁过程主要依赖三个交互信号，即两个机器人控制器输出信号（启动剪丝、启动清枪）和一个机器人控制器输入信号（夹紧气缸松开）。那么，机器人运动规划与自动清枪之间存在何种逻辑关系？图 8-4 所示为机器人焊枪自动清洁时序。鉴于自动清枪器功能及型号配置的差异性，建议采用模块化编程思维编制机器人清枪任务程序，如清洁（喷油）任务程序、剪丝任务程序等。

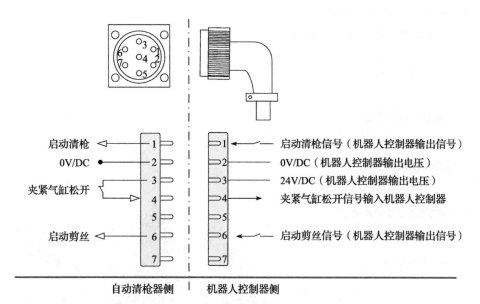

图 8-3　焊接机器人自动清枪器的电气接线原理图

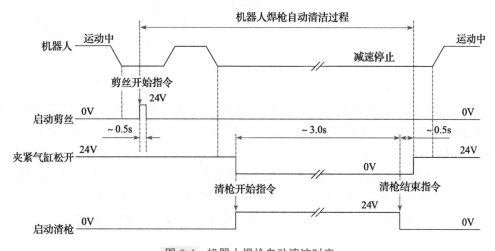

图 8-4　机器人焊枪自动清洁时序

1. 剪丝动作次序

机器人自动剪丝仅需一个机器人控制器输出信号，即启动剪丝信号。完整的机器人自动剪丝动作次序如图8-5所示。具体过程如下：

1）机器人携带焊枪移至自动清枪器剪丝模块的前方，调整焊枪竖直高度，控制焊丝干伸长度，如图8-6所示。

2）机器人控制器向焊接电源输出"送丝开始"指令，信号持续时间约为1.0s，而后再次输出"送丝停止"指令。

3）沿剪丝刀片切割边缘平行移动机器人至目标点（刀片中间位置，靠近固定刀片侧）。

4）机器人控制器向自动清枪器输出"剪丝开始"指令，信号持续时间约为0.5s，而后再次输出"剪丝停止"指令。

5）机器人携带焊枪离开剪丝位置。

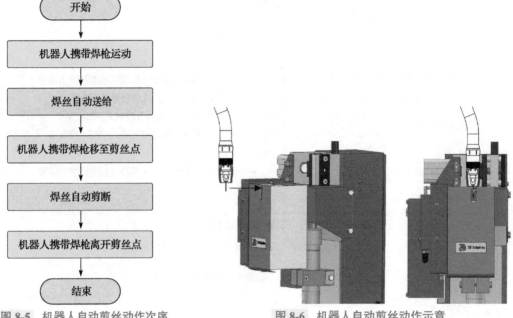

图 8-5 机器人自动剪丝动作次序　　　　图 8-6 机器人自动剪丝动作示意

2. 清枪（喷油）动作次序

机器人焊枪自动清洁需要一个机器人控制器输出信号和一个机器人控制器输入信号，即启动清枪信号和夹紧气缸松开信号。完整的机器人自动清枪（喷油）动作次序如图 8-7 所示。具体过程如下：

1）机器人控制器向自动清枪器读取"夹紧气缸松开"信号，判定夹紧气缸的当前状态。若为高电平，则表明夹紧气缸为松开状态；否则，发出报警信号。

2）机器人携带焊枪移至自动清枪器的定位模块，机器人焊枪喷嘴竖直向下，如图 8-8 所示。

3）机器人控制器向自动清枪器输出"清枪开始"指令，此时夹紧气缸从定位模块的另一侧将机器人焊枪喷嘴压住，"夹紧气缸松开"信号从高电平转为低电平。

4）机器人"清枪开始"信号持续时间约为 3s，期间气动马达带动铰刀旋转上升，去除粘堵在喷嘴与导电嘴之间的飞溅。

5）飞溅去除后，机器人控制器向自动清枪器输出"清枪结束"指令，铰刀停止转动，并从焊枪喷嘴中退出复位。

6）待铰刀复位完毕，防飞溅剂从两侧朝向机器人焊枪喷嘴喷射，持续时间约为0.5s，随后夹紧气缸自动松开。

7）机器人控制器再次向自动清枪器读取"夹紧气缸松开"信号，判定夹紧气缸是否松开，若为高电平，则表明夹紧气缸已松开状态；否则，发出报警信号。

8）机器人携带焊枪离开清枪位置。

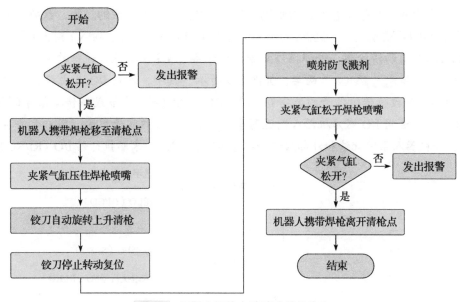

图 8-7　机器人焊枪自动清洁动作次序

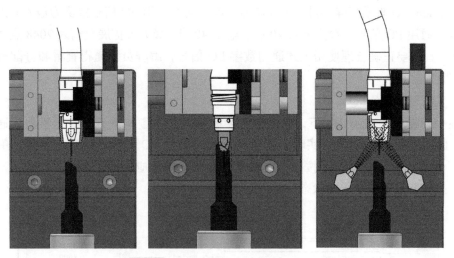

图 8-8　机器人焊枪自动清洁动作示意

- 剪丝时，焊丝距离固定刀片越近，剪丝效果越好。如果焊丝末端弯曲，建议降低剪丝速度。
- 为保证最佳的清枪效果，须选择合理的铰刀型号。例如，铰刀的外径应小于焊枪喷嘴内径 0.5 ~ 1.0mm，内径应大于导电嘴外径 0.5 ~ 1.0mm。

8.1.2　焊接机器人 I/O 信号

　　作为实现自动化、智能化和绿色化焊接的重要工具，焊接机器人被广泛用于金属制品业、汽车制造业和交通运输设备制造业等行业。工业机器人在焊接领域的应用实则为柔性通用设备与焊接工艺及周边辅助设备（或装置）高度集成的过程，这离不开设备（或装置）间的互联互通，如机器人 I/O 接口。I/O（Input/Output，输入 / 输出）信号，是焊接机器人与自动清枪器、外部操作盒等周边设备（或装置）进行通信的电信号，分为通用 I/O 信号和专用 I/O 信号两类，如图 8-9 所示。其中，通用 I/O 是由编程员自定义用途的 I/O，如按位传输信号的数字 I/O（DI/DO）、按（半）字节或字传输信号的组 I/O（GI/GO）等；专用 I/O 则为机器人制造商事先定义 I/O 接口端子用途、用户无法再分配的 I/O，如机器人系统就绪和外部启动等状态 I/O（SI/SO）、末端执行器 I/O（RI/RO）等。

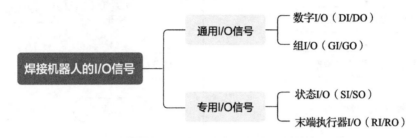

图 8-9　焊接机器人的 I/O 信号分类

　　Panasonic G Ⅲ 系列焊接机器人控制器标准配置的专用 I/O 信号数量为输入 6 点、输出 8 点，通用 I/O 信号点数为输入 40 点、输出 40 点（最大可扩展至输入 2048 点和输出 2048 点）。若要正确合理使用上述通用数字 I/O 信号，编程员须懂得查看和分配通用数字 I/O 信号。

　　1. 查看通用 I/O 信号

　　在手动模式（TEACH）下，单击辅助菜单 【通用数字 I/O 】，打开机器人通用数字 I/O 显示界面（图 8-10），实时查看机器人通用数字 I/O 的状态信息。同时，单击界面右下侧的 【输出监控】按钮，在弹出界面中选择相应的端子编号，并通过【ON/OFF】按钮变更输出端子的状态。

图 8-10　Panasonic 机器人通用数字 I/O 显示界面（手动模式）

在自动模式（AUTO）下，依次单击主菜单 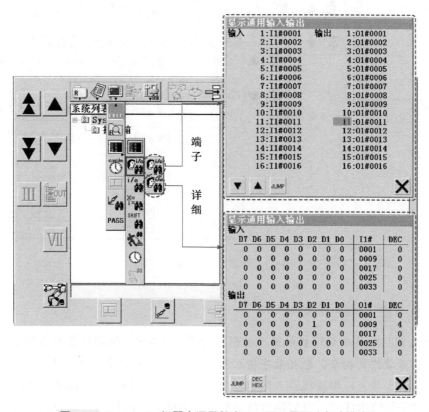【视图】→ ■【状态显示】→ ⁱ/ₒ
【通用 I/O 】，可以端子名称或详细方式打开机器人通用数字 I/O 显示界面（图 8-11），实
时查看机器人通用数字 I/O 的状态。

图 8-11　Panasonic 机器人通用数字 I/O 显示界面（自动模式）

2. 分配通用 I/O 信号

为区分物理信号接线，将通用 I/O 信号和专用 I/O 信号统称为逻辑信号，而将实际
的 I/O 端子信号称为物理信号。在机器人任务程序中，编程员可以通过信号处理指令
对逻辑信号进行输入 / 输出操作。欲建立逻辑信号与物理信号间的关联，即通过信号
处理指令监控实际的 I/O 端子信号，需要进行 I/O 信号分配。对于 Panasonic 机器人而
言，编程员依次单击主菜单 ■【设置】→ ⁱ/ₒ【 I/O 】，在弹出界面中依次选择"通用
输入"或"通用输出"及端子编号（名称），然后输入相应的功能描述即可，如图 8-12
所示。

> I/O 信号分配前，务必查阅机器人控制器说明书进行正确的 I/O 端子信号接线。

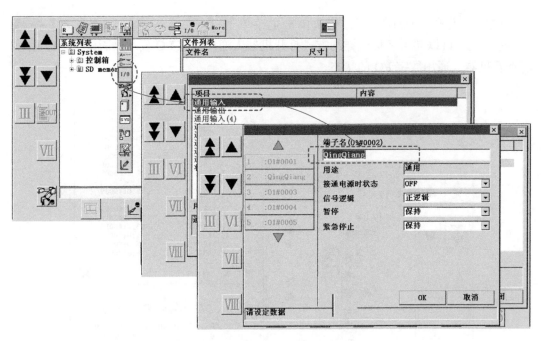

图 8-12 Panasonic 机器人通用数字 I/O 分配界面

8.1.3 机器人信号处理指令

信号处理指令是改变焊接机器人控制器向周边（工艺）辅助设备输出信号状态，或读取输入信号状态的指令，包括数字输入指令（IN）、数字输出指令（OUT）和脉冲输出指令（PULSE）等。以焊接机器人的自动剪丝为例，编程员可以使用数字输出指令改变指定 I/O 端子的输出状态，以实现对自动清枪器剪丝的启停控制，如 OUT O1#（1: wire cutting）= ON。焊接机器人的信号处理指令功能、格式及示例见表 8-1。

表 8-1　焊接机器人的信号处理指令功能、格式及示例

序号	信号处理指令	指令功能	Panasonic 机器人指令格式及示例
1	数字输入	获取指定 I/O 端子的信号状态	格式： IN [变量]=[端子类型]（端子名称） 示例： IN GB（1: GB0001）= I1#（1: nozzle clamp open） //按位读取 1# 端子（夹紧气缸松开）的输入信号状态，存入全局变量 GB（1: GB0001）
2	数字输出	向指定 I/O 端子输出一个信号	格式： OUT [端子类型]（[端子名称]）= [数值] 示例： OUT O1#（1: wire cutting）= ON //改变 1# 端子（启动剪丝）的输出信号状态为 ON，即启动机器人自动剪丝动作

（续）

序号	信号处理指令	指令功能	Panasonic 机器人指令格式及示例
3	脉冲输出	在一段指定的时间内转换 I/O 端子的信号状态	格式： PULSE [端子类型]（[端子名称]）T=[时间] 示例： PULSE O1#（3: O1#0003）T = 0.50s // 向 3# 端子输出高电平信号，待 0.50s 后，改变端子输出信号为低电平

注：Panasonic 机器人信号处理指令的端子类型参数包括 1 位输入 I1#、4 位输入 I4#、8 位输入 I8#、16 位输入 I16#、1 位输出 O1#、4 位输出 O4#、8 位输出 O8#、16 位输出 O16#。

实际任务编程时，焊接机器人的信号处理指令既可以与其运动轨迹的示教同步，又可以滞后于运动轨迹。此过程需要经常插入信号处理指令、变更或删除任务程序中已记忆的信号处理指令。Panasonic 机器人信号处理指令的编辑方法见表 8-2。

表 8-2　Panasonic 机器人信号处理指令的编辑方法

编辑类别	编辑方法
插入信号处理指令	1）在编辑模式下，移动光标至待插入信号处理指令的上一行 2）点按 🔲【窗口键】，移动光标至菜单栏，依次单击辅助菜单 🔳【编辑选项】→ 🔳【插入】，切换程序编辑至"插入"状态 3）依次单击主菜单 🔳【指令】→ 🔳【信号处理指令】，弹出信号处理指令一览界面，选择合适的信号处理指令，点按 ◈【确认键】 4）在弹出的指令参数配置界面中，合理设置 I/O 端子类型、端子名和输出值等，点按 ◈【确认键】，信号处理指令语句被插入到光标所在行的下一行，如图 8-13 所示
变更信号处理指令	1）在编辑模式下，移动光标至待变更的信号处理指令所在的语句行 2）点按 🔲【窗口键】，移动光标至菜单栏，依次单击辅助菜单 🔳【编辑选项】→ 🔳【修改】，切换程序编辑至"修改"状态 3）侧击【拨动按钮】，弹出信号处理指令参数配置界面，修改指令参数选项 4）点按 ◈【确认键】，结束信号处理指令参数修改并记忆存储
删除信号处理指令	1）在编辑模式下，移动光标至待删除的信号处理指令所在的语句行 2）点按 🔲【窗口键】，移动光标至菜单栏，依次单击辅助菜单 🔳【编辑选项】→ 🔳【删除】，切换程序编辑至"删除"状态 3）点按 ◈【确认键】，弹出指令语句删除确认界面，再次点按 ◈【确认键】，信号处理指令语句被删除

- 除单击菜单选项外，Panasonic 机器人信号处理指令的插入还可以通过点按动作功能键的（🔳＜灯灭＞）或用户功能键的 🔳【指令插入】。
- 在编辑模式下，无论处于 🔳【插入】、🔳【修改】，还是 🔳【删除】状态，均可插入信号处理指令。

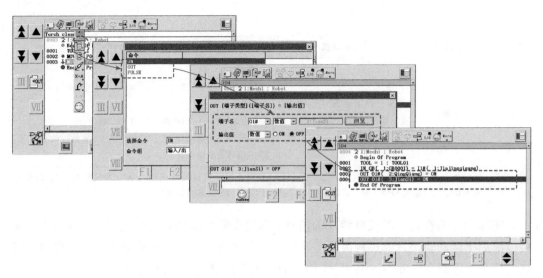

图 8-13 Panasonic 机器人的信号处理指令插入界面

8.1.4 机器人流程控制指令

　　机器人焊接作业动作次序的规划涉及焊接机器人和工艺及辅助功能设备等，系统各生产要素的动作时间、设备之间应传递的信号种类等任务程序的逻辑设计至关重要。流程控制指令是使机器人任务程序的执行从程序某一行转移到其他（程序的）行，以改变焊接机器人系统设备执行动作顺序的指令，包括跳转指令（IF、JUMP、CALL、LABEL）、等待指令（WAIT-VAL）、延时指令（DELAY）等。以机器人焊枪的自动清洁为例，只有收到自动清枪器的夹紧气缸松开信号为低电平时，焊接机器人控制器方可输出"启动清枪"指令；同时，也只有判定自动清枪器的夹紧气缸松开信号为高电平时，机器人携带焊枪方可移至或离开清枪位置。常见的焊接机器人流程控制指令功能、格式及示例见表 8-3。

表 8-3 常见的焊接机器人流程控制指令功能、格式及示例

序号	流程控制指令	指令功能	Panasonic 机器人指令格式及示例
1	标签定义	指定程序跳转的地址	格式： LABEL: [标志] 示例： ▢ : Leijia10 ADD GB（1: GB0001）1 IF GB（1: GB0001）= 11 THEN NOP ELSE JUMP Leijia10 // 利用全局变量 GB（1: GB0001）累加计数至 10，如果计数未到，则跳转至 Leijia10 标签处

（续）

序号	流程控制指令	指令功能	Panasonic 机器人指令格式及示例
2	无条件跳转	使程序的执行转移到同一程序内所指定的标签	格式： JUMP [标签号] 示例： JUMP Leijia10 // 一旦指令被执行，就必定会使程序的执行转移到同一程序内 Leijia10 标签处
3	调用指令	使程序的执行转移到其他任务程序（子程序）的第一行后执行该程序。待子程序执行结束，返回主程序继续执行后续指令	格式： CALL [文件名] 示例： WAIT_VAL I1#（1: nozzle clamp open）= OFF 🅒 CALL Torch cleaning // 当自动清枪器的夹紧气缸松开信号为低电平时，调用并执行机器人焊枪自动清洁程序
4	条件跳转	根据指定条件是否已经满足而使程序的执行从某一行转移到其他（程序的）行	格式： IF[因素 1][条件][因素 2] THEN [执行 1] ELSE [执行 2] 示例： IF GB（1: GB0001）= 11 THEN NOP ELSE JUMP Leijia10 // 如果全局变量 GB（1: GB0001）数值等于 11，则空操作；反之，跳转至 Leijia10 标签处

5	等待指令	在指定的时间或条件得到满足之前使程序的执行等待	格式：
			WAIT_VAL [输入端子名称][条件][输入数值] T= [时间值]
			示例：
			WAIT_VAL I1#（1: nozzle clamp open）= ON
			MOVEL P004, 5.00m/min
			// 当自动清枪器的夹紧气缸松开信号为高电平时，机器人携带焊枪离开清枪位置

6	延时指令	对当前的操作延迟一段指定的时间，增量最低为 0.01s	格式： DELAY [时间值]s 示例： STICKCHK ON // 打开粘丝检测功能 DELAY 0.30s // 等待 0.30s STICKCHK OFF // 关闭粘丝检测功能

注：为获得良好的焊缝金属保护效果，机器人收弧时可以通过延时指令适当延长保护气体吹气的时间。

与信号处理指令类似，焊接机器人的流程控制指令既可以与其运动轨迹的示教同步，又可以滞后于运动轨迹。在实际任务编程过程中，编程员需要经常插入流程控制指令、变更或删除任务程序中已记忆的流程控制指令。Panasonic 机器人流程控制指令的编辑方法见表 8-4。

表 8-4　Panasonic 机器人流程控制指令的编辑方法

编辑类别	编辑方法
插入流程 控制指令	1）在编辑模式下，移动光标至待插入流程控制指令的上一行 2）点按 ⬚【窗口键】，移动光标至菜单栏，依次单击辅助菜单 ⬚【编辑选项】→ ⬚【插入】，切换程序编辑至"插入"状态 3）依次单击主菜单 ⬚【指令】→ ⬚【流程控制指令】，弹出流程控制指令一览界面，选择合适的流程控制指令，点按 ⬚【确认键】 4）在弹出的指令参数配置界面中，合理设置流程控制指令参数，点按 ⬚【确认键】，流程控制指令语句被插入到光标所在行的下一行，如图 8-14 所示
变更流程 控制指令	1）在编辑模式下，移动光标至待变更的流程控制指令所在的语句行 2）点按 ⬚【窗口键】，移动光标至菜单栏，依次单击辅助菜单 ⬚【编辑选项】→ ⬚【修改】，切换程序编辑至"修改"状态 3）侧击【拨动按钮】，弹出流程控制指令参数配置界面，修改指令参数选项 4）点按 ⬚【确认键】，结束流程控制指令参数修改并记忆存储
删除流程 控制指令	1）在编辑模式下，移动光标至待删除的流程控制指令所在的语句行 2）点按 ⬚【窗口键】，移动光标至菜单栏，依次单击辅助菜单 ⬚【编辑选项】→ ⬚【删除】，切换程序编辑至"删除"状态 3）连续点按 ⬚【确认键】，流程控制指令语句被删除

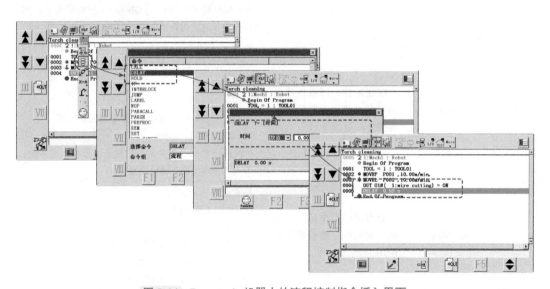

图 8-14　Panasonic 机器人的流程控制指令插入界面

- 除单击菜单选项外，Panasonic 机器人流程控制指令的插入还可以通过点按动作功能键的（⬚ <灯灭 >）或用户功能键的 ⬚【指令插入】。
- 在编辑模式下，无论处于 ⬚【插入】、⬚【修改】，还是 ⬚【删除】状态，均可插入流程控制指令。

任务分析

本任务要求完成骑坐式管－板 T 形接头机器人平角焊连续熔焊作业后，机器人焊枪喷嘴内壁附着物（飞溅）的清除和焊丝球状端头的剪断。基于模块化编程思维，分别创建机器人焊接、机器人焊枪清洁（喷油）和机器人自动剪丝三套任务程序，并通过机器人焊接任务程序（主程序）调用机器人焊枪清洁（喷油）和机器人自动剪丝任务程序（子程序）。整个机器人任务、运动路径和焊枪姿态规划如图 8-15 所示。骑坐式管－板 T 形接头机器人平角焊任务的示教点和程序见表 6-4 和表 6-6。机器人自动剪丝和机器人焊枪清洁（喷油）任务的示教点见表 8-5 和表 8-6。在实际示教时，可以按照图 3-18 所示的流程进行示教编程。

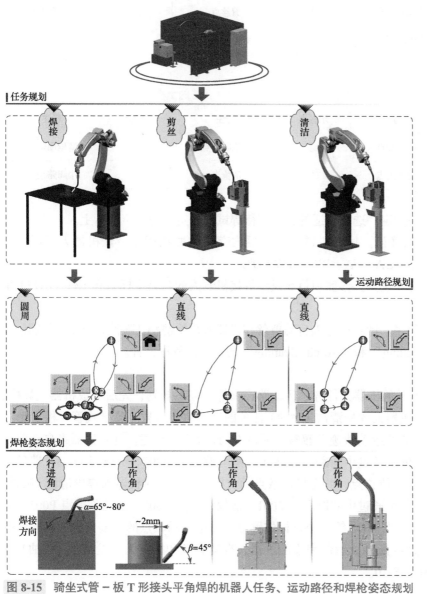

图 8-15　骑坐式管－板 T 形接头平角焊的机器人任务、运动路径和焊枪姿态规划

任务实施

1. 示教前的准备

开始任务示教前，需做如下准备：

1）工件表面清理。将工件待焊区域的表面铁锈和油污等杂质清理干净。

2）接头组对点固。采用焊条电弧焊沿钢管内壁（或外壁）将组对好的管－板接头定位焊点固。

表 8-5　机器人自动剪丝任务的示教点

示教点	备注	示教点	备注	示教点	备注
①	中间路径点	③	剪丝点	⑤	中间路径点
②	剪丝临近点	④	剪丝回退点		

表 8-6　机器人焊枪清洁（喷油）任务的示教点

示教点	备注	示教点	备注	示教点	备注
①	中间路径点	③	清枪临近点	⑤	清枪回退点
②	清枪临近点	④	清枪点	⑥	中间路径点

3）试件装夹与固定。选择合适的夹具将待焊试件固定在焊接工作台上。

4）机器人原点确认。执行机器人控制器内存储的原点程序，让机器人返回原点（如 BW = −90°、RT = UA = FA = RW = TW = 0°）。

5）机器人坐标系设置。参照项目 5 设置焊接机器人的工具坐标系和工件（用户）坐标系编号。

6）新建任务程序。针对机器人自动剪丝和机器人焊枪清洁（喷油）任务，分别创建文件名为"Wire_cutting"和"Torch_cleaning"的机器人程序文件。

2. 运动轨迹示教

按照图 8-15 所示的机器人任务、运动路径和焊枪姿态规划，先后完成机器人焊接、机器人自动剪丝和机器人焊枪清洁（喷油）任务的运动轨迹示教。骑坐式管－板 T 形接头机器人平角焊任务的运动轨迹示教参见项目 6，此处不再赘述。针对机器人自动剪丝任务，点动机器人依次通过中间路径点 P001、剪丝临近点 P002、剪丝点 P003、剪丝回退点 P004 等五个目标位置点，并记忆示教点的位姿信息；针对机器人焊枪清洁（喷油）任务，点动机器人依次通过中间路径点 P001、清枪临近点 P002、清枪临近点 P003、清枪点 P004、清枪回退点 P005 等六个目标位置点，并记忆示教点的位姿信息。具体示教步骤见表 8-7 和表 8-8 所示。编制完成的机器人自动剪丝和机器人焊枪清洁（喷油）任务程序见表 8-9 和表 8-10。

表 8-7　机器人自动剪丝的运动轨迹示教步骤

示教点	示教步骤
中间路径点 P001	1）加载任务程序。移动光标至菜单栏，依次单击主菜单 **R** 【文件】→ 【打开】→ 【程序文件】，选择并打开项目 6 中创建的"Fillet_weld"程序 2）选择指令语句。在编辑模式下，移动光标至焊接回退点 P008 所在行 3）接通伺服电源。在"TEACH"模式下，轻握【安全开关】至 【伺服接通按钮】指示灯闪烁，此时按下 【伺服接通按钮】，指示灯亮，接通机器人系统运动轴的伺服电源 4）激活程序验证功能。依次点按【动作功能键Ⅷ】和【用户功能键 F1】，激活机器人动作功能（ → ）和程序验证功能（ → ） 5）移至焊接回退点。按住【动作功能键Ⅳ】 的同时，持续按住【拨动按钮】或【＋键】，程序执行至光标所在行，机器人移至焊接回退点 P008，随后点按【用户功能键 F1】，禁用程序验证功能（ → ） 6）加载任务程序。移动光标至菜单栏，依次单击主菜单 **R** 【文件】→ 【打开】→ 【程序文件】，选择并打开新创建的"Wire_cutting"程序 7）切换机器人点动坐标系。按住【右切换键】的同时，点按【动作功能键Ⅳ】或依次单击辅助菜单 【点动坐标系】→ 【工件坐标系】，切换机器人点动坐标为系统默认的工件（用户）坐标系，即与 【机座坐标系】重合 8）移至中间路径点。在工件（用户）坐标系中，使用【动作功能键Ⅳ～Ⅵ】+【拨动按钮】组合键，点动机器人沿 $_{+}^{User}X$、$_{+}^{User}Y$、$_{+}^{User}Z$ 线性贴近自动清枪器附近的安全位置 9）变更示教点属性。按住【右切换键】，切换至示教点记忆界面，点按【动作功能键Ⅰ、Ⅲ】，变更示教点 P001 的动作类型为 （MOVEP），空走点 10）记忆示教点。点按 【确认键】，记忆示教点 P001 为中间路径点
剪丝临近点 P002	1）显示机器人 TCP 位姿。移动光标至菜单栏，依次单击主菜单 【视图】→ 【状态显示】→ 【位置信息】→ **XYZ**【直角】，示教盒界面右侧区域显示机器人 TCP 的当前位姿 2）调整机器人焊枪姿态。在关节坐标系中，使用【动作功能键Ⅰ～Ⅲ】+【拨动按钮】组合键，调整机器人焊枪（喷嘴）竖直向下 3）移至剪丝临近点。在工件（用户）坐标系中，使用【动作功能键Ⅳ～Ⅵ】+【拨动按钮】组合键，点动机器人沿 $_{+}^{User}X$、$_{+}^{User}Y$、$_{+}^{User}Z$ 线性贴近剪丝口的正前方，如图 8-16 所示 4）变更示教点属性。按住【右切换键】，切换至示教点记忆界面，点按【动作功能键Ⅰ、Ⅲ】，变更示教点 P002 的动作类型为 （MOVEP），空走点 5）记忆示教点。点按 【确认键】，记忆示教点 P002 为剪丝临近点
剪丝点 P003	1）移至剪丝点。在工件（用户）坐标系中，使用【动作功能键Ⅳ～Ⅵ】+【拨动按钮】组合键，点动机器人沿 $_{+}^{User}X$、$_{+}^{User}Y$ 某一方向（视自动清枪器布局而定）线性移至剪丝点，如图 8-17 所示 2）变更示教点属性。按住【右切换键】，切换至示教点记忆界面，点按【动作功能键Ⅰ、Ⅲ】变更示教点 P003 的动作类型为 （MOVEL），空走点 3）记忆示教点。点按 【确认键】，记忆示教点 P003 为剪丝点

（续）

示教点	示教步骤
剪丝回退点 P004	1）移至剪丝回退点。在工件（用户）坐标系中，使用【动作功能键Ⅵ】+【拨动按钮】组合键，沿 +Z 轴方向 🔲，点动机器人移向远离剪丝点的安全位置 2）变更示教点属性。按住【右切换键】，切换至示教点记忆界面，点按【动作功能键Ⅰ、Ⅲ】变更示教点 P004 的动作类型为 ↘（MOVEL），空走点 ✎ 3）记忆示教点。点按 ⇨【确认键】，记忆示教点 P004 为剪丝回退点
中间路径点 P005	1）打开机器人编辑模式。松开【安全开关】，点按【动作功能键Ⅷ】，🔧（灯亮）→🔧（灯灭），关闭机器人动作功能，进入编辑模式。按【用户功能键 F6】切换用户功能图标至复制和粘贴功能 2）复制机器人运动指令。使用【拨动按钮】移动光标至示教点 P001 所在指令语句行，点按【用户功能键 F3】（复制），然后侧击【拨动按钮】，弹出"复制"对话框，点按 ⇨【确认键】，完成指令语句的复制操作 3）粘贴机器人运动指令。移动光标至示教点 P004 所在指令语句行，点按【用户功能键 F4】（粘贴），完成指令语句的粘贴操作

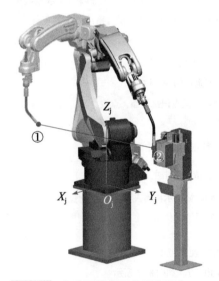

图 8-16　点动机器人至剪丝临近点 P002

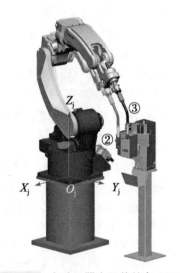

图 8-17　点动机器人至剪丝点 P003

表 8-8　机器人焊枪清洁（喷油）的运动轨迹示教步骤

示教点	示教步骤
中间路径点 P001	1）加载任务程序。移动光标至菜单栏，依次单击主菜单 ▣【文件】→ 📂【打开】→ 📄【程序文件】，选择并打开新创建的"Torch_cleaning"程序 2）接通伺服电源。在"TEACH"模式下，轻握【安全开关】至 ◉【伺服接通按钮】指示灯闪烁，此时按下 ◉【伺服接通按钮】，指示灯亮，接通机器人系统运动轴的伺服电源 3）打开机器人动作模式。点按【动作功能键Ⅷ】，激活机器人动作功能（🔧→🔧）

（续）

示教点	示教步骤
中间路径点 P001	4）变更示教点属性。按住【右切换键】，切换至示教点记忆界面，点按【动作功能键Ⅰ、Ⅲ】，变更示教点 P001 的动作类型为 ↘ (MOVEP)，空走点 ↗ 5）记忆示教点。点按 ⇨【确认键】，记忆示教点 P001 为中间路径点
清枪临近点 P002	1）切换机器人点动坐标系。按住【右切换键】的同时，点按【动作功能键Ⅳ】或依次单击辅助菜单 ↺【点动坐标系】→ 🐾【工件坐标系】，切换机器人点动坐标系为系统默认的工件（用户）坐标系 2）移至清枪临近点。在工件（用户）坐标系中，使用【动作功能键Ⅳ～Ⅵ】+【拨动按钮】组合键，点动机器人沿 +X、+Y、+Z 线性贴近夹紧气缸（定位模块）的正上方，如图 8-18 所示 3）变更示教点属性。按住【右切换键】，切换至示教点记忆界面，点按【动作功能键Ⅰ、Ⅲ】，变更示教点 P002 的动作类型为 ↘ (MOVEP)，空走点 ↗ 4）记忆示教点。点按 ⇨【确认键】，记忆示教点 P002 为清枪临近点
清枪临近点 P003	1）移至清枪临近点。在工件（用户）坐标系中，使用【动作功能键Ⅵ】+【拨动按钮】组合键，沿 −Z 轴方向 -Z，点动机器人（焊枪）向下线性移至定位模块中央 2）变更示教点属性。按住【右切换键】，切换至示教点记忆界面，点按【动作功能键Ⅰ、Ⅲ】变更示教点 P003 的动作类型为 ↘ (MOVEL)，空走点 ↗ 3）记忆示教点。点按 ⇨【确认键】，记忆示教点 P003 为清枪临近点
清枪点 P004	1）移至清枪点。在工件（用户）坐标系中，使用【动作功能键Ⅳ～Ⅵ】+【拨动按钮】组合键，点动机器人（焊枪）沿 +X、+Y 某一方向（视自动清枪器布局而定）线性停靠在定位模块上，如图 8-19 所示 2）变更示教点属性。按住【右切换键】，切换至示教点记忆界面，点按【动作功能键Ⅰ、Ⅲ】变更示教点 P004 的动作类型为 ↘ (MOVEL)，空走点 ↗ 3）记忆示教点。点按 ⇨【确认键】，记忆示教点 P004 为清枪点
清枪回退点 P005	1）移至清枪回退点。在工件（用户）坐标系中，使用【动作功能键Ⅵ】+【拨动按钮】组合键，沿 +Z 轴方向 +Z，点动机器人移向远离清枪点的安全位置 2）变更示教点属性。按住【右切换键】，切换至示教点记忆界面，点按【动作功能键Ⅰ、Ⅲ】变更示教点 P005 的动作类型为 ↘ (MOVEL)，空走点 ↗ 3）记忆示教点。点按 ⇨【确认键】，记忆示教点 P005 为清枪回退点
中间路径点 P006	1）打开机器人编辑模式。松开【安全开关】，点按【动作功能键Ⅷ】，🔦 (灯亮) → 🔦 (灯灭)，关闭机器人动作功能，进入编辑模式。按【用户功能键 F6】切换用户功能图标至复制和粘贴功能 2）复制机器人运动指令。使用【拨动按钮】移动光标至示教点 P001 所在指令语句行，点按【用户功能键 F3】(复制)，然后侧击【拨动按钮】，弹出"复制"对话框，点按 ⇨【确认键】，完成指令语句的复制操作 3）粘贴机器人运动指令。移动光标至示教点 P005 所在指令语句行，点按【用户功能键 F4】(粘贴)，完成指令语句的粘贴操作

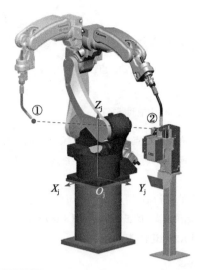
图 8-18 点动机器人至清枪临近点 P002

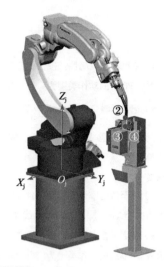
图 8-19 点动机器人至清枪点 P004

表 8-9 机器人自动剪丝任务程序

行号码	行标识	指令语句	备注
	○	Begin Of Program	程序开始
0001		TOOL = 1：TOOL01	工具坐标系（焊枪）选择
0002	●	MOVEP P001, 10.00m/min	中间路径点
0003	●	MOVEP P002, 10.00m/min	剪丝临近点
0004	●	MOVEL P003, 5.00m/min	剪丝点
0005	●	MOVEL P004, 5.00m/min	剪丝回退点
0006	●	MOVEP P005, 10.00m/min	中间路径点
	●	End Of Program	程序结束

表 8-10 机器人焊枪清洁（喷油）任务程序

行号码	行标识	指令语句	备注
	○	Begin Of Program	程序开始
0001		TOOL = 1：TOOL01	工具坐标系（焊枪）选择
0002	●	MOVEP P001, 10.00m/min	中间路径点
0003	●	MOVEP P002, 10.00m/min	清枪临近点
0004	●	MOVEL P003, 5.00m/min	清枪临近点
0005	●	MOVEL P004, 5.00m/min	清枪点
0006	●	MOVEL P005, 5.00m/min	清枪回退点
0007	●	MOVEP P006, 10.00m/min	中间路径点
	●	End Of Program	程序结束

3. 动作次序示教

根据任务要求，机器人自动清枪器的清洁、喷油和剪丝功能均由机器人控制器直接控制，即利用机器人信号处理指令和流程控制指令实现焊接机器人与自动清枪器的动作次序控制。机器人自动剪丝的动作次序可以参考图 8-5，其动作次序示教要领见表 8-11。机器人焊枪清洁（喷油）的动作次序可以参考图 8-7，其动作次序示教要领见表 8-12。同时，在主程序"Fillet_weld"中调用"Wire_cutting"和"Torch_cleaning"子程序，如图 8-20 所示。

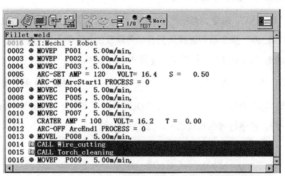

图 8-20　Panasonic 机器人焊枪自动剪丝 & 清洁任务程序调用示例

表 8-11　机器人自动剪丝动作次序的示教要领

示教内容	示教要领
在剪丝临近点焊丝自动送进	1）加载任务程序。移动光标至菜单栏，依次单击主菜单 ⊡【文件】→△【打开】→⊟【程序文件】，选择并打开新创建的"Wire_cutting"程序
	2）打开机器人编辑模式。松开【安全开关】，点按【动作功能键Ⅷ】，⬚（灯亮）→⬚（灯灭），关闭机器人动作功能，进入编辑模式，移动光标至剪丝临近点 P002 所在行
	3）切换编辑至插入状态。点按⬚【窗口键】，移动光标至菜单栏，依次单击辅助菜单 ⬚【编辑选项】→⬚【插入】，切换程序编辑至"插入"状态
	4）插入焊丝送进开始指令。依次单击主菜单⬚【指令】→✐【焊接指令】，弹出焊接指令一览界面，选择"WIREFWD"指令，点按⬚【确认键】，设置焊丝送进为启动状态（ON），再次点按⬚【确认键】，"WIREFWD ON"指令语句被插入到剪丝临近点 P002 的下一行，程序行号码自动加一
	5）插入延时指令。依次单击主菜单⬚【指令】→⬚【流程控制指令】，弹出流程控制指令一览界面，选择"DELAY"指令，点按⬚【确认键】，设置焊丝送进时间为 1.00s，再次点按⬚【确认键】，"DELAY 1.00s"指令语句被插入到焊丝送进开始指令的下一行，程序行号码自动加一
	6）插入焊丝送进结束指令。依次单击主菜单⬚【指令】→✐【焊接指令】，弹出焊接指令一览界面，选择"WIREFWD"指令，点按⬚【确认键】，设置焊丝送进为停止状态（OFF），再次点按⬚【确认键】，"WIREFWD OFF"指令语句被插入到延时指令的下一行，程序行号码自动加一，如图 8-21 所示

（续）

示教内容	示教要领
在剪丝点焊丝自动剪断	1）插入自动剪丝开始指令。在编辑模式下，移动光标至剪丝点 P003 所在行，依次单击主菜单 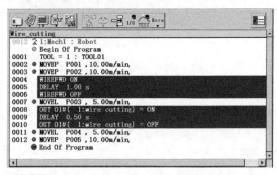【指令】→【信号处理指令】，弹出信号处理指令一览界面，选择"OUT"指令，点按【确认键】，根据 I/O 配置要求选择 I/O 端子类型、端子名和输出值，再次点按【确认键】，"OUT O1#（1: wire cutting）= ON"指令语句被插入到剪丝点的下一行，程序行号码自动加一 2）插入延时指令。依次单击主菜单【指令】→【流程控制指令】，弹出流程控制指令一览界面，选择"DELAY"指令，点按【确认键】，设置焊丝送进时间为 0.50s，再次点按【确认键】，"DELAY 0.50s"指令语句被插入到自动剪丝开始指令的下一行，程序行号码自动加一 3）插入自动剪丝结束指令。依次单击主菜单【指令】→【信号处理指令】，弹出信号处理指令一览界面，选择"OUT"指令，点按【确认键】，根据 I/O 配置要求选择 I/O 端子类型、端子名和输出值，再次点按【确认键】，"OUT O1#（1: wire cutting）= OFF"指令语句被插入到延时指令的下一行，程序行号码自动加一，如图 8-21 所示

图 8-21　Panasonic 机器人自动剪丝任务程序示例

表 8-12　机器人焊枪清洁（喷油）动作次序的示教要领

示教内容	示教要领
在清枪临近点判定夹紧气缸状态	1）加载任务程序。移动光标至菜单栏，依次单击主菜单【文件】→【打开】→【程序文件】，选择并打开新创建的"Torch_cleaning"程序 2）打开机器人编辑模式。松开【安全开关】，点按【动作功能键Ⅷ】，（灯亮）→（灯灭），关闭机器人动作功能，进入编辑模式，移动光标至清枪临近点 P002 所在行 3）切换编辑至插入状态。点按【窗口键】，移动光标至菜单栏，依次单击辅助菜单【编辑选项】→【插入】，切换程序编辑至"插入"状态 4）插入等待指令。依次单击主菜单【指令】→【流程控制指令】，弹出流程控制指令一览界面，选择"WAIT_IP"指令，点按【确认键】，根据 I/O 配置要求选择 I/O 端子类型、端子名和输入状态，再次点按【确认键】，"WAIT_IP I1#（1: nozzle clamp open）= ON"指令语句被插入到清枪临近点 P002 的下一行，程序行号码自动加一，如图 8-22 所示

（续）

示教内容	示教要领
在清枪点自动清洁焊枪	1）插入自动清洁开始指令。在编辑模式下，移动光标至清枪点 P004 所在行，依次单击主菜单 ![SOUT]【指令】→ ![][信号处理指令]，弹出信号处理指令一览界面，选择"OUT"指令，点按 ![]【确认键】，根据 I/O 配置要求选择 I/O 端子类型、端子名和输出值，再次点按 ![]【确认键】，"OUT O1#（2: torch cleaning）= ON"指令语句被插入到剪丝点的下一行，程序行号码自动加一 2）插入延时指令。依次单击主菜单 ![SOUT]【指令】→ ![][流程控制指令]，弹出流程控制指令一览界面，选择"DELAY"指令，点按 ![]【确认键】，设置焊丝送进时间为 3.00s，再次点按 ![]【确认键】，"DELAY 3.00s"指令语句被插入到自动剪丝开始指令的下一行，程序行号码自动加一 3）插入自动清洁结束指令。依次单击主菜单 ![SOUT]【指令】→ ![][信号处理指令]，弹出信号处理指令一览界面，选择"OUT"指令，点按 ![]【确认键】，根据 I/O 配置要求选择 I/O 端子类型、端子名和输出值，再次点按 ![]【确认键】，"OUT O1#（2: torch cleaning）= OFF"指令语句被插入到延时指令的下一行，程序行号码自动加一 4）插入等待指令。依次单击主菜单 ![SOUT]【指令】→ ![][流程控制指令]，弹出流程控制指令一览界面，选择"WAIT_IP"指令，点按 ![]【确认键】，根据 I/O 配置要求选择 I/O 端子类型、端子名和输入状态，再次点按 ![]【确认键】，"WAIT_IP I1#（1: nozzle clamp open）= ON"指令语句被插入到自动清洁结束指令的下一行，程序行号码自动加一，如图 8-22 所示

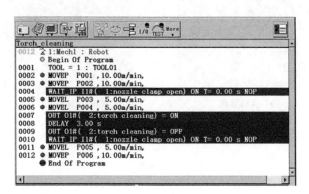

图 8-22　Panasonic 机器人焊枪自动清洁任务程序示例

在实际焊接过程中，根据焊接材料和飞溅量大小合理设置机器人焊枪清洁次数，以保证获得良好的清洁效果。

4. 程序验证与焊枪清洁

为确认机器人 TCP 运动轨迹的合理性和精确度，需要依次进行机器人自动剪丝和机器人焊枪清洁（喷油）任务的单步程序验证和连续测试运转，具体实施步骤详见表 5-11。各任务程序验证无误后，方可再现施焊和机器人焊枪自动清洁。自动模式下，机器人自动运转任务步骤如下：

1）加载任务程序。移动光标至菜单栏，依次单击主菜单 ▣【文件】→ ◿【打开】→ ▨【程序文件】，选择并打开项目6中创建的"Fillet_weld"程序。

2）选择自动模式。切换【模式旋钮】至"AUTO"位置（自动模式）。

3）接通伺服电源。点按【伺服接通按钮】，接通机器人伺服电源。

4）自动运转程序。点按【启动按钮】，系统自动运转执行任务程序，机器人开始自动剪丝和清枪作业，如图8-23所示。

a）自动剪丝　　　　　　　　b）焊枪自动清洁（喷油）

图8-23　机器人自动剪丝和焊枪自动清洁

 拓展阅读

Panasonic 焊接机器人的状态 I/O 信号

如上文所述，机器人专用I/O是出厂前制造商已定义I/O接口端子用途而用户无法再分配的I/O。此类I/O信号主要方便机器人用户从外部实时监控系统状态，如外部启动、外部暂停、外部伺服接通等状态输入和系统就绪、系统报警、系统运行中等状态输出。表8-13为Panasonic G Ⅲ焊接机器人控制柜的专用I/O信号，包括六个状态输入信号和八个状态输出信号。

表 8-13　Panasonic G Ⅲ 焊接机器人控制柜的专用 I/O 信号

类别	信号名称	信号说明
系统状态输入信号	外部伺服接通	1）从外部接通机器人系统运动轴的伺服电源，但需要下述所有条件： ①"系统准备就绪"信号处于就绪状态 ②机器人运行模式为自动模式（切换【模式旋钮】至"AUTO"位置） ③未发生紧急停止或所有系统错误信息被消除 2）"系统准备就绪"信号输出 0.2s 后，信号开始输入，且持续时间大于 0.2s 3）当伺服电源断开后，在 1.5s 内再次接通伺服电源时，弹出"请重新接通伺服"对话框
	错误解除	1）通过外部操作解除机器人错误状态。此时，"系统错误"输出信号被关闭 2）信号持续时间大于 0.2s
	外部启动	从外部启动任务程序或重启暂停中的任务程序。但在下述状态下，信号将被忽略： ①伺服电源未接通 ②非自动模式时 ③错误发生时 ④"暂停"信号被打开时 ⑤发生过载时
	外部暂停	1）通过外部信号暂停正在运行的机器人 2）外部信号即使被关闭，也仍然保持暂停状态，重启需要输入"启动"信号
	手动模式	1）当机器人处于自动模式时，将弹出错误提示对话框，要求将示教盒上的【模式旋钮】切换至"TEACH"位置 2）关闭"手动模式"信号输入或【模式旋钮】切换至"TEACH"位置时，错误提示对话框自动消失
	自动模式	1）当机器人处于手动模式时，将弹出错误提示对话框，要求将示教盒上的【模式旋钮】切换至"AUTO"位置 2）关闭"自动模式"信号输入或【模式旋钮】切换至"AUTO"位置时，错误提示对话框自动消失
系统状态输出信号	系统报警	1）系统发生报警时输出信号 2）若要关闭此信号，必须切断电源
	系统错误	1）系统发生错误时输出信号 2）当错误状态被解除时，信号自动关闭
	手动模式	手动模式下输出信号
	自动模式	处于自动模式时输出信号
	系统就绪	处于可接通伺服电源状态时输出信号
	伺服接通	接通伺服电源时，在机器人动作或启动时输出
	系统运行中	1）任务程序自动运转（自动模式）时输出信号 2）系统发生错误停止或由于暂停信号输入引起的暂停时，信号依然保持打开状态，重新启动后，信号关闭 3）发生过载时，信号依然保持打开
	系统暂停中	1）任务程序暂停执行（自动模式）时输出信号 2）系统发生错误停止或由于暂停信号输入引起的暂停时，信号依然保持打开状态，重新启动后，信号关闭 3）紧急停止或发生报警时信号关闭，当解除紧急停止后，接通伺服电源，可以启动任务程序时，信号重新打开

注：紧急停止信号由机器人控制器安全回路输出。

编程员可以依次单击主菜单 ▦【视图】→ ▦【状态显示】→ ▦【专用 I/O】，打开机器人状态 I/O 显示界面（图 8-24），实时查看机器人系统自动模式下的状态信息。

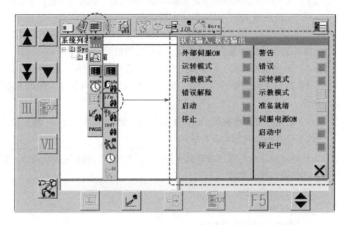

图 8-24 Panasonic 机器人状态 I/O 显示界面

▶ 任务 8.2 骑坐式管–板 T 形接头机器人船形焊任务编程

任务提出

为克服 T 形、十字形和角接接头平角焊时，容易产生咬边和焊脚（尺寸）不均匀等缺陷，在生产中常利用焊接变位机等辅助工艺设备将待焊工件转动至 45° 斜角，即处于平焊位置进行的角焊，称为船形焊或平位置角焊。船形焊相当于坡口角度为 90° 的 V 形坡口带钝边的水平对接焊，其焊缝成形光滑美观，单道焊的焊脚尺寸范围较宽、焊缝凹度较大。

本任务要求使用富氩气体（如 Ar80%+$CO_2$20%）、直径为 1.2mm 的 ER50-6 实心焊丝、Panasonic G Ⅲ 焊接机器人和二轴焊接变位机，完成项目 6 中骑坐式管 – 板（无缝钢管和底板，材质均为 Q235，图 8-25）T 形接头机器人船形焊作业，焊脚对称且尺寸为 6mm，焊缝呈凹形圆滑过渡，无咬边和气孔等焊接缺陷。

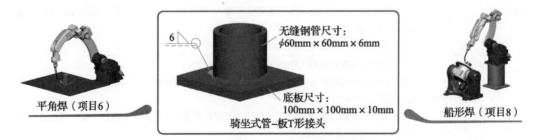

图 8-25 骑坐式管 – 板 T 形接头焊接示意

知识准备

8.2.1 机器人附加轴的联动

出于焊接工艺成熟度考虑，当焊件接缝处于非平焊位置时，焊接机器人系统通常配置柔性工装轴（项目 4 所述机器人附加轴的一种，如焊接变位机），用于支承及实现焊件接缝的空间变位。从编程和控制角度分析，焊接机器人附加轴的运动可以由机器人控制器附属的示教盒直接控制，此时称其为内部轴；也可以由外部控制器（如 PLC）直接控制，由机器人控制器间接控制，此时称其为外部轴。在上述两种机器人附加轴的集成方式中，前者能够实现机器人本体轴与附加轴的高效联动，完成空间曲线焊缝的优质焊接，不足在于成本明显高于后者，具体内容见表 8-14。Panasonic Ⅲ 系列焊接机器人控制器最大可扩展三根内藏式（紧凑型）附加轴（单轴最大功率为 2kW）和六根外置式（模块化）附加轴（全轴最大总功率为 20kW）。

表 8-14 不同焊接机器人系统附加轴的集成方式比较

比较因素	集成方式	
	内部轴	外部轴
协调运动	可以实现与机器人本体轴的协调或同步运动（图 8-26），在相同的硬件配置及运动速度条件下，可将焊接效率提高 50%～60%	各运动轴单独转动或移动，无法实现与机器人本体轴的联动
空间曲线焊缝	通过机器人系统本体轴和附加轴的联动，始终保持焊件接缝处于平焊或船形焊的最佳位置，配合舒展的手臂和手腕作业姿态（图 8-27），利于保证焊接质量	能够实现平焊和立焊等位置的直线焊缝焊接，难以满足空间复杂焊缝轨迹作业
运动指令	关节动作（MOVEP+）、直线动作（MOVEL+）、圆弧动作（MOVEC+）、直线摆动（MOVELW+）、圆弧摆动（MOVECW+）	关节动作（MOVEP）

- 焊接机器人系统附加轴的联动需要安装控制软件包（选配）及配置伺服等参数。
- 工装轴的空间布局应满足焊接机器人工作空间（或动作可达性）的要求，其与机器人本体轴的联动主导为工装轴，而机器人本体轴或 TCP 保持随动状态。
- 当采取内部轴集成（联动）方式时，焊接机器人系统的协调或同步运动须共同合成焊接轨迹，且焊接位置、焊接速度以及机器人焊枪姿态（角度）等参数的调整应保证焊接过程的稳定性和焊接质量的一致性。

内部轴集成

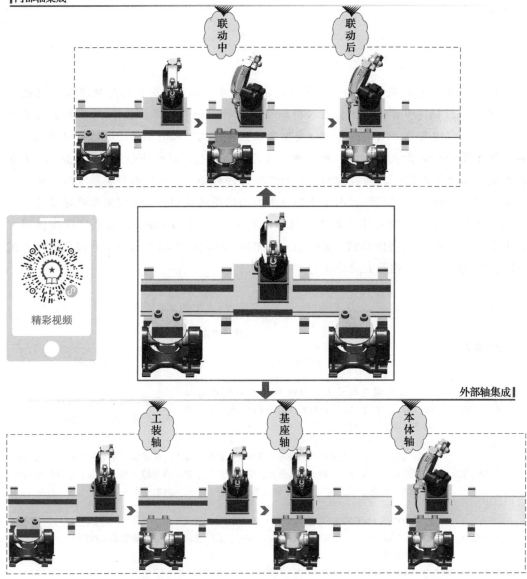

图 8-26 不同附加轴集成方式下的焊接机器人系统动作次序

8.2.2 点动机器人附加轴及其位置显示

　　与点动焊接机器人本体轴相似，采取内部轴集成的机器人系统附加轴的操控方式和基本流程可以参考图 4-7～图 4-9。以 Panasonic G Ⅲ 焊接机器人为例，点动机器人附加轴的不同之处在于：一是附加轴的选择。在激活机器人动作功能（ 📷 <灯亮>）前提下，点按【左切换键】或单击辅助菜单 📷【运动机构】→ 🛢【附加轴】，切换动作功能图标区至"外部轴"显示界面（图 8-28）。二是附加轴的点动坐标系。焊接机器人系统附加轴的增量点动或连续点动操作仅能在关节坐标系中完成。

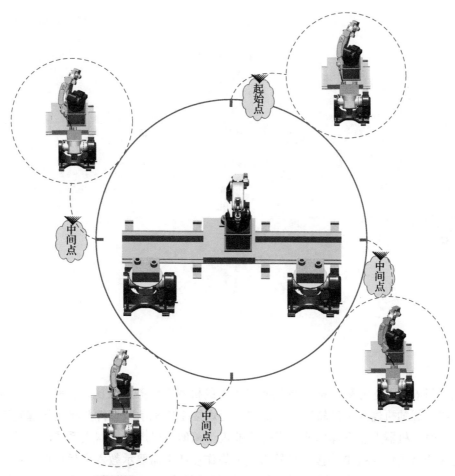

图 8-27　空间曲线焊缝的焊接机器人系统运动轴联动

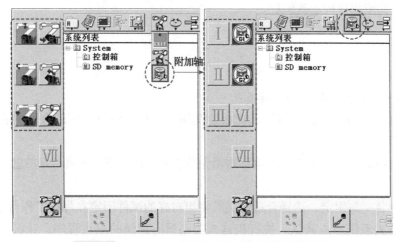

图 8-28　Panasonic 机器人系统附加轴的选择界面

图 8-29 所示为以关节和直角形式显示 Panasonic 机器人系统运动轴及 TCP 位姿的界面。编程员依次单击主菜单 【视图】→ 【状态显示】→ 【位置信息】→ 【关节】或 【直角】→【翻页】，即可实时监视机器人系统附加轴的运动状态。

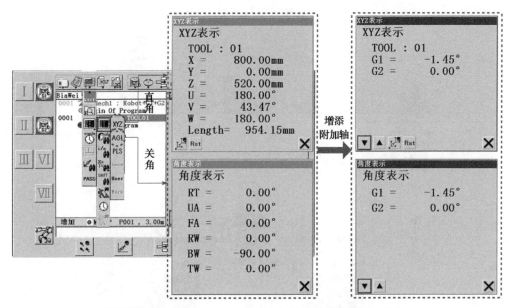

图 8-29 Panasonic 机器人系统附加轴的运动状态显示界面

任务分析

同项目 6 中骑坐式管 – 板 T 形接头平角焊的机器人任务示教比较，骑坐式管 – 板 T 形接头船形焊的机器人运动轨迹较为简单。当焊接变位机承载焊件并将其接缝转至水平焊接位置时，机器人船形焊作业与平焊作业极为相似。以焊接机器人系统附加轴联动为例，完成骑坐式管 – 板 T 形接头机器人船形焊作业通常需要示教六个目标位置点，其运动路径和焊枪姿态规划如图 8-30 所示。各示教点见表 8-15。在实际示教时，可以按照图 3-18 所示的流程进行示教编程。

任务实施

1. 示教前的准备

开始任务示教前，需做如下准备：

1）工件表面清理。核对钢管和试板的几何尺寸后，将待焊区域表面的铁锈和油污等杂质清理干净。

2）接头组对点固。采用焊条电弧焊沿钢管内壁（或外壁）将组对好的管 – 板接头定位焊点固。

3）工件装夹与固定。选择合适的夹具将组对好的试件固定在焊接工作台上。

4）机器人系统原点确认。执行机器人控制器内存储的原点程序，让机器人系统各运动轴返回原点位置（如本体轴 BW = –90°、RT = UA = FA = RW = TW = 0° 和附加轴 G1 = G2 = 0°）。

5）机器人坐标系设置。参照项目 4 的内容设置焊接机器人工具坐标系和工件（用户）坐标系。

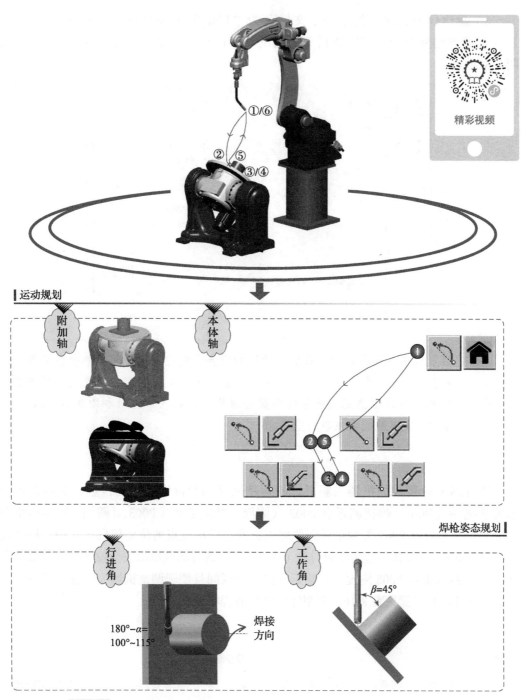

图 8-30　骑坐式管－板 T 形接头机器人船形焊的运动路径和焊枪姿态规划

表 8-15　骑坐式管－板 T 形接头机器人船形焊任务的示教点

示教点	备注	示教点	备注	示教点	备注
①	原点（HOME）	③	（圆周）焊接起始点	⑤	焊接回退点
②	焊接临近点	④	（圆周）焊接结束点	⑥	原点（HOME）

6）新建任务程序。创建一个文件名为"Flat_fillet_welding"的焊接程序文件，且在程序创建界面中，将完成任务所需的"Robot+G1+G2"系统运动轴的选择，如图 8-31 所示。

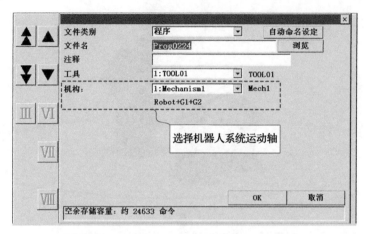

图 8-31 任务程序创建及系统运动轴选择界面

创建机器人任务程序时所选系统运动轴的组合应提前定义：依次单击主菜单
【设置】→ ▨【管理工具】→【系统】→【机构】→【编辑】，弹出系统运动机构组合界面，编程员可以根据完成任务的情况合理搭配机器人本体轴和附加轴。其中，附加轴的添加及其参数配置须事先完成。

2. 运动轨迹示教

针对图 8-30 所示的机器人船形焊的运动路径和焊枪姿态规划，点动机器人依次通过系统原点 P001、焊接临近点 P002、（圆周）焊接起始点 P003、（圆周）焊接结束点 P004、焊接回退点 P005 等六个目标位置点，并记忆示教点的位姿信息。其中，机器人系统原点 P001 应设置在远离作业对象（待焊工件）的可动区域的安全位置；焊接临近点 P002 和焊接回退点 P008 应设置在临近焊接作业区间且便于调整机器人焊枪姿态的安全位置。具体示教步骤见表 8-16，编制完成的任务程序见表 8-17。

表 8-16 骑坐式管 – 板 T 形接头机器人船形焊的运动轨迹示教步骤

示教点	示教步骤
系统原点 P001	1）接通伺服电源。在"TEACH"模式下，轻握【安全开关】至 ◉【伺服接通按钮】指示灯闪烁，此时按下 ◉【伺服接通开关】，指示灯亮，机器人系统运动轴的伺服电源接通 2）打开机器人动作模式。点按【动作功能键Ⅷ】，🔧（灯灭）→🔧（灯亮），激活机器人动作功能 3）变更示教点属性。按住【右切换键】，切换至示教点记忆界面，点按【动作功能键Ⅰ、Ⅲ】，变更示教点 P001 的动作类型为 ↘（MOVEP+），空走点 ✏ 4）记忆示教点。点按 ⇨【确认键】，记忆示教点 P001 为机器人原点

（续）

示教点	示教步骤
焊接临近点 P002	1）显示机器人附加轴运动状态。依次单击主菜单 ▦【视图】→ ▦【状态显示】→ ▦【位置信息】→ xyz【直角】，将示教盒右侧界面切换至"XYZ（直角）"显示机器人 TCP 的当前位姿，然后点按【翻页键】，显示机器人系统附加轴的当前位置 2）切换机器人点动坐标系。按住【右切换键】的同时，点按【动作功能键Ⅳ】或依次单击辅助菜单 ☺【点动坐标系】→ ☺【关节坐标系】，切换机器人点动坐标系为关节坐标系 3）选择机器人附加轴。点按【左切换键】或依次单击辅助菜单 ▦【运动机构】→ ▦【附加轴】，切换机器示教盒的动作功能图标区至"附加轴"显示界面 4）点动机器人附加轴。在关节坐标系中，使用【动作功能键Ⅳ】+【拨动按钮】组合键，点动机器人系统附加轴 G1 转动 45° 5）显示机器人本体轴运动状态。移动光标至机器人系统状态显示界面，点按【翻页键】，切换显示为机器人系统本体轴位姿信息 6）选择机器人本体轴。点按【左切换键】或依次单击辅助菜单 ▦【运动机构】→ ▦【本体轴】，切换机器示教盒的动作功能图标区至"本体轴"显示界面 7）点动机器人本体轴。在关节坐标系中，使用【动作功能键Ⅰ～Ⅲ】+【拨动按钮】组合键，调整机器人焊枪行进角 $\alpha = 65° \sim 80°$ 8）切换机器人点动坐标系。按住【右切换键】的同时，点按【动作功能键Ⅳ】或依次单击辅助菜单 ☺【点动坐标系】→ ✂【工具坐标系】，切换机器人点动坐标系为工具坐标系 9）点动机器人本体轴。在工具坐标系中，使用【动作功能键Ⅳ～Ⅵ】+【拨动按钮】组合键，点动机器人沿 ▨、✛、▨ 线性贴近焊接起始点附近；同时，使用【动作功能键Ⅲ】+【拨动按钮】组合键，点动机器人绕 –X轴 ▨ 定点转动，实时查看示教盒右侧界面显示的机器人焊枪或 TCP 姿态，精确调整焊枪工作角 $\beta = 45°$，随后将机器人焊枪移至焊接起始点 10）变更示教点属性和记忆示教点。在工具坐标系中，保持焊枪姿态不变，沿 –X轴 ▨ 点动机器人线性移向远离焊接起始点的安全位置，如距离起始点距离为 30 ～ 50mm，如图 8-32 所示；按住【右切换键】，切换至示教点记忆界面，点按【动作功能键Ⅰ、Ⅲ】，变更示教点 P002 的动作类型为 ▨（MOVEP+），空走点 ✐，随后点按 ◈【确认键】，记忆示教点 P002 为焊接临近点
（圆周）焊接起始点 P003	1）点动机器人本体轴。在工具坐标系中，保持焊枪姿态不变，沿 +X轴 ▨ 点动机器人线性移至圆周焊接起始点，如图 8-33 所示 2）变更示教点属性。按住【右切换键】，切换至示教点记忆界面，点按【动作功能键Ⅰ、Ⅲ】变更示教点 P003 的动作类型为 ▨（MOVEP+），焊接点 ✐ 3）记忆示教点。点按 ◈【确认键】，记忆示教点 P003 为（圆周）焊接起始点，焊接开始指令被同步记忆
（圆周）焊接结束点 P004	1）切换机器人点动坐标系。按住【右切换键】的同时，点按【动作功能键Ⅳ】或依次单击辅助菜单 ☺【点动坐标系】→ ☺【关节坐标系】，切换机器人点动坐标系为关节坐标系 2）选择机器人附加轴。依次单击辅助菜单 ▦【运动机构】→ ▦【附加轴】，切换机器示教盒的动作功能图标区至"外部轴"显示界面 3）点动机器人附加轴。在关节坐标系中，使用【动作功能键Ⅴ】+【拨动按钮】组合键，点动机器人系统附加轴 G2 转动 363°，如图 8-34 所示

（续）

示教点	示教步骤
（圆周） 焊接结 束点 P004	4）变更示教点属性。按住【右切换键】，切换至示教点记忆界面，点按【动作功能键 I 、III】变更示教点 P004 的动作类型为 ↘（MOVEP+），空走点 ✐ 5）记忆示教点。点按 ⇔【确认键】，记忆示教点 P004 为（圆周）焊接结束点
焊接回 退点 P005	1）切换机器人点动坐标系。按住【右切换键】的同时，点按【动作功能键IV】或依次单击辅助菜单 ☺【点动坐标系】→ ✂【工具坐标系】，切换机器人点动坐标系为工具坐标系 2）点动机器人本体轴。在工具坐标系中，继续保持焊枪姿态，沿 –X 轴 ↗，点动机器人移向远离焊接结束点的安全位置，如图 8-35 所示 3）变更示教点属性。按住【右切换键】，切换至示教点记忆界面，点按【动作功能键 I 、III】变更示教点 P005 的动作类型为 ↘（MOVEL+），空走点 ✐ 4）记忆示教点。点按 ⇔【确认键】，记忆示教点 P005 为焊接回退点
系统原 点 P006	1）打开机器人编辑模式。松开【安全开关】，点按【动作功能键VIII】，🔧（灯亮）→🔧（灯灭），关闭机器人动作功能，进入编辑模式。按【用户功能键 F6】切换用户功能图标至复制和粘贴功能 2）复制机器人运动指令。使用【拨动按钮】移动光标至示教点 P001 所在指令语句行，点按【用户功能键 F3】（复制），然后侧击【拨动按钮】，弹出"复制"对话框，点按 ⇔【确认键】，完成指令语句的复制操作 3）粘贴机器人运动指令。移动光标至示教点 P005 所在指令语句行，点按【用户功能键 F4】（粘贴），完成指令语句的粘贴操作

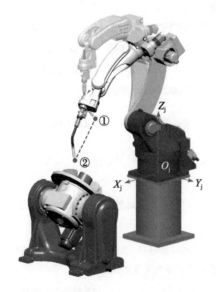

图 8-32　点动机器人至焊接临近点 P002

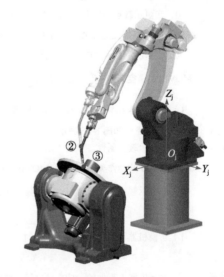

图 8-33　点动机器人至（圆周）焊接起始点 P003

图 8-34 点动机器人至（圆周）焊接结束点 P004

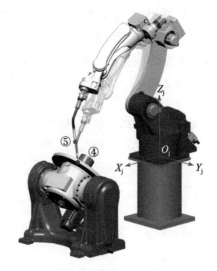

图 8-35 点动机器人至焊接回退点 P005

表 8-17 骑坐式管 – 板 T 形接头机器人船形焊的任务程序

行号码	行标识	指令语句	备 注
0011		1:Mech1：Robot+G1+G2	系统运动轴选择
	○	Begin Of Program	程序开始
0001		TOOL = 1：TOOL01	工具坐标系（焊枪）选择
0002	●	MOVEP+ P001, 10.00m/min	系统原点（HOME）
0003	●	MOVEP+ P002, 10.00m/min	焊接临近点
0004	●	MOVEP+ P003, 5.00m/min	（圆周）焊接起始点
0005		ARC-SET AMP = 120 VOLT = 16.4 S = 0.50	焊接开始规范
0006		ARC-ON ArcStart1 PROCESS = 0	开始焊接
0007	●	MOVEP+ P004, 5.00m/min	（圆周）焊接结束点
0008		CRATER AMP = 100 VOLT = 16.2 T = 0.00	焊接结束规范
0009		ARC-OFF ArcEnd1 PROCESS = 0	结束焊接
0010	●	MOVEL+ P005, 5.00m/min	焊接回退点
0011	●	MOVEP+ P006, 10.00m/min	系统原点（HOME）
	●	End Of Program	程序结束

3. 焊接条件和动作次序示教

根据任务要求，本任务选用直径为 1.2mm 的 ER50-6 实心焊丝，合理的焊丝干伸长度为 12 ～ 18mm，富氩保护气体（Ar80% + $CO_2$20%）流量为 20 ～ 25L/min，并参考项目6中所完成任务的参数配置或通过焊接导航功能生成骑坐式管-板T形接头机器人船形焊的参考规范,如图8-36所示。焊接结束规范(收弧电流)为参考规范的80%左右,焊接开始和焊接结束动作次序保持默认。关于焊接条件和动作次序的示教可以参考项目4中4.1.2和4.1.3的内容,此处不再赘述。

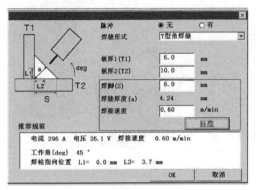
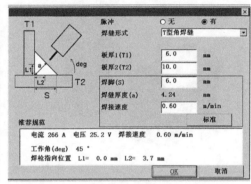

a) MAG   b) 脉冲MAG

图8-36 骑坐式管-板T形接头机器人船形焊的参考规范(焊接导航)

> 针对Panasonic CO_2/MAG焊接机器人,焊接导航功能所生成的参考规范与焊接电源配置、焊接软件包版本以及系统弧焊设置等密切关联。依次单击主菜单【设置】→【弧焊】,在弹出界面依次选择"特性1:TAWERS1(通常使用特性)"→"焊丝/材质/焊接方法",可以查看或变更材质、焊丝直径、保护气体种类和脉冲模式等默认设置。

4. 程序验证与参数优化

参照项目5中表5-11所示的Panasonic机器人任务程序验证方法,依次通过单步程序验证和连续测试运转确认机器人TCP运动轨迹的合理性和精确度。待任务程序验证无误后,方可再现施焊,如图8-37所示。自动模式下,机器人自动运转任务步骤如下:

1)移动光标至首行。在编辑模式下,将光标移至程序开始记号(Begin of Program)。

2)选择自动模式。切换【模式旋钮】至"AUTO"位置(自动模式)。

3)接通伺服电源。点按【伺服接通按钮】,接通机器人伺服电源。

4)自动运转程序。点按【启动按钮】,系统自动运转执行任务程序,机器人开始焊接。

待焊接结束、焊件冷却至室温后,目测焊缝微凸且成形美观,无咬边和气孔等焊接缺陷,钢管侧焊脚尺寸为6.6~7.1mm,底板侧焊脚尺寸为6.5~6.9mm,满足焊脚尺寸要求。

a）焊前准备　　　　　　　　　　　b）焊接过程

精彩视频

c）MAG焊缝表面成形　　　　　　d）脉冲MAG焊缝表面成形

图 8-37　骑坐式管－板 T 形接头机器人船形焊

拓展阅读

多机器人协调（同）焊接的动作次序控制

多机器人协调（同）焊接是制造业先进基础工艺的重要组成部分，对传统产业高端化、智能化、绿色化转型发展起到重要支撑作用，如图 8-38 所示。

目前，多机器人协调（同）焊接的运动控制主要分为两种类型：集中控制和分散控制。集中控制的硬件成本较低，便于信息的采集和分析，易于实现系统的最优控制，整体性与协调性较好，但其缺点也显而易见，如控制缺乏灵活性，系统对多任务的响应能力会与系统的实时性相冲突等。相比而言，分散控制的实时性好，易于实现高速度和高精度控制，方便扩展，是目前流行的方式之一。以双面双机器人焊接工艺为例，其协同焊接的动作次序控制要求如图 8-39 所示。打底焊通常采取异步方式，$1^{\#}$ 机器人到位后发送信号给 $2^{\#}$ 机器人，并等待 $2^{\#}$ 机器人的到位信号，一旦得知 $2^{\#}$ 机器人到位，$1^{\#}$ 机器人便开始引弧焊接；$2^{\#}$ 机器人在收到 $1^{\#}$ 机器人到位信号，且自身也到位的情况下，根据电弧间距 d 和焊接速度 v 进行一定的延时 t 后自动引弧。填充焊时，双机器人是同步运行，但需要保持一定的层间温度，即双机器人都需要延时，且延时时间相等，延时长短根据工艺决定。当所有焊道焊接完毕，机器人回到原点（HOME），焊接任务完成。

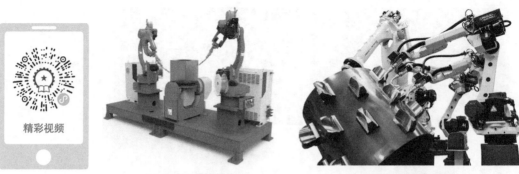

a）双机器人协同焊接　　　　　　　b）多机器人协调焊接

图 8-38　大型钢结构多机器人协调（同）焊接

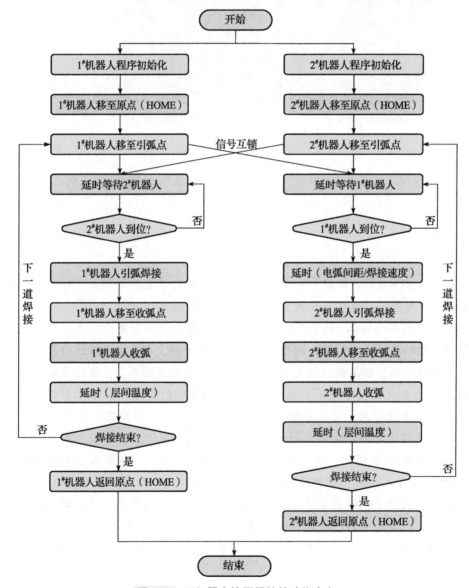

图 8-39　双机器人协同焊接的动作次序

知识测评

一、填空题

1. 对于熔焊机器人而言，机器人自动清枪器主要包括 _____、_____ 和 _____ 三项功能。

2. 机器人焊枪自动清洁需要一个机器人控制器 _____ 和一个机器人控制器 _____，即启动清枪信号和夹紧气缸松开信号。

3. I/O（Input/Output，输入 / 输出）信号，是焊接机器人与自动清枪器、外部操作盒等周边设备（或装置）进行通信的电信号，分为 _____ 和 _____ 两类。

4. 信号处理指令是改变焊接机器人控制器向周边（工艺）辅助设备输出信号状态，或读取输入信号状态的指令，包括 _____、_____ 和 _____ 等。

二、判断题

1. 焊接机器人自动清枪器的喷油模块既可以与机器人焊枪清洁功能在同一位置实现，构成开放式系统，又可以在不同位置安装独立喷油仓，形成闭合式系统。（　　）

2. 机器人控制器向自动清枪器输出"清枪开始"指令，此时夹紧气缸从定位模块的另一侧将机器人焊枪喷嘴压住，"夹紧气缸松开"信号从低电平转为高电平。（　　）

3. 剪丝时，焊丝距离固定刀片越远，剪丝效果越好。（　　）

4. 实际任务编程时，焊接机器人的信号处理指令既可以与其运动轨迹的示教同步，又可以滞后于运动轨迹。（　　）

5. 在编辑模式下，无论处于【插入】、【修改】，还是【删除】状态，均可插入信号处理指令。（　　）

三、综合实践

　　尝试使用富氩气体（如 Ar80% + $CO_2$20%）、直径为 1.2mm 的 ER50-6 实心焊丝和 Panasonic G Ⅲ 焊接机器人，通过合理规划机器人摆动轨迹和焊枪姿态，完成组合式碳钢 T 形接头角焊缝的机器人船形焊作业（图 8-40，I 形坡口，对称焊接），要求焊缝饱满，焊脚对称且尺寸为 6mm，无咬边和气孔等表面缺陷。

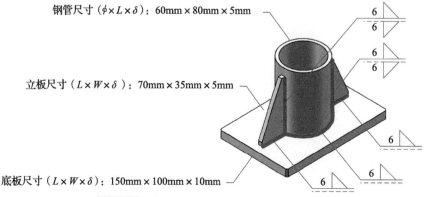

钢管尺寸（$\phi \times L \times \delta$）：60mm × 80mm × 5mm

立板尺寸（$L \times W \times \delta$）：70mm × 35mm × 5mm

底板尺寸（$L \times W \times \delta$）：150mm × 100mm × 10mm

图 8-40　碳钢 T 形接头角焊缝机器人船形焊

参考文献

[1] 中华人民共和国国家质量监督检验检疫总局，中国国家标准化管理委员会. 机器人与机器人装备 词汇：GB/T 12643—2013［S］. 北京：中国标准出版社，2013.

[2] 兰虎，王冬云. 工业机器人基础［M］. 北京：机械工业出版社，2020.

[3] 国家市场监督管理总局，中国国家标准化管理委员会. 机器人安全总则：GB/T 38244—2019 ［S］. 北京：中国标准出版社，2019.

[4] 中华人民共和国国家质量监督检验检疫总局，中国国家标准化管理委员会. 工业机器人 安全实 施规范：GB/T 20867—2007［S］. 北京：中国标准出版社，2007.

[5] 中华人民共和国国家质量监督检验检疫总局，中国国家标准化管理委员会. 工业环境用机器人 安全要求 第1部分：机器人：GB/T 11291.1—2011［S］. 北京：中国标准出版社，2011.

[6] 中华人民共和国国家质量监督检验检疫总局，中国国家标准化管理委员会. 机器人与机器人装备 工业机器人的安全要求 第2部分：机器人系统与集成：GB/T 11291.2—2013［S］. 北京：中国 标准出版社，2013.

[7] 兰虎，鄂世举. 工业机器人技术及应用［M］. 2版. 北京：机械工业出版社，2020.

[8] 国家市场监督管理总局，中国国家标准化管理委员会. 机器人与机器人装备 坐标系和运动命名 原则：GB/T 16977—2019［S］. 北京：中国标准出版社，2019.

[9] 中华人民共和国国家质量监督检验检疫总局，中国国家标准化管理委员会. 工业机器人 用户编 程指令：GB/T 29824—2013［S］. 北京：中国标准出版社，2013.

[10] 国家技术监督局. 焊接术语：GB/T 3375—1994［S］. 北京：中国标准出版社，1994.

[11] 兰虎. 焊接机器人编程及应用［M］. 北京：机械工业出版社，2013.